Silizium-Halbleitertechnologie

Ulrich Hilleringmann

Silizium-Halbleitertechnologie

Grundlagen mikroelektronischer Integrationstechnik

8. Auflage

Springer Vieweg

Ulrich Hilleringmann
Fakultät für Elektrotechnik, Informatik und
Mathematik, Universität Paderborn
Paderborn, Deutschland

ISBN 978-3-658-42377-3   ISBN 978-3-658-42378-0 (eBook)
https://doi.org/10.1007/978-3-658-42378-0

Die Deutsche Nationalbibliothek verzeichnet diese Publikation in der Deutschen Nationalbibliografie;
detaillierte bibliografische Daten sind im Internet über http://dnb.d-nb.de abrufbar.

© Springer Fachmedien Wiesbaden GmbH, ein Teil von Springer Nature 1996, 1999, 2002, 2004, 2008, 2014,
2019, 2023

Planung/Lektorat: Reinhard Dapper
Springer Vieweg ist ein Imprint der eingetragenen Gesellschaft Springer Fachmedien Wiesbaden GmbH und ist
ein Teil von Springer Nature.
Die Anschrift der Gesellschaft ist: Abraham-Lincoln-Str. 46, 65189 Wiesbaden, Germany

Das Papier dieses Produkts ist recyclebar.

Vorwort

Die vorliegende achte Auflage des erstmalig 1996 erschienenen Studienskripts „Silizium-Halbleitertechnologie" ist aus der Vorlesung „Halbleitertechnologie" entstanden, die seit 1989 an der Universität Dortmund und seit 1999 auch an der Universität Paderborn gelesen wird. Es behandelt die Grundlagen der mikroelektronischen Integrationstechnik von der Herstellung des Halbleitermaterials bis zur gekapselten Schaltung im Gehäuse.

Um die rasante Entwicklung der Prozesstechnik berücksichtigen zu können, ist der Inhalt der inzwischen auf zwei Semester ausgedehnten Vorlesung um aktuelle Verfahren der mikroelektronischen Integrationstechnik erweitert worden. Moderne Transistoren mit dreidimensionalem Aufbau sowie vertikale Transistoren geben einen Ausblick auf die aktuellen Entwicklungen.

Ziel des Buches ist es, den Studierenden der Elektrotechnik, Informationstechnik, Informatik, Materialwissenschaften oder Physik, aber auch den Schaltungstechnikern und den Ingenieuren in der Prozesstechnik sowie den Auszubildenden in den Zweigen der Mikrotechnologie die Realisierung und den Aufbau integrierter Schaltungen zu veranschaulichen. Es umfasst die Kristallherstellung, die verschiedenen Prozessschritte der Planartechnik einschließlich der CMOS-Prozessführung und die Montagetechniken für integrierte Schaltungen. Die Übungsaufgaben sollen zur Überprüfung des Verständnisses dienen und gleichzeitig dazu beitragen, die Größenordnungen der verwendeten Parameter abschätzen zu können.

Ergänzend zu den grundlegenden Verfahren der Mikroelektronik sind wichtige weiterführende Integrationstechniken enthalten, um dem interessierten Leser die Verfahren der Höchstintegration verständlich darlegen zu können. Dazu gehört z. B. die lange Zeit vom Element Aluminium dominierte Verdrahtungstechnik. Sie hat die Grenzen einer sinnvollen Skalierung erreicht, sodass in modernen Prozessen das Metall Kupfer eingesetzt wird. Es ermöglicht – insbesondere in Verbindung mit neuartigen Dielektrika ($\varepsilon < 4$) – höchste Schaltgeschwindigkeiten für die Spitzenprodukte der Mikroelektronik, erfordert aber eine spezielle Strukturierungstechnik.

Die benötigte Lithografietechnik wird bislang auch bei 18 nm Linienweite noch von den optischen Verfahren dominiert, jedoch sind die Grenzen dieser Techniken trotz weitreichender Optimierungen absehbar. Auch in der Skalierung der aktiven Elemente werden Schranken erkennbar. Siliziumdioxid als Gate-Dielektrikum muss durch „high-k"-Materialien ersetzt werden; die Gate-Elektrode selbst besteht zukünftig anstatt aus Polysilizium (wieder) aus Metall.

Bei weniger als 1000 Dotierstoffatomen unterhalb der Gate-Elektrode eines Transistors wachsen auch statistische Effekte dramatisch an. Sie nehmen zukünftig Einfluss auf die Ausbeute an funktionsfähigen Schaltungen.

Eigene Erfahrungen aus der Prozessführung in der Halbleitertechnolgielinie des Fachgebiets Sensorik an der Universität Paderborn bzw. aus der Schaltungsintegration am ehemaligen Lehrstuhl Bauelemente der Elektrotechnik/Arbeitsgebiet Mikroelektronik der Universität Dortmund runden den Inhalt des Buches ab. Aufgrund des großen Interesses wurde die vorliegende Auflage in weiten Teilen überarbeitet und um neuere Verfahren ergänzt.

An dieser Stelle möchte ich Herrn Prof. Dr.-Ing. K. Schumacher für die gewissenhafte Ausarbeitung der ersten Unterlagen zur Vorlesung „Halbleitertechnologie" danken, die als Grundlage zur ersten Auflage des Buchs dienten. Herrn Prof. Dr.-Ing. K. Goser danke ich für die langjährige Unterstützung meiner Arbeiten in Dortmund, die in wesentlichen Teilen zum Erfolg des Buchs beigetragen haben. Den Herren Doktoren John T. Horstmann, Ralf Otterbach und Christoph Pannemann gilt mein Dank für zahlreiche inhaltliche Diskussionen.

Mein besonderer Dank gilt Anja, Vanessa und Desirée für ihre Geduld während der zeitintensiven Ausarbeitung der Unterlagen.

Paderborn   Ulrich Hilleringmann
im Juli 2023

Inhaltsverzeichnis

Einleitung

Die Entwicklung der Mikroelektronik – ausgehend vom ersten Transistor 1947 über die ersten integrierten Schaltungen mit nur 4 Transistoren im Jahr 1959 bis hin zu komplexen Mikroprozessoren mit über 1 Billionen Bauelementen pro Chip – demonstriert die Leistungsfähigkeit der Halbleitertechnologie in eindrucksvoller Weise. Minimale Strukturgrößen von 10 nm, die noch vor wenigen Jahren als unerreichbar galten, werden zurzeit in der Produktion eingesetzt. Ein Ende der Miniaturisierung ist bislang noch nicht absehbar [1]; 5 nm und 3,5 nm als minimale Strukturweiten wurden von verschiedenen Herstellern bereits angekündigt.

Als Material für diese Halbleiterbauelemente und integrierten Schaltungen dient nahezu ausschließlich der Halbleiter Silizium. Germanium als weiterer elementarer Halbleiter sowie die III/V- bzw. II/VI-Verbindungshalbleiter GaAs, InP, GaP, CdS, CdSe usw. spielen dagegen eine untergeordnete – aber nicht unbedeutende – Rolle in der Mikroelektronik: sie werden bevorzugt für optoelektronische Anwendungen genutzt oder bei höchsten Schaltgeschwindigkeiten eingesetzt, nicht jedoch in den Bereichen der Höchstintegration. Neben der häufig unzureichenden Kristallqualität wirken sich hierbei insbesondere die mechanischen Eigenschaften wie die fehlende Bruchfestigkeit bei der Bearbeitung negativ aus.

Dass hochintegrierte Schaltungen fast ausschließlich aus Silizium gefertigt werden, resultiert aus den günstigen Materialeigenschaften in Verbindung mit der ausgereiften Bearbeitungstechnik. Dazu zählt insbesondere die vergleichsweise einfache Umwandlung des Siliziums in einen hochwertigen, elektrisch extrem belastbaren Isolator durch die thermische Oxidation.

Zur Herstellung einer integrierten Schaltung sind drei Teilgebiete zu bearbeiten:

1. Herstellung der homogen dotierten Siliziumscheibe (Wafer- oder Plattenherstellung);
2. Integration der elektrischen Funktionen unter Anwendung der Planartechnik (Front End);
3. Montage der mikroelektronischen Schaltungen in Gehäuse (Back End, Packaging).

© Springer Fachmedien Wiesbaden GmbH, ein Teil von Springer Nature 2023
U. Hilleringmann, *Silizium-Halbleitertechnologie*,
https://doi.org/10.1007/978-3-658-42378-0_1

Die Grundlage zur Realisierung der elektrischen Funktionen einer integrierten Schaltung ist die Planartechnik. Diese beinhaltet eine Abfolge von jeweils ganzflächig an der Scheibenoberfläche wirkenden Einzelprozessen, die über geeignete Maskierschichten gezielt zur lokalen Veränderung des Halbleitermaterials bzw. der aktuellen Oberfläche führen. Um den Sinn und die Verknüpfung der jeweiligen Einzelprozesse, die in den Kap. 3 bis 9 näher erläutert werden, zu verdeutlichen, wird ein chronologischer Ablauf der Planartechnik vorangestellt.

Ausgangspunkt ist der homogen dotierte Wafer, auf den die folgenden Bearbeitungs-schritte einwirken (Abb. 1.1):

- Erzeugen einer Metall- oder Oxidschicht auf der Siliziumscheibe;
- Aufbringen eines lichtempfindlichen Lackes;
- Belichten des Fotolackes über eine Maske mit der Struktur einer Entwurfsebene der integrierten Schaltung;
- Entwicklung, d. h. Entfernen des belichteten Fotolackes;
- Ätzen des Metalls oder Oxids mit dem Fotolack als Maskierschicht;
- Entfernen des restlichen Fotolackes in einem Ätzschritt;
- Diffusion zur lokalen Dotierung der Siliziumscheibe mit Oxid als Maskierschicht.

Diese Bearbeitungsfolge wird im Prozess mehrfach wiederholt, um die Scheiben-dotierung lokal unterschiedlich und gezielt zu verändern bzw. verschiedene Funktions-schichten auf der Scheibenoberfläche zu strukturieren. Nachdem sämtliche Dotierungen in den Kristall eingebracht sind, endet die Planartechnik mit der Verdrahtung zur Her-stellung der elektrischen Verbindungen:

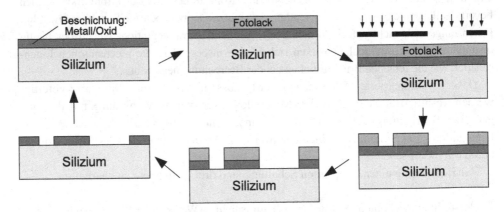

Abb. 1.1 Ablauf der Planartechnik zur Erzeugung lokaler Strukturen bzw. Dotierungen an der Oberfläche einer homogenen Siliziumscheibe

- ganzflächiges Aufdampfen von Aluminium zur Erzeugung von Leiterbahnen und Kontaktstellen;
- Strukturierung der Metallebene durch einen mit Fotolack maskierten Ätzvorgang.

Die Planartechnik ermöglicht damit die Herstellung von sich stetig auf der Scheiben-oberfläche wiederholenden identischen Strukturen mit unterschiedlichen, gezielt lokal gegenüber dem Substrat veränderten Dotierungen zur Integration von Einzelhalbleitern und mikroelektronischen Schaltungen. Zum Schutz der integrierten Strukturen und zur Bereitstellung eines definierten Anschlussrasters folgen nach der Zerlegung der Silizium-scheibe in einzelne Chips die Montage der integrierten Schaltungen in die Gehäuse sowie die Herstellung der elektrischen Verbindungen.

In diesem Studienskript werden sämtliche erforderlichen Einzelprozesse der mikro-elektronischen Integrationstechnik näher beschrieben, den jeweiligen alternativen Verfahren gegenübergestellt und vergleichend diskutiert. Anschließend folgt die Zusammen-führung der verschiedenen Verfahren zu Gesamtprozessen für die MOS- („Metal–Oxide–Semiconductor") und die Bipolar-Technologie. Mit den lokalen Oxidationsverfahren, der Spacer-Technik, den selbstjustierenden Kontakten und den SOI- („Silicon on Insulator") Substraten werden die komplexen Prozesse der modernen Halbleitertechnologie erläutert.

Darüber hinaus gibt das Buch ergänzende Einblicke in die aktuellen Entwicklungen der Halbleiterprozesstechnik. Beispielsweise ist das chemisch-mechanische Polieren (CMP) zur Oberflächenplanarisierung in der platzsparenden STI- („Shallow Trench Isolation") Isolationstechnik und in der Mehrlagenverdrahtung erforderlich, gleich-zeitig ermöglicht dieser Prozessschritt die Kupfermetallisierung unter Anwendung der Damascene-Technik. Zur exakt kontrollierten Abscheidung ultradünner Isolatorschichten wird heute die Atomlagenabscheidung, ALD („Atomic Layer Deposition") genannt, ein-gesetzt. Dieses Verfahren eignet sich auch für die Herstellung dünner leitfähiger Metall-nitride in der Kupfermetallisierung.

Neuere Entwicklungen zielen in Richtung der dreidimensionalen Integration. Bei-spiele dazu sind FINFET- Transistoren, die inzwischen sowohl in Substrat- als auch in SOI-Technik hergestellt werden. Prognostiziert werden Gate-All-Around-Transistoren in lateraler und vertikaler Bauform, die weitere Skalierungen ermöglichen. Alternativ lassen sich 3D-Strukturen auch mithilfe einer fortschrittlichen Aufbau- und Verbindungs-technik mit dünn geschliffenen Siliziumchips, die übereinandergestapelt und über TSV- („Through Silicon Vias") elektrisch miteinander verbunden sind, herstellen.

1.1 Aufgaben

Aufgabe 1.1
Ausgehend von 2 Zoll-Wafern in den Anfängen der Halbleitertechnologie ist der Durch-messer der Siliziumscheiben heute auf bis zu 300 mm (12 Zoll) angewachsen (Abb. 1.2). Berechnen Sie die Steigerung der Fläche, ausgehend von 3 Zoll-Scheiben über 100 mm,

Abb. 1.2 Siliziumscheiben
mit unterschiedlichen
Durchmesseern: 2 Zoll, 3 Zoll,
100, 200 und 300 mm Wafer.
(Foto: A. Rutenburges)

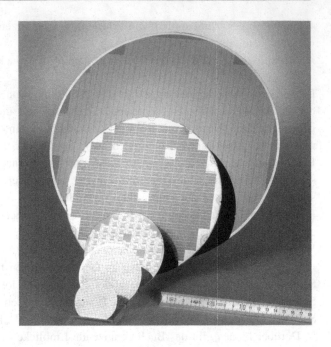

150 mm, 200 mm bis hin zu 300 mm! Wie viele vollständige Chips der Größe 10×10 mm können auf diesen Siliziumscheiben jeweils integriert werden?

Aufgabe 1.2
Wie verändert sich die Anzahl der vollständigen Chips pro Wafer für die oben genannten Scheibendurchmesser bei einer Chipgröße von 30×30 mm?

Literatur

1. International Roadmap for Devices and Systems™, 2020 update, more moore, IEEE 2021, https://irds.ieee.org/images/files/pdf/2020/2020IRDS_MM.pdf. Zugegriffen: 12. Juni 2023

Herstellung von Siliziumscheiben

2.1 Silizium als Basismaterial

Als Ausgangsmaterial für Halbleiterbauelemente und integrierte Schaltungen hat das Element Silizium die größte Bedeutung erlangt: Mikroprozessoren, Speicherchips und Logikschaltungen sowie die anwendungsspezifischen Schaltkreise („ASIC") werden nahezu ausschließlich im Siliziumsubstrat hergestellt. Auch Leistungshalbleiter wie Thyristoren, IGBT („Insulated Gate Bipolar Transistor") und ein großer Teil der Einzeltransistoren bzw. Dioden nutzen dieses Element.

Im Folgenden wird gezeigt, warum das Element Silizium speziell für die Integration der durch ein elektrisches Feld gesteuerten MOS-Bauelemente zum wichtigsten Grundmaterial der Mikroelektronik wurde. Sofern es sich nur um hohe Schaltgeschwindigkeiten, also um die Beweglichkeit (Tab. 2.1) der freien Ladungsträger handelt, bieten andere Materialien wie Germanium und insbesondere das Gallium-Arsenid weitaus höhere Ladungsträgerbeweglichkeiten.

Silizium steht im Gegensatz zu Germanium und Gallium nahezu unbegrenzt zur Verfügung, denn es ist mit 27,72 Gewichtsprozent nach Sauerstoff der zweithäufigste elementare Bestandteil der Erdkruste. Es ist dementsprechend ein kostengünstiges Ausgangsmaterial, dessen Preis erst durch die Reinigung und die Verarbeitung zu einkristallinen Stäben bzw. Scheiben bestimmt wird.

Silizium verbindet sich bereits bei Raumtemperatur mit Sauerstoff zu SiO_2, dem Siliziumdioxid. SiO_2 ist ein hochwertiger, mechanisch und elektrisch stabiler Isolator, der sich durch Temperaturbehandlungen gezielt und reproduzierbar auf den Halbleiter aufbringen lässt. Dieses „arteigene" Oxid bietet sich während der Herstellung integrierter Schaltungen besonders vorteilhaft zur elektrischen Isolation und zur lokalen Maskierung der Scheibenoberfläche an.

© Springer Fachmedien Wiesbaden GmbH, ein Teil von Springer Nature 2023
U. Hilleringmann, *Silizium-Halbleitertechnologie,*
https://doi.org/10.1007/978-3-658-42378-0_2

Tab. 2.1 Ladungsträgerbeweglichkeiten in cm²/Vs [1]

Ladungsträger	Silizium	Germanium	Gallium-Arsenid
Elektronen	1350	3900	8500
Löcher	450	1900	400

Dagegen ist es sehr schwierig und kostenintensiv, auf den anderen genannten Halb-
leitermaterialien einen hochwertigen Isolator mit guten dielektrischen Eigenschaften zu
produzieren. Arteigene Oxide sind entweder von geringer Qualität oder nicht herstellbar,
sodass auch hier Siliziumdioxid eingesetzt wird.

In seinem reinen Zustand ist Silizium ein Halbleiter, dessen elektrischer Widerstand
zwischen dem eines schlechten Leiters und dem eines Isolators liegt. Der Widerstand
bzw. die Leitfähigkeit des reinen Siliziums lässt sich durch gezielte Verunreinigung
(Dotierung) über mehrere Größenordnungen beeinflussen, indem anstelle der Siliziumatome (4 Valenzelektronen) sogenannte Dotieratome mit drei oder fünf Valenzelektronen
in den Kristall eingebracht werden.

Atome mit fünf Valenzelektronen heißen Donatoren (Abb. 2.1). Sie geben ein
Elektron, das nicht zur kovalenten Bindung beiträgt, in das Leitungsband des Halbleiters.
In diesem Fall erhält das Silizium n-leitenden Charakter mit freien Elektronen als bewegliche Ladungsträger. Typische Dotierstoffe sind die Donatoren Phosphor (P), Arsen (As)
und – wegen der geringeren Festkörperlöslichkeit seltener anzutreffen – Antimon (Sb).

Befinden sich dagegen Elemente mit drei Valenzelektronen, sogenannte Akzeptoren,
im Kristallverband des Siliziums, so fehlt jeweils ein Elektron pro Fremdatom zur Ausbildung der vollständigen Bindung. Das fehlende Bindungselektron wird aus dem
Valenzband des Halbleiters aufgefüllt; dort bleibt ein unbesetzter Platz (Zustand) zurück
(Abb. 2.2). Es resultiert nun eine Defektelektronen- bzw. Löcherleitung, das Silizium
weist p-leitenden Charakter auf.

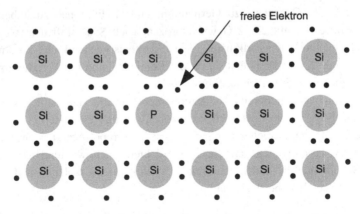

Abb. 2.1 Zweidimensionale Darstellung zum Einbau eines 5-wertigen Donatoratoms in den
Siliziumkristall

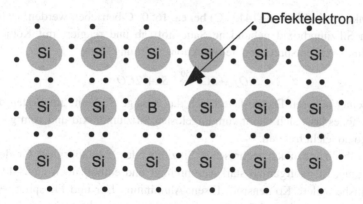

Abb. 2.2 Zweidimensionale Darstellung zum Einbau eines 2-wertigen Akzeptoratoms in den Siliziumkristall

Anschaulich füllen Elektronen benachbarter Atome diese Bindungsdefekte auf, lassen dabei aber selbst Defektelektronen zurück. Unter dem Einfluss eines elektrischen Feldes erhält diese Sprungbewegung zum Auffüllen der Löcher eine Vorzugsrichtung, die als Ladungstransport durch den Kristall in entgegengesetzter Richtung zur Elektronen-bewegung zu verstehen ist.

Als Dotierstoff eignet sich in diesem Fall das Element Bor. Auch die anderen Elemente der 3. Hauptgruppe des Periodensystems, Aluminium, Indium und Gallium, bewirken eine p-Dotierung im Silizium, jedoch treten erhebliche Nachteile bei ihrem Einsatz auf. Aluminium weist nur eine mäßige Löslichkeit im Silizium auf, der Dotier-stoff Indium ist bei Raumtemperatur aufgrund des tiefen Akzeptorniveaus nur zu einem geringen Teil elektrisch aktiv. Gallium zeigt bereits bei relativ niedrigen Temperaturen sowohl im Silizium als auch im Siliziumdioxid eine ausgeprägte Diffusion.

Durch gezieltes und lokal begrenztes Verunreinigen des Siliziums mit Donatoren und Akzeptoren lassen sich verschiedene Schaltungselemente wie Widerstände, Dioden, Bipolar- und MOS-Transistoren herstellen. Voraussetzung für die Fertigung dieser Halb-leiterbauelemente und der integrierten Schaltkreise ist jedoch, dass das verwendete Halb-leitermaterial in höchster Reinheit als perfekter Einkristall vorliegt, denn Korngrenzen und Gitterfehler führen zu unerwünschten Strompfaden.

2.2   Herstellung und Reinigung des Rohmaterials

2.2.1   Herstellung von technischem Silizium

Elementares Silizium wird aus Siliziumdioxid (SiO_2) in Form von Quarz durch Reduktion mit Kohlenstoff gewonnen. Dieser Prozess findet in elektrischen Lichtbogen-öfen statt, die mit grobkörnigem Quarzsand und Holzkohle befüllt und oberhalb des

Schmelzpunktes von Silizium (1413 °C) bei ca. 1650 °C betrieben werden. Dabei spaltet sich der im Siliziumdioxid gebundene Sauerstoff ab und reagiert mit Kohlenstoff zu Kohlenstoffmonoxid entsprechend der Reaktionsgleichung (2.1):

$$SiO_2 + 2C \overset{1650°C}{\rightarrow} Si + 2CO \tag{2.1}$$

Aufgrund seiner höheren Dichte lagert sich das flüssige Silizium am Boden des Lichtbogenofens ab, es lässt sich damit vom ungelösten Siliziumdioxid und vom gasförmigen Kohlenmonoxid leicht trennen.

Dieses Rohsilizium, auch technisches Silizium oder „Metallurgical Grade Silicon" (MGS) genannt, ist naturgemäß stark verunreinigt und enthält noch ca. 2–4 % Fremdstoffe [2], insbesondere Kohlenstoff, Eisen, Aluminium, Bor und Phosphor. Es ist deshalb für die Bauelemente- und Schaltungsintegration noch nicht geeignet. Daher müssen sich weitere chemische Prozesse zur Erzeugung des erforderlichen hochreinen Materials anschließen.

2.2.2 Chemische Reinigung des technischen Siliziums

Eine weit verbreitete Technik zur Gewinnung des reinen Siliziums ist der vom technischen Silizium als Basismaterial ausgehende Trichlorsilan-Prozess. Das technische Rohsilizium wird bei ca. 280–380 °C in die Chlor-Wasserstoff-Verbindung Trichlorsilan ($SiHCl_3$) überführt, die bei Temperaturen unterhalb von 31,8 °C flüssig ist:

$$Si + 3HCl \overset{300°C}{\rightarrow} SiHCl_3 + H_2 \tag{2.2}$$

Im Gegensatz zum $SiHCl_3$ kondensieren die Chlorverbindungen der meisten Verunreinigungen bei höheren oder tieferen Temperaturen (Tab. 2.2), sodass sie durch fraktionierte Destillation vom $SiHCl_3$ getrennt werden können. Dazu wird das Trichlorsilan zunächst im sogenannten „Low Boiler" auf ca. 30 °C erhitzt, um alle chemischen Verbindungen mit einer niedrigeren Siedetemperatur durch Verdampfen zu entfernen. Eine Anhebung der Temperatur auf 32 °C im „High Boiler" führt zur Verdampfung des Trichlorsilan, währen sämtliche Verbindungen mit höherer Siedetemperatur als Flüssigkeit zurückbleiben. Durch Kondensation des Trichlorsilandampfes erhält man schließlich das hochreine $SiHCl_3$. Die Kondensationstemperaturen von PCl_3, BCl_3 und Kohlenstoff in Form von Pentan liegen relativ nahe bei der des $SiHCl_3$, sodass die Hauptverunreinigungen im destillierten $SiHCl_3$ die Dotierstoffe Phosphor und Bor sowie das Element Kohlenstoff sind.

Tab. 2.2 Siedetemperatur der Chlorverbindungen einiger Verunreinigungen im Silizium

Substanz	BCl_3	$SiHCl_3$	CCl_4	PCl_3	$GeCl_4$	$AsCl_3$	$AlCl_3$	$SbCl_3$
T_{Siede} [°C]	12	31,8	76	76	83	132	188	283

Abb. 2.3 Reaktor zur
Herstellung polykristalliner
Siliziumstäbe durch thermische
Zersetzung von Trichlorsilan

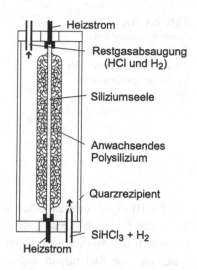

Durch Umkehrung des Trichlorsilan-Prozesses lässt sich aus dem gereinigten $SiHCl_3$ das Silizium zurückgewinnen. Ein Gasgemisch aus Trichlorsilan und Wasserstoff wird in eine Quarzglocke eingeleitet (Abb. 2.3), in der widerstandsbeheizte, dünne Siliziumstäbe (ca. 1500 mm Länge, 2–5 mm Durchmesser), so genannte Siliziumseelen, auf ca. 1100 °C erhitzt werden.

Bei dieser Temperatur zersetzt sich das Trichlorsilan und dissoziiert bei Wasserstoffzugabe im Verhältnis $SiHCl_3{:}H_2 = 1{:}10$ zu Silizium und Chlorwasserstoff. Die Reaktion nach Gl. (2.2) läuft jetzt in umgekehrter Richtung ab (Gl. 2.3):

$$SiHCl_3 + H_2 \overset{1100°C}{\rightarrow} Si + 3HCl \tag{2.3}$$

Gleichzeitig wird durch den parallel stattfindenden Dissoziationsprozess entsprechend Gl. (2.4) Wasserstoff freigesetzt:

$$4SiHCl_3 \overset{1100°C}{\rightarrow} Si + 3SiCl_4 + 2H_2 \tag{2.4}$$

Das elementare Silizium schlägt sich in polykristalliner Form auf den Siliziumseelen nieder, die dadurch auf Durchmesser bis über 150 mm anwachsen. Das so gewonnene Material weist bei einer Gesamtreinheit von 10^{-9} einen Borgehalt unter $5 \times 10^{12}/cm^3$ und eine Phosphordotierung von weniger als $1 \times 10^{13}/cm^3$ auf. Dieses Material kann bereits als Ausgangsmaterial für das Czochralski-Verfahren zur Einkristallzüchtung (Abschn. 2.3.2) genutzt werden, jedoch ist dieser Reinheitsgrad für die Herstellung von z. B. dynamischen Speicherchips und Hochspannungsbauelementen nur bedingt ausreichend.

2.2.3   Zonenreinigung

Bei der Zonenreinigung von Silizium wird um den Siliziumstab eine mit einem hochfrequenten Wechselstrom gespeiste bewegliche Spule gelegt. Die dadurch im Inneren des Materials induzierten Wirbelströme heizen dieses lokal bis zum Schmelzpunkt auf. Am

Abb. 2.4 Tiegelfreie
Zonenreinigung des
Siliziums durch Ausnutzung
der hohen Löslichkeit der
Verunreinigungen in der
Schmelze

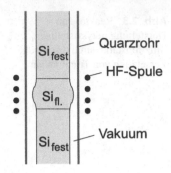

Ort der HF-Spule entsteht eine flüssige Zone, die durch Bewegung der Spule von einem
Ende des Stabes bis zum anderen geführt werden kann (Abb. 2.4; [1]). Das Material
außerhalb der Spulenebene bleibt fest. Die Schmelze kann nicht herausfließen, da sie
durch die Oberflächenspannung in ihrer Lage gehalten wird.

Dieser Prozess findet im Hochvakuum statt, um Verunreinigungen durch die
umgebende Atmosphäre sowie aus den Gefäßwänden abdampfende Moleküle bzw.
Atome zu vermeiden (ein Quarzgefäß führt z. B. zur Anreicherung des Materials mit
Sauerstoff). Wegen der hohen Schmelztemperatur des Siliziums dampfen bei diesem
Prozess bereits zahlreiche Verunreinigungen ab, sodass eine weitere Reinigung statt-
findet.

Außerdem setzt auch eine räumliche Umverteilung der Verunreinigungen im polykristallinen Stab ein: die Löslichkeit vieler Metalle sowie der Dotierstoffe Bor und
Phosphor ist in der Schmelze größer als im kristallinen Material; diese Stoffe werden
folglich in der flüssigen Phase weiter transportiert, sodass sie sich an das Ende des
Stabes verlagern [3]. Durch mehrfach wiederholtes Zonenreinigen lässt sich die
Gesamtkonzentration der Verunreinigungen im Material unterhalb der Eigenleitungs-
konzentration im Silizium von ca. $1{,}5 \times 10^{10}/\text{cm}^3$ senken.

2.3   Herstellung von Einkristallen

Die aktuellen Prozesse in der Halbleiterindustrie sind Planartechniken, d. h. alle Prozessschritte werden ganzflächig auf der Oberfläche einer dünnen einkristallinen Siliziumscheibe („Wafer" oder „Platte") durchgeführt. Diese Scheiben mit einem Durchmesser
von 100 mm in Forschungseinrichtungen und bis zurzeit maximal 300 mm in der
Industrie sind 0,45 mm bis etwa 1 mm dick. Sie werden aus Silizium-Einkristallen mit
entsprechenden Durchmessern gesägt und zur weiteren Verarbeitung an der Oberfläche
poliert.

Zukünftige industrielle Prozesse sollen nach Angaben der amerikanischen
Semiconductor Industry Association auf Scheiben mit 450 mm Durchmesser basieren

[4]. Entsprechende Prozesslinien sind bis heute noch nicht realisiert, da die benötigten Bearbeitungsanlagen wegen der sehr geringen zu erwartenden Verkaufszahlen noch nicht entwickelt wurden.

2.3.1 Die Kristallstruktur

Das in der Halbleitertechnologie als Substrat genutzte Material muss in einkristalliner Form vorliegen, d. h. eine regelmäßige Anordnung von Atomen aufweisen. Dabei wird die kleinste sich wiederholende Einheit eines Kristalles „Basis" genannt. Sie kann aus mehreren Atomen bestehen. Jede Basis wird im Kristall durch einen Gitterpunkt repräsentiert, sodass die Anordnung der Atome im Kristall aus der Überlagerung des Gitters mit der Basis entsteht.

Das Gitter der elementaren Halbleiter Silizium und Germanium ist kubisch flächen-zentriert (fcc) mit einer Basis aus zwei identischen Atomen an den Positionen (0,0,0) und (1/4,1/4,1/4) (Abb. 2.5). Die Kristallstruktur besteht somit aus zwei um 1/4 der Raum-diagonalen gegeneinander verschobenen fcc-Gittern; dies entspricht der Diamantstruktur.

Die Anordnung der Atome in einer Siliziumscheibe ist durch die Orientierung des kubischen Gitters in Relation zur Oberfläche gegeben (Abb. 2.6). Diese wird mit den Millerschen Indizes beschrieben, die wie folgt bestimmt werden:

1. Bestimmung der Schnittpunkte der Ebene bzw. Oberfläche mit den Achsen des Kristalls, z. B. 3,2,2;
2. Reziprokwertbildung (1/3,1/2,1/2) und Suche des kleinsten ganzzahligen Verhält-nisses (2,3,3) führt zu den Millerschen Indizes (233) für diese Ebene.

Damit kann jeder Siliziumscheibe in eindeutiger Weise eine Oberflächenorientierung zugeordnet werden, sodass die Lage des Gitters in der Scheibe bekannt ist. Sie hat wesentlichen Einfluss auf die Parameter der integrierten Bauelemente, z. B. auf die

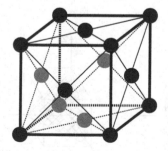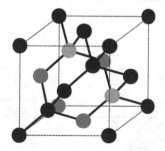

Abb. 2.5 Das fcc-Gitter *(links)* und die Kristallstruktur des Siliziums (Diamantgitter, *rechts*). (Nach [5])

Dichte der Oberflächenladungen und auf die Ladungsträgerbeweglichkeit an der Kristall-oberfläche.

Das im Trichlorsilanprozess gewonnene reine Silizium liegt bislang in Form eines polykristallinen Stabs vor und muss für die Herstellung von Siliziumscheiben erst in einen Einkristall umgewandelt werden. Dies ist mit dem Czochralski-Verfahren oder – für eine höhere Kristallqualität mit geringerer Fremdstoffkonzentration – durch tiegel-freies Zonenziehen möglich.

2.3.2 Kristallziehverfahren nach Czochralski

In einem langsam rotierenden Quarztiegel wird das polykristalline Silizium über eine Hochfrequenzheizung zunächst aufgeschmolzen und bis auf ca. 1440 °C weiter auf-geheizt, um mögliche Kristallisationskeime in der flüssigen Phase sicher zu zerstören. Die Temperatur wird anschließend leicht gesenkt und nur geringfügig oberhalb des Schmelzpunktes von Silizium bei etwa 1425 °C konstant gehalten.

An einem drehbar gelagerten Stab, der von oben bis an die Oberfläche der flüssigen Siliziumschmelze herangeführt wird, befindet sich der Impfkristall zur Vorgabe der Kristallorientierung. Da die Tiegeltemperatur nur wenig über dem Schmelzpunkt des Materials liegt, wird die Schmelze im Moment des Benetzens am Ort des eintauchenden Keims unterkühlt, sodass die Kristallisation einsetzt. Der Keim beginnt zu wachsen, wobei das sich anlagernde Silizium die Kristallorientierung des Keims übernimmt (Abb. 2.7).

Über ein Zuggestänge bewegt sich der wachsende Keim nun unter ständigem Drehen langsam nach oben, ohne dass der Kontakt mit der Schmelze unterbrochen wird (Abb. 2.7). So entsteht ein stabförmiger Einkristall („Ingot"), dessen Durchmesser wesentlich durch die Ziehgeschwindigkeit bestimmt wird. Sie beträgt 3–20 cm/h, wobei der Kristall umso dünner ausfällt, je schneller gezogen wird.

Um weitgehend fehlerfreie Kristalle zu erhalten, ist eine exakt kontrollierte Temperaturstabilisierung der Schmelze erforderlich, damit eine möglichst konstante Temperatur innerhalb der Wachstumszone eingehalten wird. Selbst kleine

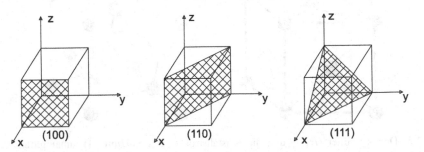

Abb. 2.6 Kristallebenen und Millersche Indizes. (Nach [6])

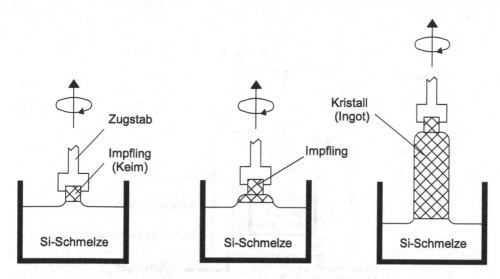

Abb. 2.7 Prinzip des Einkristallziehens nach Czochralski. (Nach [6])

Temperaturunterschiede führen bei der Erstarrung zu inneren Spannungen und somit zu Gitterfehlern im wachsenden Kristall. Zur Homogenisierung der Temperaturverteilung rotiert der Kristall während des Ziehvorganges um seine Längsachse, während sich der Tiegel gegensinnig dreht (Abb. 2.8).

Es empfiehlt sich, den Tiegel im gleichen Maße anzuheben, wie sich die Schmelze verbraucht. Dadurch bleibt der Ort der Wachstumszone unverändert, und es herrschen stets die gleichen Temperaturverhältnisse. Um eine Oxidation des geschmolzenen Materials zu verhindern, findet der gesamte Vorgang in Schutzgasatmosphäre oder im Hochvakuum statt. Allerdings können sich aus den Tiegelwänden Sauerstoff, Kohlenstoff und Bor lösen, was zu einer Verunreinigung bzw. Dotierung des Siliziums führt. Aus diesem Grund wird das Verfahren nicht zur Herstellung von höchstreinem Silizium für Hochspannungsbauelemente verwendet.

Zur Einstellung der gewünschten elektrischen Eigenschaften des Kristalls (n-leitendes bzw. p-leitendes Substratmaterial) sind die entsprechenden Dotierstoffe Bor oder Phosphor bereits in der Schmelze gelöst, sodass sie während des Kristallwachstums im Gitter eingebaut werden.

Typische spezifische Widerstandswerte für Czochralski-Silizium (Cz-Si) liegen im Bereich unterhalb von 50 Ω cm bis hin zu starken Dotierungen mit 0,01 Ω cm. Das hochohmige Material ist bereits für die Herstellung von Siliziumscheiben zur Integration mikroelektronischer Schaltungen sehr gut geeignet.

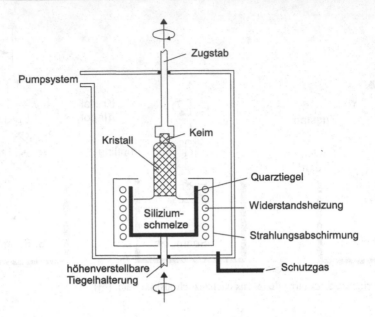

Abb. 2.8   Schema einer Anlage zum Kristallziehen nach Czochralski. (Nach [1])

2.3.3   Tiegelfreies Zonenziehen

Zur Herstellung von hochreinem Silizium eignet sich das tiegelfreie Zonenziehen im Hochvakuum oder in Schutzgasatmosphäre (Abb. 2.9). Wie bei der Zonenreinigung wird bei der Kristallherstellung statt des gesamten Materialvorrats nur ein Teil – eine durch die Oberflächenspannung des flüssigen Siliziums stabilisierte Zone – mit einer gezielt lokal zugeführten Hochfrequenzleistung aufgeschmolzen.

Bereits mit einer einfachen Zonenreinigungsapparatur lassen sich brauchbare Einkristalle herstellen. Für höhere Ansprüche kann jedoch auf einen Keim zur Vorgabe der Kristallorientierung nicht verzichtet werden. Ein gereinigter polykristalliner Siliziumstab wird vertikal so gehalten, dass sein oberes Ende den Impfling fast berührt. Beim Schmelzen des Polysiliziums mit einer Hochfrequenzspule wölbt sich die Flüssigkeitsoberfläche etwas auf und benetzt den Keim, der zu wachsen beginnt, sobald sich die Heizspule langsam nach unten bewegt (etwa 10–20 cm/h). Wie beim Tiegelziehen rotieren auch beim Zonenziehen der polykristalline Vorratsstab und der entstehende Kristall gegenläufig um ihre Längsachse (Drehzahl 25–75 U/min), um eine gleichmäßige Temperaturverteilung in der Wachstumszone zu garantieren.

Die Länge der aufgeschmolzenen Zone beträgt in Abhängigkeit von der Dicke der Siliziumstäbe nur einige Millimeter. Der Prozess beginnt am einkristallinen Impfling. Nach seinem Verschmelzen mit der flüssigen Phase wird die Schmelzzone langsam am Vorratsstab entlang gezogen. Es entsteht dabei ein Einkristall mit hervorragender Perfektion im Kristallgitter.

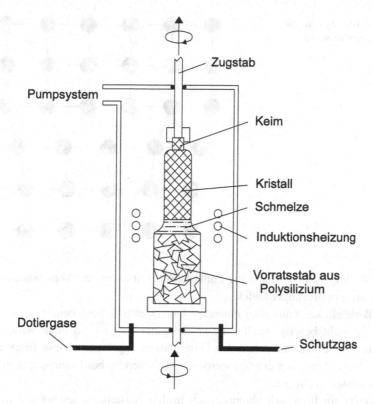

Abb. 2.9 Tiegelfreies Zonenziehen zur Herstellung hochreinen Siliziums. (Nach [6])

Ist eine schwache Dotierung des Kristalls gewünscht, so wird der Fremdstoff als gasförmige Verbindung dem Schutzgas beigemischt. Für eine Dotierung mit Phosphor kann Phosphin (PH_3), für eine Bordotierung Diboran (B_2H_6) verwendet werden. Im Bereich der Schmelzzone zersetzt sich das Dotiergas infolge der hohen Temperatur in Phosphor bzw. Bor und Wasserstoff, wobei sich der Dotierstoff in der Schmelze löst.

Vergleichbar zur Zonenreinigung verbleiben die restlichen Verunreinigungen bevorzugt in der aufgeschmolzenen Zone; sie werden folglich nur zu einem geringen Prozentsatz in den entstehenden Kristall eingebaut und reichern sich erst am Kristallende in größerer Konzentration an. Mit diesem Verfahren kann ein extrem reines Silizium hergestellt werden (>1000 Ω cm), das im Vergleich zum Czochralsky-Silizium erheblich weniger Sauerstoff, Kohlenstoff, Bor und Phosphor enthält.

2.3.4 Kristallfehler

Bei ungenügender Temperaturkontrolle, zu hoher, ungleichmäßiger Ziehgeschwindigkeit oder anderen Störungen während des Kristallziehens können sich Baufehler im Kristall

Abb. 2.10 Zweidimensionale
Darstellung einer Versetzung
im Kristall

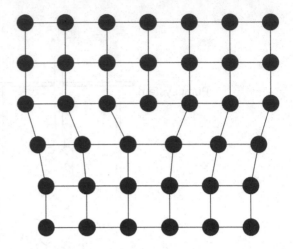

ausbilden. Wichtigste Fehler sind die Punktdefekte mit atomaren Abmessungen und die Versetzung als linienförmiger Defekt.

Der Punktdefekt kann aus einer einfachen Gitterleerstelle bestehen, d. h. ein einzelner Gitterplatz ist nicht besetzt. Auch ein Zwischengitteratom ist ein Punktdefekt; hier hat sich ein Atom zusätzlich zwischen den Gitterplätzen angelagert. Diese Effekte können durch thermische Anregung erzeugt werden, sodass bereits bei Raumtemperatur Punktdefekte im Kristall vorliegen.

Eine Versetzung lässt sich als zusätzlich in den Kristall eingeschobene Ebene veranschaulichen (Abb. 2.10). Sie werden durch Scherkräfte im Kristall verursacht, die bei schnellen Temperaturwechseln im Material auftreten können. Im mikroelektronischen Bauelement wirken Versetzungen als Senken für Dotierstoffe und damit als parasitäre Strompfade im Kristall.

Ein Flächendefekt liegt vor, wenn benachbarte Kristallbereiche unterschiedliche Orientierungen aufweisen. Die Berührungsebenen zwischen den Kristalliten werden Korngrenzen genannt, sie sind durch starke Störungen der Bindungen benachbarter Atome gekennzeichnet. Es liegt in diesem Fall kein Einkristall vor.

2.4   Kristallbearbeitung

Die Kristallbearbeitung umfasst alle weiteren Bearbeitungsschritte, die erforderlich sind, um aus den gezogenen Einkristallrohlingen gebrauchsfertige Kristallscheiben (auch Wafer oder Platten genannt) mit definierter Oberflächenorientierung zu erhalten, wie sie in der Planartechnik benötigt werden. Dazu zählen die nachfolgend erläuterten Arbeitsschritte Sägen, Läppen, Ätzen und Polieren.

Zunächst wird der zylinderförmige Einkristall („Ingot") auf den gewünschten Durchmesser abgedreht („Grinding") und entsprechend seiner Kristallorientierung und seines Leitwerttyps mit zwei verschieden großen Abflachungen („primary"- oder Orientierungsflat, „secondary"- oder Kennzeichnungsflat) versehen. Das größere Orientierungsflat befindet sich in der Regel entlang einer hochsymmetrischen Kristallebene (100 oder 110), während die Lage des kleineren zweiten Flats zur Erkennung des Scheibentyps entsprechend Abb. 2.11 dient. Beide Flats werden mit einer Diamantfräse in den Kristall hineingefräst. Ab 125 mm Durchmesser besitzen die Siliziumscheiben häufig anstelle der Flats nur noch eine Einkerbung („Notch") zur Kennzeichnung.

2.4.1 Sägen

Es folgt das Zerlegen des Einkristalls in die einzelnen Scheiben durch Sägen bzw. Trennschleifen. Dazu wird der Einkristall entsprechend der gewünschten Oberflächenorientierung der Wafer exakt ausgerichtet und auf Trägerplatten aus Keramik aufgeklebt bzw. aufgewachst. Um möglichst geringe Unebenheiten, Verwerfungen oder Dickenschwankungen in den geschnittenen Scheiben zu erhalten, wird eine Innenlochsäge verwendet (Abb. 2.12). Die Innenloch-Metallsägeblätter bestehen aus Bronze, Nickel oder Stahl, wobei die Schnittkante mit Diamantsplittern besetzt ist.

Neben den Innenloch-Kreissägen werden bei großen Scheibendurchmessern nahezu ausschließlich Drahtsägen eingesetzt. Sie ermöglichen eine Parallelisierung des Schneideprozesses, gleichzeitig ist die Schädigung der Oberfläche des Kristalls im Vergleich zum Lochsägeschnitt geringer. Die Schnittbreite beträgt ca. 100 μm, folglich geht ein wesentlicher Teil des Einkristalls beim Zerlegen der Stäbe verloren.

2.4.2 Oberflächenbehandlung

Die gesägten Scheiben weisen eine raue Oberfläche auf, außerdem sind durch die mechanische Belastung während des Sägens Gitterschäden im Kristall entstanden. Bei der anschließenden Oberflächenbehandlung wird die zerstörte Oberflächenschicht der Siliziumscheibe bis auf das ungestörte Kristallgitter abgetragen und das Halbleiter-

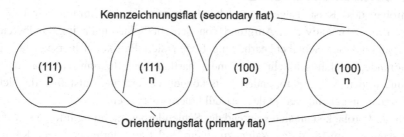

Abb. 2.11 Lage der Flats zur Kennzeichnung des Scheibenmaterials entsprechend der Dotierung und der Oberflächenausrichtung. (Nach [7])

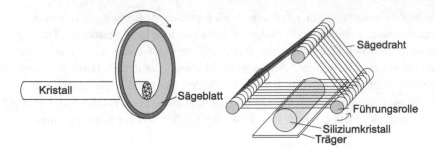

Abb. 2.12 Innenlochsäge *(links)* und Drahtsäge *(rechts)* zum Zerlegen des Einkristalls in einzelne Scheiben

material auf die vorgegebene Dicke zurückgeätzt. Anschließend erfolgt die Politur der Kristalloberfläche. Dazu werden verschiedene mechanische und chemische Methoden eingesetzt.

2.4.2.1 Läppen

Mithilfe eines Gemisches aus Glyzerin und Aluminiumoxid bzw. Siliziumkarbid werden etwa 50 µm der Siliziumoberfläche mechanisch auf einer rotierenden Stahlscheibe abgetragen, um planparallele Oberflächen zu erzeugen. Das Aluminiumoxid dient bei diesem Prozess als Schleifmittel. Die Körnung wird stufenweise verringert, um eine möglichst rasche Bearbeitung zu ermöglichen, aber gleichzeitig auch eine möglichst ebene Fläche zu erzeugen. Abgetragenes Material und Poliermittelreste fließen durch Nuten in der Polierscheibe ab. Ziel ist eine Oberflächenebenheit von ca. 2 µm über einen Wafer. Da es sich beim Läppen um einen mechanischen Prozess handelt, tritt erneut eine oberflächennahe Kristallgitterschädigung auf, die in den nachfolgenden Schritten entfernt werden muss.

Die Geräte zum Läppen eignen sich zum parallelen Bearbeiten von – je nach Durchmesser – 3 bis 12 Wafer in einem Läufer, wobei mehrere Läufer auf einer Läppscheibe rotieren können (Abb. 2.13).

2.4.2.2 Scheibenrand abrunden

Der infolge des Kristallsägens entstehende kantige Scheibenrand wirkt sich im späteren Prozess negativ aus. Aufgrund von Schichtabplatzungen im Randbereich bei Stößen während der Scheibenbearbeitung bilden sich Partikel. Einerseits lagern sich dann störende, mechanisch sehr harte und scharfkantige Siliziumpartikel an der Oberfläche und in den Anlagen ab, andererseits können Gitterfehler entstehen, die sich vom Scheibenrand ausgehend weit in den Kristall hinein ausbreiten.

Auch der Fotolack staut sich während der Schleuderbeschichtung infolge seiner Oberflächenspannung am Rand des Wafers zu einem Wulst auf, der einen engen Kontakt zur Maske behindert. Beide Effekte lassen sich durch eine Abrundung der Scheibenkanten

Abb. 2.13 Anlage zum
Läppen der Siliziumscheiben.
(Nach [8])

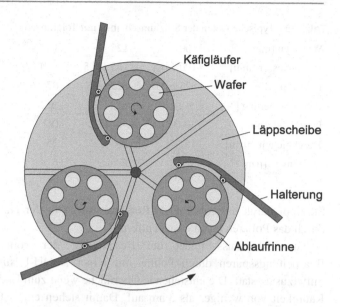

vermeide. Dazu wird der Wafer-Rand entlang einer schnell rotierenden Diamantfräse geführt (Abb. 2.14), die durch Schleifen eine definierte Abrundung erzeugt.

2.4.2.3 Ätzen

Um die im Läppschritt an der Scheibenoberfläche erzeugten Kontaminationen und Gitterfehler vollständig zu beseitigen, werden noch etwa 50 μm Silizium durch nasschemisches Ätzen abgetragen. Dies geschieht im Tauchverfahren mit einer Ätzlösung, bestehend aus Salpeter- und Flusssäure, verdünnt mit Wasser oder Essigsäure. Gleichzeitig wirkt diese Lösung polierend, da aus der Scheibenoberfläche herausragende Spitzen bevorzugt abgetragen werden.

2.4.2.4 Polieren

Zum Polieren der Scheibenoberfläche eignet sich ein Gemisch aus Natriumhydroxid (NaOH), Wasser und SiO_2-Körnern, die einen Durchmesser von ca. 10 nm besitzen. Dabei wird der Wafer gegen ein rotierendes Poliertuch gepresst, sodass noch weitere 5 μm vom Kristall chemisch/mechanisch abgetragen werden. Unter Druck oxidiert das

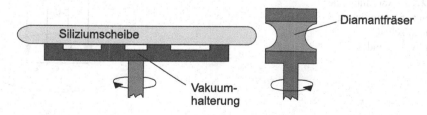

Abb. 2.14 Vorrichtung zum Abrunden der Scheibenränder mit einer rotierenden Diamantfräse

Tab. 2.3 Typische Daten der Siliziumscheiben mit Toleranzen

Wafertyp [mm]	100	125	150	200	300
Durchmesser [mm]	$100 \pm 0,5$	$125 \pm 0,5$	$150 \pm 0,3$	$200 \pm 0,2$	$300 \pm 0,2$
Dicke [μm]	525 ± 25	625 ± 25	675 ± 25	725 ± 25	775 ± 25
Fehlorientierung [°]	± 2	± 2	± 2	± 2	± 1
Flat/Notch [mm]	30–35	40–45/2	0/2	0/1	0/1
Durchbiegung [μm]	15	20	25	30	50
Dickenvar. [μm]	5	5	5	5	4

Silizium durch die entstehende Reibungswärme in der NaOH-Lösung, das Oxid wird durch das Polieren mechanisch entfernt.

Zum Abschluss findet die Beseitigung der vom Poliermittel verursachten Bearbeitungsspuren durch Politur mit reiner NaOH-Lösung ohne jeglichen Schleifmittelzusatz statt. Die entstehende Oberfläche weist zum Ende der Politur eine maximale Rauigkeit von weniger als 3 nm auf. Damit stehen einkristalline Siliziumscheiben mit definierten geometrischen Abmessungen bei bekannter Dotierstoffkonzentration und Kristallorientierung zur Verfügung. Tab. 2.3 zeigt typische Kenngrößen kommerzieller Scheiben.

2.5   Aufgaben zur Scheibenherstellung

Aufgabe 2.1
Ein mit Phosphor dotierter Siliziumkristall wird nach der Herstellung auf seine Spezifikationen überprüft. Die Anforderungen für den spezifischen Widerstand σ liegen zwischen 15 und 20 Ω cm.

Dazu wird eine Vier-Spitzen-Messung durchgeführt, bei der über die äußeren Spitzen ein Strom eingeprägt und an den inneren Spitzen der resultierende Spannungsabfall gemessen wird (Abb. 2.15). Der Abstand s zwischen den Spitzen beträgt hier $s = 1$ mm. Die Messung ergibt bei einem eingeprägten Strom I von 1 mA eine Spannung von

Abb. 2.15 Anordnung der
Spitzen zur Bestimmung
des spezifischen
Kristallwiderstandes

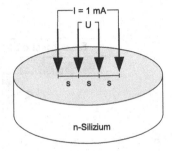

25 mV. Erfüllt dieser Kristall die Spezifikationen bezüglich des spezifischen Widerstands? Wie hoch ist die Dotierung N_D des Kristalls?

Hilfe: Aus der Lösung der Laplace-Gleichung in Kugelkoordinaten folgt für das Potenzial φ an der Oberfläche im Abstand r von der Stromeinspeisung $\varphi(r) = I/2\pi\sigma r$.

Aufgabe 2.2

Bei der Kristallherstellung wird $M_{si} = 500$ kg hochreines Silizium mit $M_B = 20$ mg Bor verschmolzen. Bestimmen Sie die atomare Dotierstoffkonzentration N_{Bor} für den idealisierten Fall eines vollständigen und verlustfreien Einbaus der Boratome in den gezogenen Kristall!

Literatur

1. Beneking, H.: Halbleiter-Technologie. Teubner, Stuttgart (1991)
2. Frühauf, J.: Werkstoffe der Mikrotechnik. Hanser, Leipzig (2005)
3. Harth, W.: Halbleitertechnologie. Teubner Studienskripten, Stuttgart (1981)
4. Semiconductor Industry Association: The National Technology Roadmap for Semiconductors. Semiconductor Industry Association, San Jose (1997)
5. von Münch, W.: Einführung in die Halbleitertechnologie. Teubner, Stuttgart (1993)
6. Kittel, C.: Einführung in die Festkörperphysik. Oldenbourg, München (1980)
7. Sze, S.M.: Physics of Semiconductor Devices. Wiley, New York (1981)
8. Schumicki, G., Seegebrecht, P.: Prozeßtechnologie. Reihe Mikroelektronik. Springer, Berlin (1991)

Oxidation des Siliziums

3

In der Halbleitertechnologie sind Oxidschichten als isolierende Schichten für die elektrische Funktion der Bauelemente erforderlich. Siliziumdioxid wird aber auch als Hilfsschicht zur Maskierung während der Herstellung der integrierten Schaltungen genutzt. Der jeweiligen Anforderung entsprechend sind verschiedene Verfahren zum Aufbringen von Oxiden auf die Siliziumscheibe entwickelt worden, die sich in Wachstum und Qualität der entstehenden Schichten unterscheiden.

Im Fertigungsprozess bieten sich Siliziumdioxidschichten als Maskieroxide an, um das Siliziumsubstrat lokal abzudecken und vor einem nachfolgenden Prozessschritt zu maskieren. Eine weitere Aufgabe des Oxides ist das Verhindern der Ausdiffusion von Dotierstoffen aus dem Kristall in die umgebende Atmosphäre, um die aktuell vorhandene Substratdotierung während einer Temperaturbehandlung unverändert beizubehalten.

Schließlich lassen sich in das Oxid die Justiermarken – die Strukturen zur Ausrichtung der einzelnen Fotomasken – ätzen, um Orientierungspunkte auf der Wafer-Oberfläche zu verankern. Für die Aufgaben im Fertigungsprozess ist die elektrische Stabilität des Oxides nebensächlich; wichtig ist hier eine hohe Wachstumsrate bei möglichst geringer Prozesstemperatur.

Oxidschichten zur Funktion der Schaltung sind das Gate-Oxid, das Feldoxid, das Zwischenoxid und das Kondensatoroxid. Diese unterschiedlichen Oxide unterliegen nicht nur verschiedenen elektrischen Aufgaben, sondern werden auch den Anforderungen entsprechend in der Herstellung differenziert. Eine weitere Anwendung von Oxidschichten ist die Passivierung der Scheibenoberfläche als Schutz vor mechanischer Beschädigung, als Korrosionsschutz für die Metallisierungsebene und auch als Diffusionsbarriere für Alkaliionen zur Verbesserung der Langzeitstabilität der Schaltungen.

Die in der Planartechnik benötigten Oxidschichten werden im überwiegenden Fall durch thermische Oxidation hergestellt oder aus der Gasphase abgeschieden. Alternativ

© Springer Fachmedien Wiesbaden GmbH, ein Teil von Springer Nature 2023
U. Hilleringmann, *Silizium-Halbleitertechnologie*,
https://doi.org/10.1007/978-3-658-42378-0_3

lassen sich die Oxide auch durch Kathodenzerstäubung oder durch thermische Ver-dampfung aufbringen; diese Verfahren sind jedoch wegen ihrer geringen Oxidqualität in der Halbleitertechnologie nicht verbreitet.

3.1   Die thermische Oxidation von Silizium

Bei der thermischen Oxidation strömt Sauerstoff als Reaktionsgas über die heiße Siliziumoberfläche. Der Sauerstoff verbindet sich mit dem Silizium des Substrates zu SiO_2, sodass eine amorphe, glasartige Schicht an der Oberfläche der Siliziumscheibe entsteht.

Die thermische Oxidation lässt sich in die trockene und die feuchte Oxidation unter-teilen, wobei die feuchte Oxidation erneut in die nasse Oxidation und die H_2O_2-Ver-brennung aufgespalten werden kann.

Die thermische Oxidation findet bei einer Prozesstemperatur um 1000 °C in einem Quarzrohr statt, das über eine Widerstandsheizung erhitzt wird (Abb. 3.1). Die Temperatur im Quarzrohr wird im Bereich der Siliziumscheiben auf ca. ±0,5 °C konstant gehalten, die Temperaturmessung erfolgt über Thermoelemente. Um einen Temperaturgradienten infolge der Gasströmung im Quarzrohr ausgleichen zu können, befinden sich 3 oder 5 getrennt regelbare Heizwicklungen entlang des Quarzrohres im Oxidationsofen. Diese erlauben das Einstellen einer konstanten Temperatur über ca. 1 m Länge, sodass 50–200 Siliziumscheiben gleichzeitig unter identischen Bedingungen oxidiert werden können.

Für Scheibendurchmesser ab ca. 200 mm ist die Wärmekonvektion im Oxidationsrohr nicht mehr vernachlässigbar. Die Turbulenzen im Gasstrom führen zu ungleichmäßigem Oxidwachstum auf den Scheiben. Aus diesem Grund werden in modernen Technologien zunehmend Vertikalöfen mit senkrecht zum Boden angeordneten Quarzrohren eingesetzt.

Zur Oxidation werden die Siliziumwafer in einer Halterung aus Quarzglas, „Horde" oder „Carrier" genannt, bei ca. 400–700 °C langsam in das Oxidationsrohr eingefahren. Anschließend heizt der Ofen das Quarzrohr mit den Scheiben auf Prozesstemperatur auf,

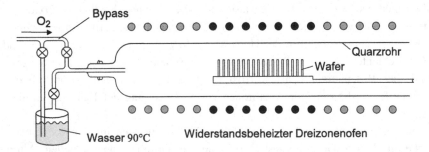

Abb. 3.1 Aufbau eines Oxidationsofens zur wahlweise trockenen oder nassen Oxidation von Silizium

wobei die Aufheizrate zur Vermeidung von Scheibenverzug auf maximal ca. 10 °C/min begrenzt ist. Je nach zugeschaltetem Prozessgas findet dann nach Erreichen der Prozesstemperatur die entsprechende Oxidation statt.

3.1.1 Trockene Oxidation

Die trockene Oxidation von Silizium erfolgt in reiner Sauerstoffatmosphäre entsprechend der chemischen Reaktion

$$Si + O_2 \rightarrow SiO_2 \qquad (3.1)$$

Diese Reaktion läuft typischerweise bei einer Prozesstemperatur von 1000–1200 °C ab, um eine genügend hohe Aufwachsrate zu erzielen. Tiefere Temperaturen um 800 °C werden zur reproduzierbaren Erzeugung von elektrisch stark belasteten, extrem dünnen Oxiden, z. B. den Tunneloxiden nichtflüchtiger Speichertransistoren, eingesetzt.

Die trockene Oxidation führt allerdings nur zu einer geringen Oxidationsrate, d. h. es lassen sich nur dünne Oxidschichten in vertretbarer Zeit herstellen. Die entstehenden Oxidfilme weisen eine hohe Dichte und eine hohe Durchbruchspannung auf. Folglich wird die trockene Oxidation für elektrisch stark beanspruchte Oxide, z. B. für das Gate-Oxid der MOS-Transistoren, eingesetzt.

Gate-Oxide werden zunehmend auch in N_2O-Atmosphäre aufgewachsen, um neben der bevorzugten Reaktion des Siliziums mit Sauerstoff einen geringen Stickstoffanteil im entstehenden Oxid einzubauen. Dieser wirkt sich positiv auf die elektrische Stabilität aus [1], reduziert zusätzlich auch die Bor-Diffusion durch dünne Oxide. Bei Gate-Oxiddicken unter 3 nm erfolgt die Oxidation häufig im RTO-Verfahren („Rapid Thermal Oxidation", vgl. Abschn. 6.3.3) [2].

3.1.2 Nasse Oxidation

Bei der nassen Oxidation durchströmt der Sauerstoff, bevor er in das Oxidationsrohr eingelassen wird, eine Waschflasche („Bubbler"-Gefäß) mit Wasser, das auf 90–95 °C erwärmt ist. An der Halbleiteroberfläche führen die vom Trägergas aufgenommenen Wassermoleküle durch Reaktion mit dem Substrat zur Oxidbildung. Die nasse Oxidation kann mit der Gleichung

$$Si + 2H_2O \rightarrow SiO_2 + 2H_2 \qquad (3.2)$$

beschrieben werden. Diese Reaktion läuft in der Regel in einem Temperaturbereich von 900–1100 °C ab. Die Aufwachsrate des Siliziumdioxids ist bereits bei geringer Temperatur recht hoch, sodass die nasse Oxidation zum Aufbringen dicker Oxidschichten geeignet ist (Tab. 3.1). Die große Wachstumsrate resultiert aus der Reaktion der OH-Gruppen mit dem bereits aufgewachsenen Siliziumdioxid. Durch Anlagerung

Tab. 3.1 Aufwachsraten bei der thermischen Oxidation von einkristallinem Silizium (nach [3])

Temperatur (°C)	Trockene Oxidation (nm/h)	Nasse Oxidation (nm/h)
T = 900	19	100
T = 1000	50	400
T = 1150	130	650

erzeugen sie eine hohe Punktdefektdichte im SiO_2-Gefüge, sodass die Sauerstoff- bzw.
$\cdot OH^-$-Diffusion zur Siliziumgrenzfläche beschleunigt stattfindet.

Die nass aufgewachsenen Oxidschichten erreichen bei moderaten Oxidations-
temperaturen bis 1100 °C jedoch nicht die Qualität eines trocken gewachsenen Oxides;
Durchbruchspannung und Dichte sind geringer (Tab. 3.2). Dies ändert sich bei höherer
Temperatur zwar zugunsten der nassen Oxidation, jedoch lässt sich dieser Effekt wegen
der extremen thermischen Belastung der Scheiben nicht für die Herstellung von Gate-
Oxiden nutzen (Abb. 3.2).

Tab. 3.2 Eigenschaften von thermisch oxidierten SiO_2-Schichten (nach [3])

Oxidationsverfahren	Dichte [g/cm³]		Durchbruchfeldstärke [V/μm]	
	1000 °C	1200 °C	1000 °C	1200 °C
O_2, trocken	2,27	2,15	550	515
O_2, nass	2,18	2,21	525	535

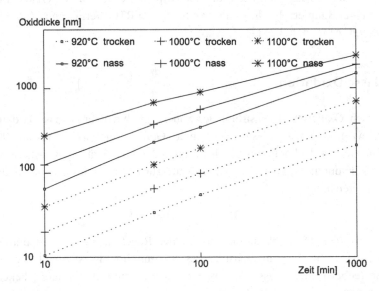

Abb. 3.2 Oxiddicke, gewachsen auf (100)-Silizium, in Abhängigkeit von der Oxidationszeit.
(Nach [4])

Die nasse Oxidation eignet sich wegen ihrer hohen Aufwachsrate bei relativ geringer Temperatur besonders zum Erzeugen von dicken Maskier- und Feldoxiden. Um den Vorteil der geringen Prozesstemperatur zur Vermeidung einer Dotierstoffdiffusion zu nutzen, wird dieses Verfahren vereinzelt auch zur Herstellung elektrisch höher beanspruchter Oxide nach dem Dotieren der Siliziumscheiben eingesetzt. Eine typische Anwendung ist das Kondensatoroxid für eine Kapazität, die aus einer stark n-leitenden Siliziumelektrode, darauf thermisch nass gewachsenem Oxid als Dielektrikum und einer Aluminiumelektrode besteht.

3.1.3 H_2O_2-Verbrennung

Bei der H_2O_2-Verbrennung wird über getrennte Zuleitungen gleichzeitig hochreiner Wasserstoff sowie hochreiner Sauerstoff in das Quarzrohr geleitet und an der Eintrittsöffnung verbrannt. Um eine Explosion des sich bildenden Knallgases zu vermeiden, muss das Mischungsverhältnis H_2:O_2 geeignet gewählt und die Zündtemperatur von ca. 600 °C am Gaseinlass beim Eintritt der Gase überschritten werden, damit das Gasgemisch kontrolliert verbrennt. Dieses Verfahren hat den Vorteil eines hohen Schichtwachstums, gleichzeitig treten nur wenige Verunreinigungen des Oxides auf. Die H_2O_2-Verbrennung wird sowohl zum Aufwachsen von dicken Schichten als auch für die Erzeugung dünner Oxide bei geringen Temperaturen eingesetzt. Ein Beispiel ist die Herstellung des Kondensatordielektrikums, das wegen der Diffusion von bereits eingebrachten Dotierstoffen bei maximal 900 °C aufoxidiert werden darf.

Alle thermischen Oxidationsverfahren weisen eine höhere Oxidationsrate für (111)-Siliziumoberflächen im Vergleich zu (100)-Oberflächen auf. Auch steigt die Oxidationsrate auf stark n- oder p-dotiertem Silizium deutlich an, hier wirken die Dotierstoffe oxidationsunterstützend. Ihre Konzentration muss dazu im Bereich oberhalb von 1 · 10^{18} cm^{-3} liegen, sodass das Halbleitermaterial elektrisch entartet ist.

Da die Diffusionsgeschwindigkeit des Sauerstoffes im bereits gewachsenen Oxid vom Konzentrationsgradienten abhängig ist, wächst die Oxidationsrate mit zunehmendem Druck. Für besonders hohe Oxiddicken ist eine spezielle Hochdruckoxidation in nasser Atmosphäre entwickelt worden, die bei 10–25 bar abläuft. Mit diesem Verfahren lassen sich Oxiddicken von mehreren Mikrometern Stärke in vertretbarer Zeit erzeugen.

3.2   Modellierung der Oxidation

Bei allen beschriebenen Verfahren ist das Oxidwachstum nicht durch die Reaktion des Sauerstoffes mit dem Silizium, sondern durch die Sauerstoffdiffusion durch das bereits vorhandene Oxid zum Reaktionspartner Silizium aus dem Substrat begrenzt. Da mit steigender Oxiddicke d_{ox} die zur Verfügung stehende Sauerstoffmenge an der Oxid/Silizium-Grenzfläche sinkt, nimmt das Schichtwachstum mit zunehmender

Oxidationszeit ab. Als grobe Näherung kann eine Dickenzunahme proportional zur Wurzel aus der Zeit angenommen werden. Ein genaueres Modell berücksichtigt einen linearen und einen parabolischen Anteil des Schichtwachstums während der thermischen Oxidation:

$$d_{ox}^2 + \alpha\, d_{ox} = \beta(t + t_0) \tag{3.3}$$

mit α und β als temperaturabhängige Größen und t_0 zur Berücksichtigung des natürlichen, meist vernachlässigbaren Oberflächenoxides. β ist die parabolische Wachstumskonstante, während β/α das lineare Oxidwachstum beschreibt. Bei geringer (keiner) Oxiddicke herrscht lineares Oxidwachstum vor, da der Prozess dann reaktionsbegrenzt abläuft. In diesem Fall bestimmt die Geschwindigkeit der chemischen Reaktion das Wachstum. Es gilt folglich für kleine Oxiddicken die Näherung:

$$d_{ox} = \frac{\beta}{\alpha} t \tag{3.4}$$

mit β/α als lineare Wachstumskonstante. Für große Oxiddicken bzw. lange Oxidationszeiten ist der lineare Anteil zu vernachlässigen. In diesem Fall bestimmt die Diffusion des Sauerstoffes durch das bereits vorhandene Oxid das Wachstum, d. h.:

$$d_{ox} = \sqrt{\beta t} \tag{3.5}$$

Die Temperaturabhängigkeit von β und β/α ergibt sich durch:

$$\beta = C_P e^{\frac{-E_P}{k_B T}} \tag{3.6}$$

$$\frac{\beta}{\alpha} = C_L e^{\frac{-E_L}{k_B T}} \tag{3.7}$$

E_P und E_L sind die Aktivierungsenergien des Oxidationsprozesses, C_L und C_P Vorfaktoren (siehe Tab. 3.3), k_B ist die Boltzmann-Konstante.

Tab. 3.3 Aktivierungsenergien und Vorfaktoren für die thermische Oxidation von Silizium [3]

Oxidation	E_L[eV]	E_P[eV]	C_L[nm/min]	C_P[nm²/min]
Trocken, T < 1000 °C	1,76	2,20	$7,35 \cdot 10^6$	$1,70 \cdot 10^{11}$
Trocken, T > 1000 °C	2,25	1,14	$7,35 \cdot 10^8$	$5,79 \cdot 10^6$
Nass, T > 900 °C	2,01	0,76	$9,92 \cdot 10^8$	$5,12 \cdot 10^6$

3.3   Die Grenzfläche SiO$_2$/Silizium

Das aufwachsende Siliziumdioxid ist im Gegensatz zum kristallinen Silizium amorph, d. h. es besteht keine exakte Anordnung der Atome in der Schicht. Folglich können an der Grenzfläche des Siliziums zum Oxid nicht alle Siliziumbindungen gesättigt werden, sodass freie Bindungen vorliegen. Sie können direkt als Ladung wirken oder aber nachträglich durch das Einfangen von Ladungsträgern während des elektrischen Betriebs des Bauelementes geladen werden. Diese umladbaren Zustände werden „Traps" genannt; ihr Ladungszustand ist zeitlich veränderlich.

Zusätzlich existieren in der Nähe der Grenzfläche ortsfeste Ladungen, die aus einer unvollkommenen Oxidation des Siliziums resultieren [5]. Nicht vollständig ausgebildete kovalente Bindungen zwischen den Silizium- und Sauerstoffatomen wirken hier als fixierte positive Grenzflächenladung.

Weitere positive Ladungen treten durch Verunreinigung des Oxids mit Alkali-Ionen auf. Alkali-Ionen sind aufgrund ihres hohen Diffusionskoeffizienten nicht ortsfest, sondern bewegen sich bei anliegender Spannung zu den negativ geladenen Elektroden hin. Dieser Effekt ist bereits bei 150 °C innerhalb weniger Stunden nachzuweisen. Hinzu kommen noch ortsfeste Ladungen tief im Oxid, die durch geladene Zustände in der Bandlücke des Siliziumdioxids hervorgerufen werden.

Die o. a. Oxidladungen lassen sich in Grenzflächenladungen, umladbare Zustände, ortsfeste Ladungen und bewegliche Ladungen im Oxid bzw. an der Grenzfläche zum Silizium unterteilen. In der Summe wirkt die Gesamtladung am Übergang vom Oxid zum Silizium stets als positive Ladung.

Da diese Ladungen direkten Einfluss auf das Oberflächenpotenzial des Siliziums und damit auf die Schwellenspannung von MOS-Transistoren nehmen, ist ihre Dichte möglichst gering zu halten. Es hat sich gezeigt, dass mit wachsender Oxidationstemperatur die Dichte der ortsfesten Ladungen und der Grenzflächenladungen abnimmt; auch sorgt eine nasse Oxidation für eine geringere Ladungsdichte.

Für die Langzeitstabilität der Schaltungen ist die Dichte der umladbaren Zustände und der beweglichen Oxidladungen infolge von Verunreinigungen mit Alkali-Ionen (Na^+, K^+) besonders wichtig, da die hier eingefangenen Ladungsträger bzw. Ladungen eine zeitliche Konstanz der Schwellenspannung verhindern. Natrium und Kalium driften bei einem anliegenden elektrischen Feld bereits bei der Betriebstemperatur der Schaltungen im Oxid und führen damit zu lokalen, sich zeitlich ändernden Transistorschwellenspannungen sowie Abweichungen in den Bauelementparametern. Folglich müssen diese Ladungen so weit wie möglich bei der Herstellung der Oxide vermieden werden.

Als Gegenmaßnahme zur Verbesserung der Langzeitstabilität der Schaltungen dient die Zugabe von Chlor in Form von Chlorwasserstoff (HCl-Dampf) oder Trichlorethan (TCA) zur Oxidation. Die beweglichen Ionen werden vom Chlor gebunden, sodass die Oxidladungsdichte deutlich abnimmt (vgl. Abb. 3.3).

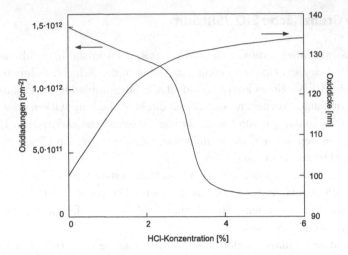

Abb. 3.3 Reduktion der Grenzflächenladungen und Veränderung der aufgewachsenen Oxiddicke durch Chlorzugabe bei der thermischen Oxidation von Silizium. (Nach [4, 6])

3.4 Segregation

Während der thermischen Oxidation des Siliziums wandeln sich die oberflächennahen Schichten des Siliziumkristalls in SiO_2 um, d. h. die Oxidation verbraucht Silizium aus dem dotierten Substrat. Das Verhältnis der aufgewachsenen Oxiddicke zum verbrauchten Silizium beträgt 2,27:1, d. h. das Oxid wächst zu ca. 44 % der Oxiddicke durch Umwandlung des Siliziums in den Kristall hinein (Abb. 3.4).

Die in dieser Zone enthaltenen Dotieratome können entweder im Siliziumkristall verbleiben oder im entstehenden Oxid eingebaut werden. Maßgeblich für die anteilige Verteilung der Dotierstoffe ist die Löslichkeit des entsprechenden Elementes im jeweiligen Material. Dieses Verhalten wird durch den Segregationskoeffizienten k beschrieben:

$$k = \frac{\textit{Löslichkeit des Elementes im Silizium}}{\textit{Löslichkeit des Elementes im Siliziumdioxid}} \tag{3.8}$$

Abb. 3.4 Verschiebung der Grenzfläche Oxid-Silizium durch thermisches Aufwachsen von Siliziumdioxid

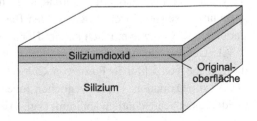

Ist der Segregationskoeffizient k größer als 1, so findet eine Anreicherung von Dotieratomen an der Siliziumoberfläche statt („pile-up"-Effekt); die Oxidationsfront treibt die Dotierstoffe vor sich her. Für $k < 1$ sinkt die Dotierstoffkonzentration im Silizium (Verarmung, „pile-down"-Effekt), denn der Dotierstoff wird bevorzugt im Oxid eingebaut. Folglich ändert sich bei der thermischen Oxidation die homogene Grunddotierung des Substrates an der Grenzfläche des Siliziums zum SiO_2 (Abb. 3.5).

Die in der Tab. 3.4 zusammengestellten Segregationskoeffizienten sind nur recht ungenau bekannt. Sie sind messtechnisch schwer zu erfassen, da sich ein definiertes Lösungsverhältnis erst im thermischen Gleichgewicht, d. h. nach unendlich langer Zeit einstellt.

Bei dem gebräuchlichsten Akzeptor Bor resultiert aus der thermischen Oxidation eine Absenkung der Dotierstoffkonzentration im Silizium an der Si/SiO_2 – Grenzfläche. Diese oxidationsbedingte Verarmung an Akzeptoren an der Siliziumoberfläche ergibt für n-Kanal-Transistoren (p-Substrat) eine äußerst schwache Dotierung im Kanalbereich und bewirkt damit eine Anreicherung von Elektronen. Dies hat zur Folge, dass die natürliche Schwellenspannung dieses Transistors in Verbindung mit den stets vorhandenen positiven Oxidladungen sehr gering ausfällt und das Bauelement ohne eine gezielte Dotierungserhöhung erst bei negativer Gate-Spannung sperrt.

Ein Ausweichen auf andere Dotierstoffe, z. B. Ga, In, oder Al, ist nur eingeschränkt möglich, da zum einen deren Löslichkeit im Silizium relativ gering ist, andererseits die Diffusionsgeschwindigkeit dieser Elemente im Substrat oder Oxid zum Teil sehr groß ist.

Abb. 3.5 Veränderung einer homogenen Grunddotierung durch Aufwachsen eines thermischen Oxids; x_o ist der Ort der Kristalloberfläche zu Beginn der Oxidation. (Nach [3])

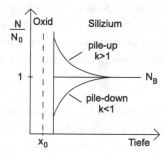

Tab. 3.4 Segregationskoeffizienten der verschiedenen Dotierstoffe bei der thermischen Oxidation von Silizium (nach [3])

Dotierstoff	Donator/Akzeptor	k
Phosphor	Donator	10
Antimon	Donator	10
Arsen	Donator	10
Bor	Akzeptor	0,3
Gallium	Akzeptor	20
Indium	Akzeptor	> 1000

Aus diesem Grund konnte sich zu Beginn der mikroelektronischen Schaltungs-integration mit Feldeffekttransistoren (ca. 1970) die wesentlich langsamere p-Kanal-MOS-Technik stark verbreiten, da es zu jener Zeit keine effektive Möglichkeit zur Dotierungserhöhung unterhalb des Oxides gab. Erst mit der Einführung der Ionenimplantation gelang der Einstieg in die schnellere NMOS-Technik.

3.5   Abscheideverfahren für Oxid

Die thermische Oxidation verbraucht Silizium des Substrates zur Oxidbildung. Dieses steht jedoch nicht immer zur Verfügung. Beispielsweise kann auf der Metallisierung kein thermisches Siliziumdioxid aufwachsen, weil die Siliziumoberfläche durch das Metall abgedeckt ist. Folglich muss nicht nur Sauerstoff zur Oxidbildung vorhanden sein, sondern auch das Silizium selbst zugeführt werden.

Die wichtigsten Verfahren zum Abscheiden von SiO_2 sind die Silan-Pyrolyse und die TEOS-Abscheidung. Beide Verfahren werden hier nur kurz vorgestellt, die ausführliche Erläuterung erfolgt im Kap. 7.

3.5.1   Die Silan-Pyrolyse

Die Silan-Pyrolyse findet bei Atmosphärendruck durch thermische Zersetzung von Silan (SiH_4) und Sauerstoff statt. Silan ist ein hochexplosives, giftiges Gas, das sich bei einer Konzentration von über 3 % in der Umgebungsluft selbst entzündet. Deshalb wird in vielen Anlagen in Stickstoff oder Argon verdünntes 2 %-iges Silan verwendet. Gemeinsam mit dem verdünnten Silan wird reiner Sauerstoff in den Reaktor (Abb. 7.4) eingelassen, sodass sich Siliziumdioxid entsprechend folgender Reaktion abscheidet:

$$SiH_4 + O_2 \rightarrow SiO_2 + 2H_2 \tag{3.9}$$

Der Prozess benötigt eine Aktivierungstemperatur von ca. 400 °C und liefert ein relativ poröses, elektrisch nur gering belastbares Oxid. Um die Depositionstemperatur weiter zu senken, kann alternativ statt der thermischen Aktivierung eine Hochfrequenzanregung über ein Plasma im Unterdruckverfahren zur Abscheidung des Silan-Oxides bei 300 °C verwendet werden. Die Plasmaabscheidung liefert ein elektrisch etwas stabileres Oxid (vgl. Kap. 7: Depositionsverfahren).

3.5.2   Die TEOS-Oxidabscheidung

Bei der TEOS-Abscheidung handelt es sich um einen Vakuumprozess mit einer Flüssig-keit als Quellmaterial für die Schichtherstellung (Tetraethylorthosilikat, $SiO_4C_8H_{20}$). Die Verbindung enthält gleichzeitig Silizium und Sauerstoff. TEOS ist eine bei

Raumtemperatur flüssige Ethylverbindung, die einen hohen Dampfdruck aufweist. Die Gasphase über der Flüssigkeit wird in ein widerstandsbeheiztes evakuiertes Quarzrohr geleitet, in dem bei ca. 700–750 °C die Ethylgruppen vom TEOS abgespalten und abgepumpt werden. Es scheidet sich SiO_2 als Feststoff auf der Scheibenoberfläche ab:

$$SiO_4C_8H_{20} \rightarrow SiO_2 + 2H_2O + Nebenprodukte \tag{3.10}$$

Es bildet sich eine elektrisch stabile, dichte Oxidschicht auf den im Quarzrohr befindlichen Siliziumscheiben, wobei die Gleichmäßigkeit durch den Prozessdruck und die Temperatureinstellung im 3- bzw. 5-Zonenofen bestimmt wird. Das Oxid ist frei von Partikeln, sein Brechungsindex ist jedoch mit 1,43 geringer als der von thermisch gewachsenem Oxid (1,46). Ursache ist der Kohlenstoffgehalt der Schicht, verursacht durch den Einbau von Ethylgruppen.

3.6 Aufgaben zur Oxidation des Siliziums

Aufgabe 3.1
Bei der Oxidation von Silizium wird ein Teil des Siliziums aufgebraucht. Berechnen Sie ausgehend von dem Molekulargewicht und der Dichte von Silizium und SiO_2 die Dicke der aufgebrauchten Siliziumschicht für eine Oxidation der Dicke d_0. Die Dichte von Silizium beträgt $\rho_{Si} = 2{,}33$ g/cm³ und die von SiO_2 beträgt $\rho_{SiO2} = 2{,}27$ g/cm³.

Aufgabe 3.2
Der Prozess der thermischen Oxidation lässt sich mit Gl. (3.3) beschreiben. Vergleichen Sie die Zeiten, um durch feuchte und durch trockene thermische Oxidation bei 920 °C und bei 1200 °C eine 2 µm dicke Oxidschicht zu erzeugen.

Aufgabe 3.3
Eine n-leitende Siliziumscheibe (Phosphor-Dotierung, $N_D = 1 \times 10^{16}$ cm^{-3}) wird durch thermische Oxidation mit 1 µm Siliziumdioxid beschichtet. Wie viel Dotieratome werden pro Quadratzentimeter umverteilt und wie ändert sich die Oberflächendotierung durch Segregation unter der Annahme einer gleichmäßigen Verteilung auf 100 nm Tiefe?

Literatur

1. Yoo, C.S.: Semiconductor Manufacturing Technology. World Scientific Publishing, Hackensack (2008)
2. Gao, W., Li, Z., Sammes, N.: An Introduction to Electronic Materials for Engineers, S. 139 ff. World Scientific Publishing, London (2011)
3. Ruge, I.: Halbleiter-Technologie, Reihe Halbleiter-Elektronik, Bd. 4. Springer, Berlin (1984)

4. von Münch, W.: Einführung in die Halbleitertechnologie. Teubner, Stuttgart (1993)
5. Hoppe, B.: Mikroelektronik 2. Vogel, Würzburg (1998)
6. Schumicki, G., Seegebrecht, P.: Prozeßtechnologie. Reihe Mikroelektronik. Springer, Berlin (1991)

Lithografie

In der Planartechnik erfolgt die lokale Bearbeitung der Siliziumscheiben mithilfe lithografischer Verfahren. Die Strukturen werden zunächst über eine Fotomaske in einem dünnen, strahlungsempfindlichen Film, meist einer organischen Fotolackschicht, auf der oxidierten Halbleiterscheibe erzeugt und in speziellen Ätzverfahren in die darunter liegenden Schichten übertragen. In einigen Fällen, z. B. bei der Ionenimplantation, dient der Fotolack selbst als lokale Maskierung; eine Maskenübertragung durch Ätzen ist hier nicht erforderlich.

Die Lithografietechnik beinhaltet die folgenden Einzelprozessschritte:

- Dehydrieren der Scheibenoberfläche;
- Aufbringen von Haftvermittler;
- Belacken der Scheibe („Resist Coating");
- Austreiben des Lösungsmittels aus dem Lack („Pre Bake");
- Belichten des Lackes über eine Maske oder direkt mit einem Elektronenstrahl („Exposure");
- Entwickeln des Lackes („Development");
- Härten des Lackes („Post Exposure Bake");
- optische Kontrolle der erzeugten Strukturen.

Die Bestrahlung des Fotolackes erfolgt mit UV-Licht bei den Wellenlängen 436 nm bzw. 365 nm (G- bzw. I-Linie des Spektrums der Quecksilberdampflampe), mit einem Laser als Strahlungsquelle im UV-Bereich bei 248 nm (KrF-Laser), 193 nm (ArF-Laser) oder zukünftig 157 nm (F_2-Laser), maskenlos mit einem Elektronenstrahl oder – über spezielle Maskierungen – mit Röntgenstrahlung.

Die Lithografie lässt sich in eine Positiv- und eine Negativ-Lacktechnik unterteilen. Während der Entwicklung löst sich in der Positiv-Lacktechnik der Fotolack an den

U. Hilleringmann, *Silizium-Halbleitertechnologie*,
https://doi.org/10.1007/978-3-658-42378-0_4

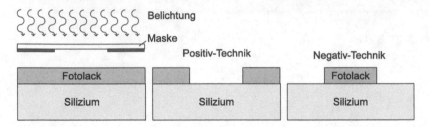

Abb. 4.1 Schematische Darstellung des optischen Lithografieprozesses mit Positvlack und mit Negativlack

belichteten Stellen auf, die nicht bestrahlten Bereiche bleiben maskiert. In der Negativ-Lacktechnik sind genau entgegengesetzt die belichteten Stellen maskiert, während der unbelichtete Lack beim Entwickeln aufgelöst wird. Die chemische Stabilität und thermische Belastbarkeit der Negativlacke ist in der Regel höher als die der Positivlacke. Früher war die erreichbare minimale Linienweite in Negativ-Lacktechnik auf ca. 1,5 µm begrenzt, da die Strukturen während des Entwickelns aufgequollen sind; moderne Negativlacke eignen sich inzwischen auch für die Submikrometer-Lithografie (Abb. 4.1).

Einige spezielle Fotolacke ermöglichen sowohl eine Positiv- als auch eine Negativ-Lacktechnik. In positiver Technik entspricht die Verarbeitung dem o. a. Schema, während die negative Technik zwei zusätzliche Schritte beinhaltet. Nach der Belichtung des Lackes über die Maske folgt ein Temperaturschritt („Image Reversal Bake") bei einer gegenüber dem „pre bake" leicht erhöhten Temperatur, anschließend wird die gesamte Scheibenoberfläche einer Flutbelichtung ausgesetzt. Während des Image Reversal Bake vernetzt der zuvor belichtete Lack und wird dadurch im Entwickler unlöslich.

Während des Entwickelns löst sich nun der Lack in den während der ersten Belichtung abgeschatteten Bereichen, sodass ein Negativ als Abbild der Struktur der Maske entsteht. Jedoch ist die Stabilität dieser Lacke nicht höher als bei üblichen Positiv-Lacken.

4.1   Maskentechnik

Die Masken für die Fotolithografie enthalten das Muster einer Entwurfsebene als Chromschicht auf einem transparenten Träger. Das Ausgangsmaterial für ihre Herstellung besteht aus einer Glas- bzw. Quarzplatte, die ganzflächig mit Chrom als lichtabsorbierendem Material und Foto- bzw. Elektronenstrahllack als strahlungsempfindlichem Film beschichtet ist. In die Lackschicht werden die entsprechenden Strukturen einer Entwurfsebene, je nach zur Verfügung stehendem Belichtungsverfahren, im Größenverhältnis 1:1, 4:1, 5:1 oder 10:1 abgebildet. Dazu eignen sich das optische Verfahren per Mustergenerator („Pattern Generator") und für feinere Abmessungen das Elektronenstrahlverfahren [1].

4.1.1 Pattern-Generator und Step- und Repeat-Belichtung

Der Pattern-Generator bildet die zu erzeugenden Strukturen mithilfe von mechanischen Blenden fotografisch auf einer mit Chrom und Fotolack beschichteten Quarzplatte („Blanc") im Maßstab 4:1, 5:1 oder 10:1 vergrößert ab. Die Blenden werden über ein Datenband rechnergesteuert zur Quarzplatte positioniert, die Belichtung erfolgt mit Laserblitzen. Durch vielfach wiederholte Positionierung und Belichtung entstehen die gewünschten Strukturen in der Lackschicht. Anschließend wird der Fotolack im Entwickler an den bestrahlten Stellen entfernt und die Chromschicht nasschemisch geätzt.

Auf der Quarzplatte bleiben nur die Strukturen einer Entwurfsebene eines einzelnen Chips als Chromabsorber um den Faktor 4, 5 oder 10 vergrößert zurück. Das bearbeitete Blanc wird nun „Reticle" genannt und kann in der „Step-and-Repeat"-Belichtung direkt zur Fotolithografie oder zur Maskenherstellung eingesetzt werden.

Zur Fertigung der Maske mit der Originalstrukturgröße erfolgt eine verkleinernde fotografische Abbildung des Reticles auf eine weitere beschichtete Quarzplatte. Da nicht nur ein Chip auf der Maske entstehen soll, wird das Step- und Repeat-Verfahren angewandt, d. h. nach der ersten Belichtung wird das Reticle für weitere Chips mehrfach nebeneinander auf der Quarzplatte abgebildet, bis die Fläche eines Wafers mit den Mustern gefüllt ist. Nach dem Entwickeln des Fotolackes, dem Ätzen der Chromschicht und dem Entfernen des Lackes steht dann die Muttermaske zur Verfügung, von der Arbeitsmasken durch 1:1-Kopien erzeugt werden können. Die minimal erreichbare Strukturweite dieser Masken beträgt – bedingt durch die begrenzte Positioniergenauigkeit der Blenden des Pattern-Generators – ca. 0,8 µm. Da diese Auflösung für mikroelektronische Anwendungen heute in der Regel nicht mehr ausreicht, erfolgt die Maskenherstellung inzwischen nahezu ausschließlich durch Direktschreiben der Strukturen mit einem Elektronenstrahl in den Lack der Quarzplatte.

4.1.2 Direktschreiben der Maske mit dem Elektronenstrahl

Alternativ lassen sich die Masken für integrierte Schaltungen direkt mit einem Elektronenstrahlschreiber herstellen. Die Quarzplatte ist in diesem Fall mit einem elektronenstrahlempfindlichen Lack beschichtet. Sie befindet sich gemeinsam mit der Elektronenquelle sowie den Fokussier- und Ablenkeinheiten im Hochvakuum.

Der fein fokussierte Elektronenstrahl wird zur Strukturerzeugung rechnergesteuert über die Fläche der mit Lack beschichteten Quarzplatte gescannt und über ein Datenband, das die Maskendaten enthält, hell und dunkel getastet. Mit modernen Anlagen lassen sich Strukturweiten bis unterhalb von 5 nm auflösen.

Da es sich um einen seriellen Schreibvorgang handelt, muss die Entwurfsebene für jeden Chip auf dem Blanc einzeln geschrieben werden. Folglich ist das Elektronenstrahlschreiben ein äußerst zeit- und damit kostenintensiver Prozess. Auch hier steht nach dem Entwickeln und Ätzen die Muttermaske für Kontaktkopien zur Erzeugung von

Arbeitsmasken zur Verfügung; dabei geht jedoch die hohe Auflösung durch den weiteren Abbildungsprozess zum Teil verloren.

Die Kosten einer Fotomaske für eine Technologie mit 100 mm Scheibendurchmesser betragen in Abhängigkeit von der geforderten Auflösung, Strukturgenauigkeit und Defektdichte zurzeit etwa 1200,– Euro bis über 5000,– Euro je Maske.

4.1.3   Maskentechniken für höchste Auflösungen

Die Auflösung der optischen Lithografie wird durch Beugungseffekte an den Struktur-kanten der Chromschicht auf den Masken begrenzt. Um eine günstigere Intensitäts-verteilung auf der Scheibenoberfläche zu erhalten, werden zunehmend alternative Maskenbauformen verwendet. Anstelle der einfachen Chrommasken bieten sich dämpfende Phasenmasken an, die die einfallenden elektromagnetischen Wellen im maskierten Bereich nicht vollständig absorbieren, sondern nur stark dämpfen und dabei gleichzeitig ihre Phasen um 180° verschieben. Durch Interferenz entsteht auf der Wafer-Oberfläche eine günstigere Intensitätsverteilung und damit ein stärkerer Kontrast.

Eine genauere Strukturübertragung lässt sich durch zusätzliche Absorber auf der Maske erzeugt, die das verwendete Linsensystem zwar nicht mehr auflösen kann, jedoch durch Beugung ein optimiertes Abbild der Vorlage im Fotolack bewirken. Konvexe Geometrien erhalten zusätzliche Absorberflächen, während konkave Formen ergänzende Öffnungen zur stärkeren Belichtung enthalten. Masken mit diesen veränderten Chromflächen heißen OPC-Masken („Optical Proximity Correction"); sie werden mit speziellen Programmen aus den Entwurfsebenen berechnet [2]. Ein Beispiel ist in Abb. 4.2 gegeben.

Eine weitere Entwicklung ist die chromlose Phasenmaske. Durch Strukturierung des transparenten Maskensubstrates im Abschattungsbereich wird lokal eine optische

Abb. 4.2 Optical Proximity Correction: Entwurfsstruktur, berechnete Absorberfläche und belichtete Struktur im Fotolack

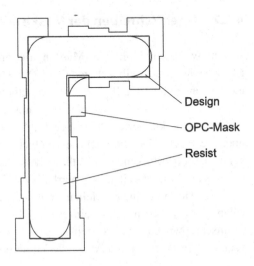

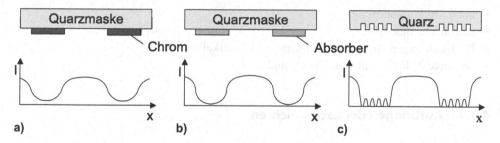

Abb. 4.3 Vergleich der Intensitätsverteilung an der Scheibenoberfläche für eine **a** Chrommaske, **b** dämpfende Phasenmaske, und **c** chromlose Phasenmaske mit Interferenzkontrast

Phasenverschiebung um 180° eingestellt, sodass bei gegebener Bestrahlungswellenlänge durch Interferenz die gewünschte Intensitätsverteilung auf der Scheibenoberfläche entsteht. Die Strukturverteilung in der Maske muss mit leistungsfähigen Computern berechnet und im Trockenätzverfahren präzise in die Quarzmaske übertragen werden (Abb. 4.3).

4.2 Belackung

4.2.1 Aufbau der Fotolacke

Da in der Serienfertigung bislang die optische Lithografie in Positivtechnik dominiert, wird im Folgenden nur der Aufbau von Positiv-Fotolacken behandelt. Fotolacke bestehen aus einem festen Matrixmaterial (20 %), einem lichtempfindlichen Anteil („Sensitizer", 10 %) und dem Lösungsmittel (70 %). Das Matrixmaterial ist ein Phenolharz und bestimmt im Wesentlichen die thermischen Eigenschaften des Lackes. Die lichtempfindlichen Anteile (Diazonaphtochinone) legen den Wellenlängenbereich und die Empfindlichkeit des Fotolackes fest. Als Lösungsmittel wird Äthylenglykoläthylätheracetat eingesetzt.

Nach dem Trocknen des Lackes ist die bislang unbelichtete Mischung aus Matrix und Sensitizer in Laugen kaum löslich, d. h. der Lack wird von den Entwicklerlösungen nicht angegriffen. Eine UV-Belichtung spaltet aus dem Sensitizer Stickstoff ab, gleichzeitig nimmt der Lack Umgebungsfeuchtigkeit auf, sodass sich Indencarbonsäure bildet. Durch diese Umwandlung ist der belichtete Fotolack in Laugen (NaOH, TMAH), die als Entwickler dienen, leicht löslich, sodass die belichteten Bereiche selektiv zu den nicht bestrahlten Flächen entfernt werden können.

Neben einer hohen Lichtempfindlichkeit für kurze Belichtungszeiten müssen die Fotolacke den folgenden weiteren Ansprüchen genügen:

• gute Haftung auf verschiedenen Materialien;
• einstellbare Viskosität für verschiedene Lackschichtdicken;

- hohe Strukturauflösung;
- thermische Stabilität;
- Resistenz gegen Ätzlösungen und andere Chemikalien;
- selektive Ablösbarkeit vom Untergrund.

4.2.2   Aufbringen der Lackschichten

Um eine fehlerfreie Maskierung bzw. Strukturierung der Siliziumscheibe zu gewährleisten, ist eine gute Lackhaftung auf den Substraten notwendig. Da deren Oberfläche jedoch aufgrund der Umgebungsfeuchtigkeit immer mit Wasserstoff oder
OH^--Molekülen benetzt ist, diese die Lackhaftung aber stark herabsetzen, muss zunächst
eine Temperaturbehandlung der Scheiben erfolgen. Ein Ausheizen bei 700 °C in N_2-
Atmosphäre bewirkt eine sichere Verdrängung der Feuchtigkeit von der Scheibenoberfläche, ohne die Wafer thermisch stark zu belasten. Die auftretende Dotierstoffdiffusion
ist in der Regel vernachlässigbar.

Um die Haftung des Lackes weiter zu verbessern, wird eine Oberflächenbenetzung
mit einem Haftvermittler („Primer"), üblicherweise HMDS (Hexamethyldisilazan), vorgenommen. Im Vakuum oder bei Atmosphärendruck in Stickstoffumgebung werden die
Scheiben dem Dampf dieser Flüssigkeit ausgesetzt, sodass die Oberflächen benetzen.

Das Auftragen des strahlungsempfindlichen Lackes erfolgt durch eine Schleuderbeschichtung (Abb. 4.4). Die Halbleiterscheibe liegt zentriert auf einem drehbaren Teller
(„Chuck"); sie wird zur sicheren Positionierung durch einen leichten Unterdruck von der
Rückseite her festgesaugt. Bei einer niedrigen Tellerdrehzahl wird der Lack im Zentrum
der Scheibe aufgespritzt und anschließend bei erhöhter Drehzahl zwischen 2000 und
6000 U/min aufgeschleudert.

Die Zentrifugalkraft zieht den Lacktropfen zu einer homogenen Schicht auseinander,
deren Dicke durch die Viskosität des Lackes und die Schleuderdrehzahl bestimmt wird
(Abb. 4.5; [3]). Während des Schleuderns verflüchtigt sich ein Teil des Lösungsmittels

Abb. 4.4 Belackung der Siliziumscheibe durch Schleuderbeschichtung

Abb. 4.5 Lackdicke in Abhängigkeit von der Schleuderdrehzahl für verschiedene Lackviskositäten

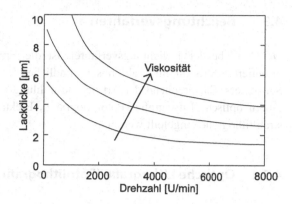

aus dem Lack, sodass die Viskosität steigt und die Dauer des Schleudervorganges keinen Einfluss mehr auf die Lackdicke nimmt.

Um den Wulst durch den sich am Scheibenrand aufstauenden Lack zu entfernen, folgt zum Ende des Schleudervorganges eine Randentlackung durch Bespritzen der äußersten 2 mm des Wafer-Randes mit Lösungsmittel. Typische Lackdicken in der Halbleitertechnologie liegen zwischen 0,5 und 2 μm in Abhängigkeit von der geforderten Auflösung sowie von der Aufgabe und Beanspruchung des Lackes während der folgenden Prozessschritte. In der Mikromechanik werden dagegen höhere Lackdicken bis zu 500 μm für die galvanische Abformtechnik eingesetzt.

Der aufgeschleuderte Lack enthält noch einen hohen Volumenanteil an Lösungsmittel, sodass die Schicht relativ weich ist. Zur Verbesserung der Schichtstabilität wird das Lösungsmittel durch eine thermische Behandlung im Temperaturbereich um 110 °C ausgetrieben. Dieser „Pre Bake"-Schritt kann im Umluftofen stattfinden, indem eine Charge von 25–100 Wafer gleichzeitig für ca. 15 min getrocknet wird.

Alternativ ist für die modernen, sehr empfindlichen Lacke eine zeitlich und thermisch exakt kontrollierte Trocknung mit einer Heizplatte („Hotplate") entwickelt worden, bei der die Scheiben auf einer erhitzten Fläche angesaugt werden. Der Lack trocknet hier wegen der guten Wärmeleitung infolge des direkten Kontakts zur Heizplatte innerhalb von 60 s bei z. B. 100 °C. Dieses Verfahren bietet eine höhere Reproduzierbarkeit, erfordert aber eine serielle Scheibenbearbeitung zur Trocknung.

In den automatischen Straßen zur Belackung der Scheiben befindet sich direkt hinter der Schleudereinheit eine Heizplatte, sodass die Scheibe nach der Schleuderbeschichtung gleich zur Trocknung weiter transportiert wird. Parallel zur Trocknung erfolgt schon der Lackauftrag auf die nächste Siliziumscheibe.

Nachdem sich die Wafer auf Raumtemperatur abgekühlt haben, kann die Belichtung des Lackes erfolgen.

4.3   Belichtungsverfahren

Die Aufgabe der Belichtungsverfahren ist die Erzeugung einer zur Siliziumscheibe orientierten Struktur im strahlungsempfindlichen Lack durch das lokale Aufspalten des Sensitizers. Entsprechend der Art der Bestrahlung kann die Lithografie in die drei Verfahren optische Lithografie (Fotolithografie), Elektronenstrahllithografie und Röntgenstrahllithografie eingeteilt werden.

4.3.1   Optische Lithografie (Fotolithografie)

Die Fotolithografie benötigt zum Belichten des strahlungsempfindlichen Lackes auf der Siliziumscheibe eine Fotomaske bzw. ein Reticle als Strukturvorlage. Durch diese Quarzplatte erfolgt die Abbildung – zur besseren Strukturauflösung mit möglichst kurzwelligem UV-Licht – im Maßstab 1:1 bzw. reduzierend 4:1, 5:1 oder 10:1. Im Folgenden werden die unterschiedlichen Verfahren entsprechend der verwendeten Optiken erläutert.

4.3.1.1 Kontaktbelichtung

Bei der Kontaktbelichtung befindet sich die Fotomaske in direktem Kontakt mit dem Fotolackfilm auf der Halbleiterscheibe. Die Strukturen der Maske werden durch zeitgesteuerte Belichtung mit UV-Licht im Maßstab 1:1 übertragen. Zur Verbesserung der Auflösung wird die Scheibe mit Druck gegen die Maske gepresst, bzw. zwischen Maske und Wafer ein Vakuum erzeugt, um den Abstand minimal zu halten.

Begrenzt wird die Auflösung einzig durch die Beugungseffekte an den Strukturkanten, sodass in Abhängigkeit von der verwendeten Wellenlänge und Fotolackdicke minimale Strukturweiten von ca. 0,8 µm für 436 nm Wellenlänge bis hinunter zu ca. 0,4 µm bei 248 nm Wellenlänge auf ebenen Oberflächen möglich sind. Da mit einer 1:1-Maske alle Chips gleichzeitig belichtet werden, ist mit dieser Technik ein hoher Wafer-Durchsatz möglich (Abb. 4.6).

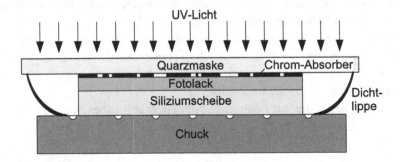

Abb. 4.6 Kontaktbelichtung mit Vakuum zwischen Scheibe und Maske zur Erzeugung eines schlüssigen Kontakts

Trotz der hohen Auflösung wird dieses Verfahren in der industriellen Fertigung wegen der folgenden Nachteile nur selten eingesetzt:

- der direkte Kontakt zwischen Maske und Fotolack führt zur schnellen Verschmutzung der Maske;
- vorhandene Partikel zwischen Fotolack und Maske verhindern einen schlüssigen Kontakt und verschlechtern somit die Abbildungsqualität;
- der enge Kontakt kann ein Zerkratzen der Lackschicht auf dem Wafer oder der Chromschicht der Fotomaske bewirken.

Diese Effekte führen zu einer hohen Defektdichte in der Lackebene, sodass die Ausbeute an korrekten Strukturen relativ gering ist. Eine Verringerung der Fehlerzahl ist nur durch häufige Maskenreinigung bzw. regelmäßigen Maskenwechsel möglich. Im Forschungsbereich, der nicht in Richtung maximaler Ausbeute orientiert ist, ermöglicht die Kontaktlithografie dagegen eine sehr kostengünstige Herstellung von Mustern mit feinen Strukturen.

4.3.1.2 Abstandsbelichtung (Proximity)

Bei diesem Verfahren wird der Nachteil des engen Kontaktes zwischen Wafer und Maske beseitigt, indem die Scheibe z. B. über eine Schrittmotorsteuerung 20–30 µm von der Maske entfernt gehalten wird. Damit die Scheibe parallel zur Maske ausgerichtet ist, werden während der Annäherung kurzzeitig exakt definierte Abstandshalter zwischen Wafer und Maske geschwenkt. Nach Herstellung der Parallelität bewegen sich die Abstandshalter aus dem Zwischenraum, und die Scheibe wird bis zum gewünschten Proximity-Abstand der Maske angenähert. Weil stets ein Spalt zwischen der Lackoberfläche und der Maske bleibt, treten erheblich weniger Fehler in der Lackschicht als auch Verschmutzungen und Defekte an der Maske auf.

Die UV-Belichtung liefert ein Schattenbild der Maske im Fotolack. Jedoch sinkt die Auflösung infolge des Proximity-Abstandes deutlich; aufgrund der Beugungseffekte an den Chromkanten der Maske lassen sich nur Strukturen mit kleinsten Abmessungen von ca. 3 µm auflösen. Diese Strukturgrößen waren bis etwa 1980 für industrielle Anwendungen der Chiphersteller ausreichend, heute wird das Verfahren für mikromechanische Komponenten genutzt.

Der Scheibendurchsatz bei der Proximity-Belichtung ist wegen der 1:1-Komplettbelichtung des Wafers hoch. Geräte zur Kontakt- oder Proximity-Belichtung kosten, je nach Ausstattung, ca. 220.000–500.000 € (Abb. 4.7).

4.3.1.3 Projektionsbelichtung

Um Verschmutzungen bzw. Beschädigungen der Maske völlig auszuschließen, ist eine räumliche Trennung vom Wafer notwendig. Dazu muss die Belichtung als Projektion der Maske über ein Linsensystem auf den belackten Wafer erfolgen.

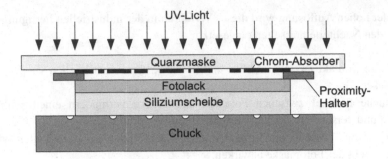

Abb. 4.7 Abstands- oder Proximity-Belichtung mit 1:1 Maskenvorlage

Ursprünglich wurde die belackte Scheibe hierbei ganzflächig im Maßstab 1:1 mit einer einzelnen Belichtung strukturiert. Diese Methode hat aber den Nachteil, dass die Siliziumscheibe und die Maske nicht mehr thermisch gekoppelt sind, sodass größere Temperaturabweichungen zu unterschiedlichen Ausdehnungen führen. In Verbindung mit dem im Prozess möglicherweise auftretenden Scheibenverzug ist die Justiergenauigkeit zu bereits vorhandenen Strukturen auf der Scheibe folglich lokal stark eingeschränkt. Aus diesem Grund wird das ganzflächige 1:1-Belichtungsverfahren heute nur noch selten eingesetzt.

Üblich ist die Step- und Repeat-Belichtung mit der schrittweisen lokalen Justierung und Abbildung der Entwurfsebene über einen oder – bei geringer Größe – auch mehreren Chips. Im Step- und Repeat-Verfahren wird der Wafer Chip für Chip automatisch zur Maske justiert, anschließend erfolgt jeweils die Belichtung des Fotolackes. Lokale Justierfehler durch Temperaturunterschiede und Scheibenverzug lassen sich mit diesem Verfahren minimieren.

Jedoch findet eine serielle Bearbeitung jeder einzelnen Scheibe statt, sodass der Belichtungs- bzw. Justierprozess zeitintensiv ist. Moderne Step- und Repeat-Kameras können ca. 50 Wafer der Größe 300 mm pro Stunde belichten, wobei der Durchsatz durch das Verfahren, Positionieren und Justieren, nicht jedoch durch die einzelnen Belichtungen begrenzt ist.

Ein Vorteil der 1:1 Step- und Repeat-Belichtung sind die geringen Maskenkosten. Da nur ein kleiner Teil der Quarzplatte für jede Ebene genutzt wird, lassen sich mehrere Design-Ebenen auf einer Maske unterbringen. Am Step- und Repeat-Belichter („Wafer-Stepper") wird anschließend nur der zur Belichtung der Wafer notwendige Teil der Maske ausgewählt und projiziert.

Die Auflösung der Projektionsbelichtungsverfahren wird durch die Lichtwellenlänge, den Kohärenzgrad des Lichtes und die numerische Apertur (*NA*) der Linsen bestimmt [4]. Für den kleinsten auflösbaren Abstand a gilt.

$$a = k_1 \frac{\lambda}{NA} \tag{4.1}$$

für die Tiefenschärfe („depth of focus", DOF), die wegen der Lackdicke und der Fokus-
lage zumindest ± 1 µm betragen sollte, gilt entsprechend:

$$DOF = \pm k_2 \frac{\lambda}{NA^2} \qquad (4.2)$$

mit k_1 und k_2 als Vorfaktoren, die die Eintrittsöffnung der Linsen und den Kohärenzgrad des Lichtes sowie das Auflösungskriterium berücksichtigen. Typische Werte für NA
liegen zwischen 0,4 und 0,8. Der Vorfaktor k_1 beträgt ca. 0,6 für inkohärentes Licht, k_2
wird mit 0,5 angegeben.

Aus den Gleichungen folgt eine lineare Verbesserung der Auflösung mit sinkender
Wellenlänge, aber entsprechend auch eine lineare Abnahme der Tiefenschärfe. Bei
$\lambda = 193$ nm, der typischen verwendeten Wellenlänge im tiefen UV-Bereich („deep UV",
DUV), ist die Tiefenschärfe der heutigen Systeme nur noch unwesentlich größer als die
Fotolackdicke.

Der minimale erreichbare Linienabstand beträgt danach für die Projektionslithografie
ca. 200 nm bei einer Tiefenschärfe von etwa $\pm 0{,}8$ µm.

4.3.1.4 Verkleinernde Projektionsbelichtung

Mit Hilfe eines reduzierenden Linsensystems wird ein um den Faktor 4:1, 5:1- oder 10:1
vergrößertes Reticle im Step- und Repeat-Verfahren verkleinert auf den Fotolack der
Halbleiterscheibe projiziert. Durch die vergrößerte Vorlage verbessert sich die Strukturauflösung bei der Abbildung mit diesen Geräten („Wafer-Stepper") im Vergleich zur
1:1-Belichtung. Sie liegt unter 18 nm Linienweite (Stand 2017) für eine Wellenlänge von
193 nm unter Verwendung von Phasenmasken und weiteren die Auflösung verbessernden
Maßnahmen [5].

Gleichzeitig werden mögliche Abweichungen des Reticle-Maßes vom Sollmaß mit
verkleinert, sodass die Strukturgenauigkeit verbessert ist. Verunreinigungen auf der
Maske werden nur verkleinert in die Lackschicht auf dem Wafer übertragen bzw. fallen
unter die Auflösungsgrenze des verwendeten optischen Systems.

Der Durchsatz ist auch bei der verkleinernden Projektionsbelichtung durch die
serielle Bearbeitung der einzelnen Wafer auf ca. 50 Scheiben zu 300 mm Durchmesser pro Stunde begrenzt. Vergleichbar zur nichtreduzierenden Projektionsbelichtung
haben thermische Effekte und Scheibenverzug durch die Chip-für-Chip-Justierung nur
minimale Auswirkungen auf die Genauigkeit (Abb. 4.8).

Anlagen mit höchster Auflösung kontrollieren nicht nur die optimale Ausrichtung der
Wafer zur Maske in x- und y-Richtung auf ca. 10 nm genau, sondern überprüfen zusätzlich noch die z-Richtung zur Optimierung der Tiefenschärfe.

Weitere Verbesserungen der Auflösung lassen sich durch eine Optimierung der Aus-
leuchtung durch eine spezielle Gestaltung der Lichtquelle erzielen [2]. Anstelle der
früheren punktförmigen Lichtquelle tritt eine nichtaxiale Beleuchtung (Abb. 4.9). Diese
reduziert die Beugungseffekte an den feinen Maskenstrukturen bei der Abbildung durch
Ausblendung von Teilstrahlen.

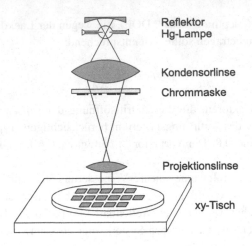

Reflektor
Hg-Lampe

Kondensorlinse

Chrommaske

Projektionslinse

xy-Tisch

Abb. 4.8 Schematische Darstellung eines Systems für die verkleinernde Projektionsbelichtung im Step- und Repeat-Verfahren. (Nach [6])

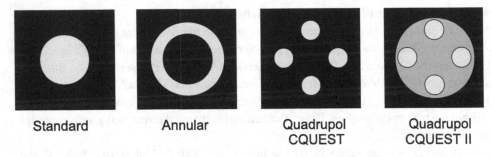

Standard   Annular   Quadrupol   Quadrupol
                CQUEST   CQUEST II

Abb. 4.9 Entwicklung der Lichtquellen für Belichtungssysteme mit verbesserter Auflösung

Zur Reduktion der Linsenfehler bei der Bildübertragung von der Maske auf die Foto-lackschicht ist die Scan-Technik eingeführt worden. Die Maske bzw. das Reticle wird nicht mehr komplett bestrahlt, sondern von einem linienförmigen Lichtstrahl überscannt. Zwar muss neben der Siliziumscheibe auch die Maske bzw. das Reticle zur Bildüber-tragung bewegt werden; dieser Nachteil wird aber durch den optimierten Strahlengang, der ständig durch das Zentrum der Linse führt, mehr als ausgeglichen. Kleinere und damit erheblich kostengünstigere Linsensysteme können eingesetzt werden, sie führen zu einer verbesserten Abbildungsqualität (Abb. 4.10).

Die genannte hohe Auflösung von unter 18 nm lässt sich nur mithilfe der Immersions-lithografie erreichen (Abb. 4.11; [5]). Dazu wird der Zwischenraum Projektions-linse zur Fotolackschicht mit Wasser oder einer höher brechenden Flüssigkeit gefüllt, um die numerische Apertur *NA* auf Werte über 1 zu erhöhen. Dies führt entsprechend der Gl. (4.1) zu einer verbesserten Auflösung. Fehler in der Belichtung können hier

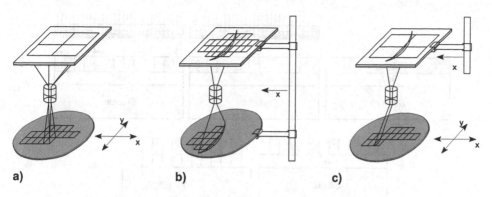

a) b) c)

Abb. 4.10 Entwicklung der Step-Belichtung vom **a** Step- und Repeat-Verfahren über **b** das Wafer-Scan-Verfahren zur **c** Step-Scan-Technik

Abb. 4.11 Vergleich der Strahlausbreitung bei der Standard- *(links)* und der Immersionslithografie *(rechts)*

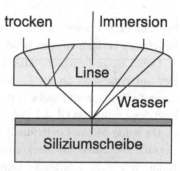

zusätzlich durch anhaftende Bläschen von wenigen 10 nm Durchmesser zwischen Linse, Lack und Wasser entstehen.

Die weitere Entwicklung der Step- und Repeat-Belichtung zielt auf noch kürzere Wellenlängen (157 nm F_2-Laser), jedoch sind die bis hinunter zur 193 nm-Lithografie genutzten Quarzlinsen in diesem Wellenlängenbereich nicht mehr transparent. Linsensysteme aus Kalziumfluorid (CaF) eignen sich für diese Wellenlängen, sind aber aufwendiger in der Herstellung. Statt teurer CaF-Linsen bieten sich zukünftig auch reflektierende Optiken zur Strahlfokussierung und Abbildung der Maske auf der Wafer-Oberfläche an. Außerdem absorbiert der Sauerstoff in der Umgebungsluft das kurzwellige Licht, sodass die Belichtung vorzugsweise im Vakuum erfolgen sollte. Es ist nicht absehbar, ob 157 nm Systeme jemals marktfähig werden.

4.3.1.5 Doppelbelichtung

Der kleinste Abstand zwischen zwei Linien im Fotolack ist bei gegebener Lichtwellenlänge und Anlagentechnik durch Gl. 4.1 vorgegeben. Um eine dichtere Anordnung von Strukturen zu ermöglichen, kann eine doppelte Belichtung der Scheiben über zwei verschiedene Masken erfolgen, wobei jede Maske nur jede zweite der zu erzeugenden eng

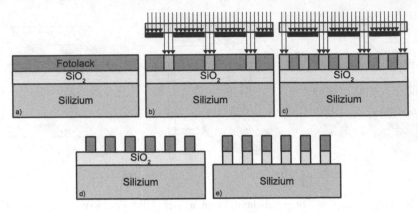

Abb. 4.12 Doppelbelichtung: a) Ausgangsstruktur, b) Belichtung mit Maske 1 und c) mit Maske 2, d) Lackstruktur nach der Entwicklung, und e) minimale Strukturen in der Schicht nach dem Ätzen

benachbarten Linien enthält. Das einfachste Verfahren mit einer wiederholten Lack-belichtung verläuft entsprechend der Darstellung in Abb. 4.12.

Dabei ist zu beachten, dass die erste Belichtung nicht direkt beurteilt werden kann. Erst im Anschluss an die Lackentwicklung nach der zweiten Belichtung entsteht die gesamte Struktur im Fotolack, die dann als Maskierung mit minimalen Abständen unter-halb des Limits von Gl. 4.1 zur Verfügung steht.

Da beide Masken individuell justiert werden, tritt unausweichlich ein unerwünschter Versatz zwischen den Strukturen auf (Abb. 4.13). Dieser darf ein bestimmtes Maß in Relation zur Strukturgröße nicht überschreiten, um eine sichere Funktion des Bau-elements nach vollständiger Integration zu gewährleisten.

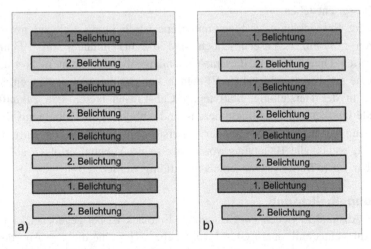

Abb. 4.13 Versatzfehler infolge von Justierabweichungen zwischen der ersten und der zweiten Belichtung

Alternativ kann die Doppelbelichtungstechnik auch in zwei vollständigen, voneinander unabhängigen Lithografieschritten unter Einsatz einer Hilfsschicht erfolgen („Double Exposure Double Etch", DEDE). Auf die zu strukturierende Schicht wird eine Hilfsschicht abgeschieden und mit Fotolack abgedeckt. Es folgt die erste Belichtung mit jeder zweiten der zu erzeugenden Strukturen einschließlich der Lackentwicklung. Ein Trockenätzschritt überträgt die Lackgeometrie in die Hilfsschicht. Anschließend erfolgt das Ablösen des Lacks, eine Reinigung und ein erneutes Aufschleudern einer Lackschicht. Diese wird mit der ergänzenden Maske belichtet und anschließend ebenfalls entwickelt. Daran schließt sich erneut eine Ätzung der Hilfsschicht an, die nach dem Lackablösen nun als Maskierung zur Ätzung der Aktivschicht dient. Im Idealfall lässt sich zum Abschluss des Prozesses die Hilfsschicht selektiv wieder entfernen. Abb. 4.14 stellt diese Variante der Doppelbelichtung schematisch dar. Auch hier tritt unausweichlich ein Versatzfehler zwischen den Strukturen der ersten und der zweiten Belichtung auf.

4.3.2 Elektronenstrahl-Lithografie

Vergleichbar zum direkten Schreiben der Fotomasken wird bei der Elektronenstrahl-Lithografie ein rechnergesteuerter fokussierter Elektronenstrahl über die mit Lack beschichtete Scheibenoberfläche gescannt. Die Stellen, die nicht belichtet werden sollen, werden ausgetastet, d. h. nicht mit Elektronen bestrahlt.

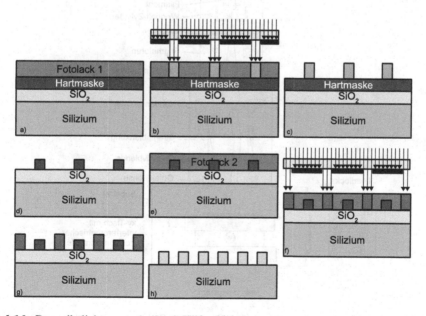

Abb. 4.14 Doppelbelichtungstechnik mit Hilfsschicht

Die mit elektronenempfindlichem Lack beschichteten Halbleiterscheiben müssen zur Bestrahlung in das Hochvakuum der Anlage geschleust werden. Dort kann das Überscannen zeilenweise (Raster-Scan-Verfahren) oder im Vektorscanverfahren erfolgen, wobei das Letztere einen höheren Durchsatz aufweist. Da nicht nur Chip für Chip, sondern auch noch jede Struktur eines jeden Chips geschrieben werden muss, wird dieses zeitintensive Verfahren hauptsächlich zur Maskenfertigung für die optische Lithografie eingesetzt, dagegen nur selten für die direkte Scheibenbelichtung.

Die Elektronenstrahlbelichtung bietet speziell im Bereich der anwendungsspezifischen integrierten Schaltungen (ASIC) die Möglichkeit, ohne den Umweg über die kostenintensive Maskenfertigung schnell und von Wafer zu Wafer unterschiedlich die einzelnen Ebenen zu belichten. Damit sind trotz der hohen Gerätekosten auch geringe Stückzahlen eines Chips relativ kostengünstig herzustellen.

Die Auflösung des Elektronenstrahlverfahrens liegt bei aktuellen Geräten unter 5 nm Linienbreite. Jedoch wächst die Schreibzeit mit der geforderten Auflösung stark an, sodass bei sehr feinen Strukturen Bestrahlungszeiten von einigen Stunden pro Wafer erforderlich sind (Abb. 4.15).

Die Anschaffungskosten eines Neugerätes zum Elektronenstrahlschreiben für die Chip-Produktion liegen zurzeit bei ca. 20.000.000 €. Wesentlich kostengünstiger sind dagegen Zusatzeinrichtungen für Rasterelektronenmikroskope, die zur Belichtung kleiner Flächen bis zu 1 cm^2 geeignet sind und in der Forschung ihren Einsatz finden. Die elektronenoptische Säule des Mikroskops wird mit einem Austaster versehen, der

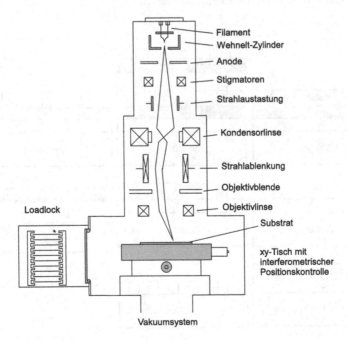

Abb. 4.15 Schnittbild der elektronenoptischen Säule eines Elektronenstrahlschreibers. (Nach [2])

den Elektronenstrahl gezielt ausblenden kann. Die Strahlablenkung erfolgt mit dem vorhandenen System, das über Datenleitungen angesteuert wird. Die Umrüstung eines vorhandenen Rasterelektronenmikroskops in einen einfachen Elektronenstrahlschreiber kostet ca. 350.000 €.

Um den Nachteil der langen Schreibzeit je Scheibe zu kompensieren, wurden zeitweise Elektronenstrahlschreiber mit mehreren unabhängig voneinander steuerbaren Strahlen entwickelt. Jedoch sind der getrennte Abgleich und die Fokussierung der einzelnen Strahlen sehr aufwendig.

Alternativ ist eine Technik der reduzierenden Elektronenstrahlbelichtung mit einer Streumaske entwickelt („SCALPEL" = *SC*attering with *A*ngular *L*imitation *P*rojection *E*lectron-beam *L*ithography) worden [7]. Das Verfahren nutzt eine für Elektronen transparente Folie als Maske, die im abzuschattenden Bereich mit einer Streuschicht verstärkt ist. Elektronen, die auf diese Streuschicht treffen, werden stark abgelenkt, während die direkt auf die Folie treffenden Elektronen nur geringfügig ihre Ausbreitungsrichtung ändern (Abb. 4.16).

Nach Fokussierung aller Elektronen blendet eine Aperturblende die stark gestreuten Elektronen aus, nur die Teilchen mit geringer Ablenkung passieren diese Blende und führen zur Belichtung. Die Erwärmung der Maske ist relativ gering, da die Elektronen nur gestreut, nicht jedoch absorbiert werden. Eine Auflösung von 30 nm Linienweite wurde demonstriert.

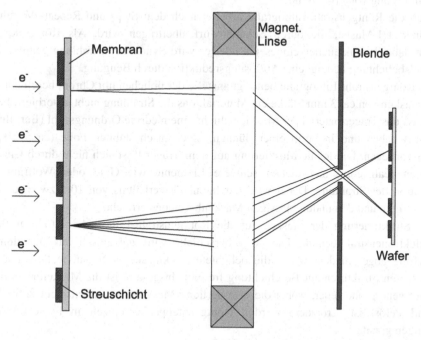

Abb. 4.16 SCALPEL-Verfahren zur reduzierenden Elektronenstrahlprojektionsbelichtung

In einigen Forschungsarbeiten sind elektronenstrahlempfindliche Lacke mit einem Rastertunnelmikroskop bestrahlt worden. Linien von 20 nm Breite konnten über mehrere Mikrometer Länge hergestellt werden. Ein solches Lithografieverfahren ist zwar denkbar, jedoch beträgt die Schreibzeit zum Bestrahlen eines einzelnen Chips mehrere Tage. Da aber mit der mikromechanischen Ätztechnik Verfahren zur Erzeugung vieler parallel arbeitender Tunnelspitzen vorhanden sind, steht möglicherweise in näherer Zukunft ein Array von z. B. 10^5 getrennt steuerbaren Tunnelspitzen zur Flächenbestrahlung zur Verfügung. Entsprechend ließe sich die Schreibzeit zur Bestrahlung der Lacke verringern.

4.3.3   Röntgenstrahl-Lithografie

Wegen der wesentlich geringeren Wellenlänge lassen sich mit Röntgenstrahlen nach Gl. 4.1 feinere Strukturen abbilden als mit der optischen Lithografie. Die Wellenlänge von ca. 0,1–10 nm verspricht erheblich höhere Auflösungen, es treten aber zwei limitierende Faktoren auf: Infolge der Fresnel-Beugung sind minimale Strukturweiten unter 70 nm nur bei einer Wellenlänge unter 1 nm möglich, und die im Lack bzw. im Substrat generierten Fotoelektronen durch Ionisation tiefer Elektronenschalen bewirken ungerichtete Röntgenstrahlung, die ebenfalls den Fotolack belichtet. Diese die minimale Strukturweite reduzierenden Effekte begrenzen die Auflösungsgrenze bei einem Proximity-Abstand von nur einem Mikrometer zwischen Maske und Wafer auf eine Größenordnung von etwa 70 nm.

Auch die Röntgenstrahl-Lithografie arbeitet nach dem Step- und Repeat- Verfahren mit einer 1:1-Maske, die durch Schattenwurf übertragen wird. Als Röntgenquelle werden dabei Plasmaquellen eingesetzt, oder es wird Synchrotronstrahlung genutzt. Die Abstandsbelichtung bedingt eine Auflösungsreduktion durch Beugung.

Die Röntgenstrahl-Lithografie benötigt anstelle der üblichen mit Chrom beschichteten Quarzmasken von ca. 3 mm Stärke ein Material, das die Strahlung nicht absorbiert. Folglich muss das Trägermaterial der Maskierschicht eine niedrige Ordnungszahl (Beryllium, Silizium) haben und in Form einer dünnen, mechanisch stabilen Folie (ca. 5–10 μm Dicke) vorliegen. Die lokale Maskierung auf dem Träger lässt sich nicht durch Chromschichten realisieren, hier dienen schwere Elemente wie Gold oder Wolfram zur Absorption der Strahlung. Dabei wird ein Intensitätsverhältnis von 10:1 zwischen den durchlässigen und den undurchlässigen Maskenbereichen erreicht.

Die Strukturierung der Masken für die Röntgenstrahl-Lithografie erfolgt mithilfe der Elektronenstrahltechnik. Die Absorberschicht wird galvanisch auf der dünnen Trägerfolie abgeschieden, wobei die belichtete Lackmaske in Negativtechnik nur die gewünschten Strukturen zur Beschichtung freigibt. Insgesamt ist die Maskenherstellung sehr aufwendig und teuer, wobei die erforderliche Maßhaltigkeit noch nicht zufriedenstellend gelöst ist. Trotzdem werden Röntgenstepper vereinzelt in Forschungseinrichtungen genutzt.

Insgesamt hat sich die Röntgenlithografie in der o. a. Form jedoch nicht in der Produktion mikroelektronischer Schaltungen durchsetzen können, da die heute verfügbaren optischen Verfahren bereits höhere Auflösungen bei vollständiger räumlicher Trennung von Maske und Wafer erreichen.

4.3.4 Extrem UV Lithografie (EUV)

Aktuell nutzen einige Halbleiterhersteller eine Belichtungstechnik mit Röntgenstrahlung bei einer Wellenlänge von 13,5 nm für die hochauflösende Lithografie (Abb. 4.17). Diese als „extrem UV" (EUV) bezeichnete Technik nutzt reflektierende Optiken zur Abbildung einer Maskenstruktur in den Lack an der Siliziumoberfläche [8], um minimale Strukturabmessungen um 5 nm zu erzeugen. Die Spiegel zur Strahlfokussierung und -ablenkung bestehen aus abwechselnd aufgebrachten dünnen Schichten aus Molybdän und Silizium bzw. Siliziumkarbid, die als Bragg-Reflektoren wirken. Auch die reflektierend wirkende Maske besteht aus dieser Schichtstruktur, die im abschattenden Strukturbereich durch eine zusätzliche Deckschicht transmittierend ausgelegt ist.

Als Herstellungsverfahren für die Bragg-Reflektoren eignen sich sowohl Aufdampftechniken als auch die Atomlagenabscheidung. Die Spiegel bestehen aus 40–50 Schichtperioden, die eine Reflektivität von ca. 70 % der einfallenden Strahlung bewirken. Zur Strahllenkung und Fokussierung sind dabei zumindest 7 Reflexionen des Lichts erforderlich, sodass nur 8 % der Intensität zur Belichtung beitragen. Da kleinste Fehler

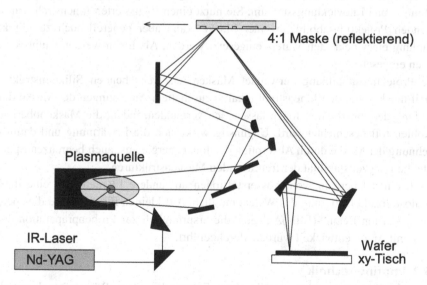

Abb. 4.17 Strahlengang der EUV-Belichtung mit Plasmaquelle und reflektierender Optik. (Nach [9])

in der Schichtstruktur direkt zur Störung der Bragg-Reflexion führen, ist eine perfekte Prozessierung der Bragg-Spiegel erforderlich.

Als Lichtquelle zur Erzeugung der EUV-Strahlung stehen Plasma-Quellen („Discharge produced Plasma") [11] und ein spezielles Lasersystem („Laser produced Plasma") [12] zur Verfügung. Plasmaquellen nutzen hochangeregtes Xenon-Gas (10⁺-Ionisierung) oder rotierende Zinn-Elektroden als Emissionsquellen. Sie verschmutzen sehr schnell, sodass die Strahlungsintensität nur mit hohem Wartungsaufwand konstant gehalten werden kann.

Durchgesetzt hat sich zurzeit ein Lasersystem als EUV-Lichtquelle. Dabei treffen zwei Laser-Impulse nacheinander im Vakuum auf ein Zinn-Kügelchen von ca. 25 µm Durchmesser. Der erste schwächere Impuls verformt den Sn-Tropfen zu einer flachen Scheibe, die dann vom zweiten intensiven Laserimpuls auf ca. 220.000 Grad erhitzt wird. Dabei tritt eine starke Lichtemission im Bereich um 13,5 nm Wellenlänge auf. In die Lichtquelle werden pro Sekunde 50.000 Sn-Kügelchen injiziert, die zu einer Strahlungsleistung von über 200 W bei 13,5 nm führen. Trotz Schutzmaßnahmen verschmutzt verdampfendes Sn die Quelle während des Betriebs, sodass nach jeweils 100 h eine Wartung erforderlich ist.

4.3.5 Weitere Verfahren zur Strukturierung

4.3.5.1 Ionenstrahl-Lithografie

Die Ionenstrahl-Lithografie befindet sich trotz jahrelanger Bemühungen noch im Forschungs- und Entwicklungsstadium. Sie nutzt einen fokussierten Ionenstrahl zur verkleinernden Projektionsabbildung einer Maske, kann aber generell auch zur direkten Bestrahlung eines belackten Wafers eingesetzt werden. Als Ionen werden hauptsächlich Protonen eingesetzt.

Die Projektionsabbildung verwendet Masken aus freistehenden Siliziumstrukturen („stencil mask"), um den Ionenstrahl lokal abzuschatten. Aufladungen der Maske durch die Ladung der absorbierten Ionen lassen sich vermeiden, indem die Maskenoberfläche mit Kohlenstoff beschichtet wird. Ungünstig wirkt sich die Erwärmung und damit die Ausdehnung der Maske durch Absorption der Ionenenergie aus, auch begrenzen Sputter-Effekte die Langzeitstabilität der freitragenden Maskenstrukturen.

Durch einen Übergang von Wasserstoffionen auf andere Elemente ist eine direkte maskenlose lokale Dotierung des Wafers möglich. Auf kleinen Flächen wird dies bereits mit „Focused Ion Beam"-(FIB-)Anlagen, die ursprünglich zur Probenpräparation durch Sputtern mit Argon entwickelt wurden, durchgeführt.

4.3.5.2 Imprint-Technik

Das Imprint-Verfahren nutzt anstelle einer Fotomaske einen Prägestempel mit dem Negativ der gewünschten Lackstruktur als Vorlage. Statt des Fotolacks befindet sich ein relativ weicher Prägelack auf der Scheibenoberfläche. Zur Übertragung der Struktur wird der Prägestempel mit Druck in den Lack gepresst; es entsteht eine Abformung des Stempels im Lack. Die Tiefe der Prägung hängt von der Viskosität des Lackes, vom angelegten Druck und vom Füllfaktor der Stempelstruktur ab. Bei abgesenktem Stempel kann zusätzlich eine Erhitzung zur Lackhärtung von der Scheibenrückseite oder durch den Stempel stattfinden. Nach der Prägung wird der Stempel abgehoben, wobei genau wie beim Prägevorgang eine absolut lotrechte Bewegung zur Scheibenoberfläche gefordert ist (Abb. 4.18).

Die Restlackdicke in den Vertiefungen lässt sich durch anisotropes reaktives Ionenätzen im Sauerstoffplasma entfernen. Danach liegt die gewünschte Lackstruktur als Maske an der Scheibenoberfläche vor. Minimale demonstrierte Strukturweiten liegen im Bereich um 20 nm.

Das Verfahren ist ein Kontaktverfahren mit den bereits bei der Kontaktlithografie genannten hohen Defektdichten. Diese lassen sich durch ein Trennungsmittel, das vor der Prägung auf die Stempeloberfläche gesprüht wird, reduzieren. Nachteilig ist auch die Möglichkeit eines Stempelbruches, da das feine Stempelrelief bei lateraler Stempelbewegung, z. B. durch Schwingungen, sehr leicht bricht. Typische Stempelgrößen liegen im Bereich um 40×40 mm, sodass auch hier das Step- und Repeat-Verfahren angewandt wird.

4.3.5.3 Kantenabscheidung zur Nanostrukturierung

Strukturen mit Abmessungen von wenigen Nanometern lassen ohne hochauflösende Lithografietechnik durch Schichtabscheidung an Kanten in Verbindung mit einer anisotropen Rückätzung erzeugen („Deposition Defined Structures"). In eine Opferschicht, die selektiv zu anderen Materialien ätzbar sein muss, wird am Ort der gewünschten

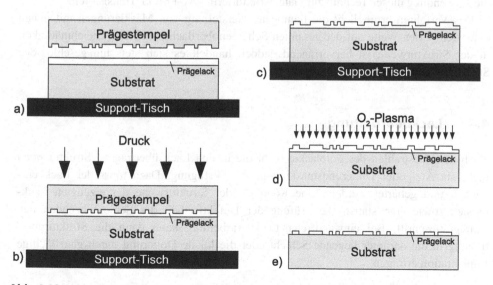

Abb. 4.18 Ablauf der Imprint-Technik zur Strukturerzeugung im Prägelack

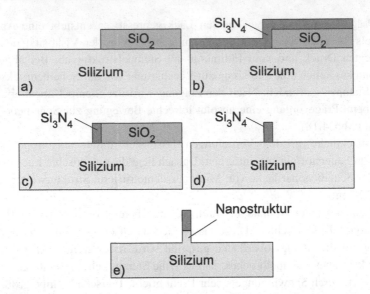

Abb. 4.19 Kantenabscheidetechnik mit Opferschicht zur Nanostrukturierung

Nanostruktur unter Anwendung herkömmlicher Lithografietechniken eine absolut senkrechte Stufe geätzt. Anschließend erfolgt die konforme Abscheidung der Maskenschicht
im CVD-Verfahren. Die Dicke der abgeschiedenen Schicht entspricht dabei der Weite
der späteren Maskierung. Durch kontrolliertes anisotropes Rückätzen der Maskenschicht entsprechend der abgeschiedenen Dicke entsteht in der Stufe eine Nanostruktur
(„Spacer"), die nach Entfernen der Opferschicht als Maske dienen kann. Abb. 4.19 zeigt
die Anwendung dieser Technik zur Gate-Strukturierung von MOS-Transistoren.

Das Verfahren ermöglicht die homogene Herstellung von Maskierungen mit genau
einer definierten Weite auf der gesamten Scheibenoberfläche [10]. Die Gleichmäßigkeit
in der Strukturweite ist hervorragend, jedoch handelt es sich stets um geschlossene
Strukturen.

4.4   Lackbearbeitung

Nach dem Bestrahlen des Fotolackes steht die in den Lack übertragene Struktur noch
nicht als Ätz- oder Dotierungsmaskierung zur Verfügung. Dazu muss der Lack entwickelt und gehärtet werden. Eine Kontrolle der Strukturweite der erzeugten Lack-
bahnen sowie eine statistische Prüfung der Defektfreiheit der Schicht beenden den
Lithografieschritt. Bei einwandfreier Lackverarbeitung kann dann die Strukturübertragung in die darunter liegende Schicht oder die lokale Dotierung durch ganzflächige
Implantation erfolgen.

4.4.1 Entwickeln und Härten des Lackes

Zur Entwicklung der Lackschichten werden bei Positiv-Fotolacken Laugen verwendet, die die bestrahlten Bereiche abtragen. Gebräuchlich sind Natriumhydroxid- (NaOH-) und Tetramethylammoniumhydroxid-(TMAH-)Lösungen geringer Konzentration. Bei Negativ-Fotolacken und Elektronenstrahllacken stehen entsprechende geeignete Entwickler bzw. Lösungsmittel zur Verfügung.

Der Entwicklungsprozess kann als Tauchentwicklung oder Sprühentwicklung stattfinden. Die Tauchentwicklung erlaubt eine parallele Bearbeitung von 25–50 Scheiben in einem Entwicklerbad. Je nach Lacktyp und -dicke werden die Scheiben mit der Horde als Halterung für 20–120 s in die temperierte Entwicklerlösung eingetaucht. Dabei wird entweder die Horde mit den Scheiben in der ruhenden Flüssigkeit bewegt, oder die Entwicklerlösung wird während der Entwicklung ständig umgepumpt und gefiltert.

Nach Ablauf der Entwicklungszeit ist für die Scheiben in der Horde ein Spülschritt in Wasser erforderlich, um den Entwicklungsvorgang zu stoppen. In einer Trockenschleuder werden anschließend alle Scheiben gleichzeitig getrocknet.

Zur Sprühentwicklung dreht sich die Horde mit den Scheiben in einer Schleudertrommel mit ca. 250 U/min. Dabei spritzt über eine Düse für etwa eine Minute frische Entwicklerlösung auf die Scheiben. Nach dem vollständigen Entwickeln des Lackes folgt das Spülen der Scheiben mit aufgespritztem Wasser. Der Entwicklungsprozess endet mit dem Trockenschleudern der Scheiben.

Der Vorteil der Sprühentwicklung liegt in der zeitlichen Prozesskonstanz, denn es wird stets frischer Entwickler aufgesprüht. Dagegen stehen der apparative Aufwand sowie der hohe Chemikalienverbrauch, sodass die Tauchentwicklung deutlich kostengünstiger ist. Hier verbraucht sich der Entwickler mit der Zahl der Entwicklungsvorgänge, folglich muss die Lösung stetig kontrolliert und regelmäßig erneuert werden.

Um die notwendige Resistenz des Lackes gegenüber den nachfolgenden Prozessschritten – Ionenimplantation oder Trockenätzung – zu erzielen, erfolgt eine weitere Temperaturbehandlung des Lackes („Post Exposure Bake"). Wahlweise stehen der Umluftofen (z. B. 130 °C für 30 min.) oder die Hot-Plate (110 °C für 90 s) zur Verfügung, wobei der letztere Prozess bei besserer Reproduzierbarkeit seriell abläuft. Für besonders starke Beanspruchungen des Lackes ist noch eine UV-Lichthärtung möglich. Die gezielte Bestrahlung mit kurzwelligem Licht führt zu einer starken Vernetzung des Matrixmaterials in der Lackschicht und bewirkt damit eine sehr hohe Resistenz gegenüber chemischen und physikalischen Beanspruchungen.

Für die hochauflösende Fotolithografie im tiefen Sub-Mikrometerbereich ist ein zweischichtiger Lackprozess mit chemisch verstärktem, extrem dünnem Oberflächenfotolack entwickelt worden (CARL – Chemically Amplified Resist Lithography) (Abb. 4.20). Ein ca. 100 nm dicker Fotolackfilm („top resist") wird über einem dicken strahlungsunempfindlichen Lack („Bottom Layer") aufgeschleudert, belichtet und entwickelt.

Abb. 4.20 CARL-
Fotolacktechnik für die
hochauflösende Lithografie

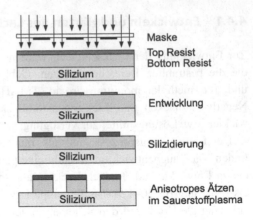

Maske
Top Resist
Bottom Resist

Entwicklung

Silizidierung

Anisotropes Ätzen
im Sauerstoffplasma

Da die dünne Lackschicht nicht ausreichend stabil ist, muss die darin erzeugte Struktur durch anisotropes Trockenätzen im Sauerstoffplasma in die darunter liegende Lackschicht übertragen werden. Der Ätzschritt darf den dünnen Fotolack aber nicht angreifen, deshalb erfolgt zuvor eine Silizidierung des Top Resists durch eine chemische Behandlung. Dabei bildet sich an der Lackoberfläche eine dünne Siliziumdioxidschicht, die einerseits die Strukturabmessungen leicht vergrößert, andererseits vom Sauerstoff-Ätzprozess nicht angegriffen wird.

Nach dem Übertragen der Oberflächenlackstruktur in die untere Lackschicht steht eine stabile Maskierung zur Strukturierung des Untergrunds zur Verfügung. Da die Belichtung nur auf den dünnen Fotolack an der Oberfläche wirkt, ist die begrenzte Tiefenschärfe bei der optischen Lithografie mit sehr kurzwelligem Licht nach Gl. 4.2 weniger relevant.

4.4.2 Linienweitenkontrolle

Zum Abschluss des Lithografieprozesses ist eine Kontrolle der erzeugten Lack-strukturen notwendig. Dies geschieht über die Lichtmikroskopie mit integrierter Linien-weitenmessung. Grobe Lackfehler – z. B. fehlende, aufgrund mangelhafter Haftung abgeschwemmte Strukturen oder Lackreste im entwickelten Bereich – lassen sich direkt erkennen; zur Wiederholung des Lithografieprozesses kann der Lack gegebenenfalls sofort wieder in Lösungsmitteln abgelöst werden.

Da jede Maske exakt zu den vorhergehenden Ebenen justiert sein muss, ist eine Kontrolle der Justiergenauigkeit erforderlich. Anhand der Justiermarken lässt sich erkennen, ob die Abweichungen in der Ausrichtung der Masken zueinander im tolerier-baren Rahmen liegen (Abb. 4.21). Dabei hängt der maximal zulässige Fehler von der Technologiegeneration ab, z. B. 50 nm bei 250 nm minimaler Strukturgröße. Häufig sind zusätzliche Strukturen zur Bestimmung der Fehljustierung auf dem Chip vorhanden, die z. B. als Nonius ausgeführt sein können.

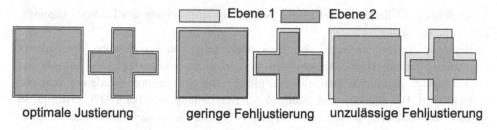

Ebene 1 ▭   Ebene 2 ▭

optimale Justierung   geringe Fehljustierung   unzulässige Fehljustierung

Abb. 4.21 Justiermarken zum Ausrichten der Scheiben zur jeweiligen Maskenebene und zur Kontrolle der Überlagerungsgenauigkeit zwischen den einzelnen Ebenen

Schwankungen in der Linienweite der erzeugten Strukturen, verursacht durch zu starke oder unzureichende Belichtung bzw. Bestrahlung des Lackes, können nur durch eine exakte Linienweitenmessung bestimmt werden. Dazu wird das vom Wafer reflektierte Licht über ein Mikroskop vergrößert auf ein CCD-Feld abgebildet. Weil das nahezu senkrecht auf die Scheibenoberfläche treffende Licht an den senkrechten Lackkanten nicht in das Objektiv zurückgestreut wird, entstehen dort dunkle Linien. Die Breite einer Lackbahn lässt sich dann aus dem Abstand der dunklen Linien und der Vergrößerung des Mikroskops berechnen.

Zur Kontrolle befinden sich auf den Chips häufig Messstrukturen, die aus Linien mit den minimal erlaubten Weiten der verschiedenen Lithografieebenen bestehen. Ein Beispiel ist in Abb. 4.22 gegeben.

4.4.3 Ablösen der Lackmaske

Nach der lokalen Bearbeitung der Siliziumscheibe muss der Lack von der Oberfläche vollständig entfernt werden. Dazu stehen stark basische Ätzlösungen („Remover"), das

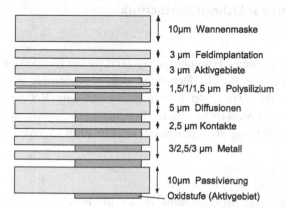

10µm Wannenmaske

3 µm Feldimplantation

3 µm Aktivgebiete

1,5/1/1,5 µm Polysilizium

5 µm Diffusionen

2,5 µm Kontakte

3/2,5/3 µm Metall

10µm Passivierung

Oxidstufe (Aktivgebiet)

Abb. 4.22 Linienweitenkontrollstruktur mit Maßbalken für die einzelnen Maskenebenen einer 2 µm Technologie

Trockenätzen mit Sauerstoff oder – bei geringer Beanspruchung des Lackes – Lösungsmittel zur Verfügung.

Remover ätzt bei ca. 80 °C den Lack vollständig von der Scheibe, die darunter
liegenden Silizium- oder Oxidschichten werden nicht angegriffen. Das Ablösen des
Lackes erfolgt im Tauchverfahren, wobei gleichzeitig eine gesamte Horde mit Scheiben
entlackt wird. Hat sich der Lack während der Bearbeitung auf über 200 °C erwärmt, so
ist das Matrixmaterial polymerisiert. Diese Polymere lassen sich durch den Remover
nicht mehr abtragen.

Im Trockenätzverfahren mit Sauerstoff wird durch Hochfrequenzanregung eine Gasentladung gezündet, sodass angeregte Sauerstoffmoleküle bzw. Atome entstehen, die
den Lack an der Scheibenoberfläche rückstandsfrei verbrennen („veraschen"). Durch
die zugeführte Hochfrequenzleistung heizt sich der Reaktionsraum auf bis zu 250 °C
auf. Da die geladenen Teilchen durch das anliegende Feld beschleunigt werden, kann
ein geringer Schichtabtrag oder aber eine Schädigung des Untergrundes durch Ionenbestrahlung erfolgen.

Der Prozess findet im Barrel-Reaktor statt, in dem 50–100 Scheiben gleichzeitig
bearbeitet werden können. Geladene Teilchen, die zur Oberflächenschädigung führen
können, fängt ein röhrenförmiges Metallsieb im Reaktionsraum („Tunnel") zur Trennung
des Scheibenbereichs vom Plasmavolumen ab.

Als Lösungsmittel zum Entfernen der Lackschicht eignet sich Aceton, da es den
Untergrund nicht belastet. Die Bearbeitung der Scheiben findet im Tauchverfahren statt.
Aceton löst das Matrixmaterial durch Verdünnung und schwämmt es von der Scheibenoberfläche. Um die Lackschicht vollständig zu beseitigen, muss mehrfach mit frischem
Lösungsmittel gespült werden. Starke Belastungen, z. B. durch eine Ionenimplantation
oder einen Trockenätzschritt, härten die Lackoberfläche und verhindern das Eindringen
der Lösungsmittel, sodass die zuvor genannten Verfahren angewandt werden müssen.

4.5   Aufgaben zur Lithografietechnik

Aufgabe 4.1
Berechnen Sie die notwendige Positioniergenauigkeit für die Blenden eines mechanischen
Patterngenerators, der zur Reticle-Herstellung eine verkleinernde Abbildung von 10:1
nutzt. Dabei liefert die Ätzung der Chromschicht auf dem Reticle eine Genauigkeit
von ±0,05 µm. Auf den Masken für die 1:1-Belichtung, die über eine 5:1 verkleinernde
Step- und Repeat-Belichtung erzeugt werden, ist eine Strukturgenauigkeit von ±0,2 µm
gefordert.

Aufgabe 4.2
Die stetige Verkleinerung der Strukturen in der Mikroelektronik zwingt die Techno-
logen, die Fototechnik bei immer kürzeren Wellenlängen durchzuführen. Die Auswirkungen auf die Belichtungszeit sollen im Folgenden betrachtet werden. Berechnen

Sie die Belichtungszeit, um mit einer Wellenlänge von 365 bzw. 320 nm den Fotolack durchzubelichten (notwendige Energie: 100 mJ/cm^2). Die Quecksilberdampflampe hat eine Lichtleistung von 10 mW/cm^2 für 365 nm und 4,5 mW/cm^2 für 320 nm. Der Transmissionskoeffizient der Maske aus Borsilikatglas beträgt für $\lambda = 365$ nm 0,90 und für $\lambda = 320$ nm 0,75.

Aufgabe 4.3

Der thermische Ausdehnungskoeffizient des Maskenmaterials für die 1:1-Belichtung beträgt 3,7 ppm/K. Die Overlay-Genauigkeit von Maske zu Maske ist auf einem 100 mm-Wafer mit 200 nm maximaler Abweichung vorgesehen. Wie stark darf die Raumtemperatur maximal schwanken, um diese Anforderung noch erfüllen zu können? Berücksichtigen Sie die thermische Expansion des Siliziums von 2,5 ppm/K.

Literatur

1. Giebel, T.: Grundlagen der CMOS-Technologie, S. 100 ff. Teubner, Stuttgart (2002)
2. Yoo, C.S.: Semiconductor Manufacturing Technology, S. 268, 289 ff. World Scientific Publishing, London (2008)
3. Leuschner, R., Pawlowski, G.: Photolithography. In: Cahn, R.W., Haasen, P., Kramer, E.J. (Hrsg.) Materials Science and Technology, Bd. 16, S. 191. VCH, Weinheim (1996)
4. Hoppe, B.: Mikroelektronik 2, S. 203–204. Vogel, Würzburg (1998)
5. Wei, Y., Brainard, R.L.: Advanced Processes for 193-nm Immersion Lithography. SPIE Press, Bellingham (2009)
6. Mescheder, U.: Mikrosystemtechnik, S. 27. Teubner, Stuttgart (2004)
7. Harriott, L.R.: Scattering with angular limitation projection electron beam lithography for suboptical lithography. J. Vac. Sci. Technol. **15**, 2130 ff (1997)
8. Campbell, S.A.: The Science and Engineering of Microelectronic Fabrication. Oxford University Press, New York (1996)
9. Zell, T.: Lithografie I + II, Dresdner Sommerschule Mikroelektronik. www.sommerschule-mikroelektronik.de. Zugegriffen: 21 März 2013
10. Horstmann, J.T.: MOS-Technologie im Sub-100 nm-Bereich. Fortschritt-Berichte VDI, Düsseldorf (1999)
11. Banine, V., Moors, R.: Plasma sources for EUV lithography exposure tools. J. Phys. D: Appl. Phys. **37**, 3207 (2004). https://doi.org/10.1088/0022-3727/37/23/001
12. Yang, D.-K., Wang, D., Huang, Q.-S., Song, Y., Wu, J., Li, W.-X., Wang, Z.-S., Tang, X.-H., Xu, H.-X., Liu, S., Gui, C.-Q.: The development of laser-produced plasma EUV light source, Chip Vol. 1, Issue 3, (2022), https://doi.org/10.1016/j.chip.2022.100019

Ätztechnik

5

In der Halbleitertechnologie werden die Materialien Siliziumdioxid, Siliziumnitrid, Polysilizium, Silizium, Aluminium sowie Wolfram und Titan mit ihren jeweiligen Metallsiliziden geätzt. Die Ätztechnik dient dabei zum ganzflächigen Abtragen eines Materials oder zum Übertragen der Struktur des lithografisch erzeugten Lackmusters in die darunter liegende Schicht. Für diese Aufgabe bieten sich einerseits nasschemische Ätzlösungen an, zum anderen eignen sich besonders die speziell entwickelten Trockenätzverfahren zur geforderten präzisen Strukturübertragung vom Lack in das Material.

Grundsätzlich lässt sich zwischen isotrop und anisotrop wirkenden Ätzprozessen unterscheiden (Abb. 5.1). Ein isotroper Ätzprozess trägt das Material in alle Raumrichtungen gleichmäßig ab, er führt zwangsläufig zur Unterätzung der Maskierung an den Kanten. Bei vollständig anisotropen Ätzprozessen wird das Material nur senkrecht zur Oberfläche angegriffen, folglich wird das Maß der Ätzmaskierung genau in die darunter liegende Schicht übertragen. Entsprechend lässt sich ein Grad der Anisotropie γ für die Profilformen definieren:

$$\gamma = 1 - \frac{r_l}{r_v}. \tag{5.1}$$

mit r_l als laterale und r_v als vertikale Ätzrate des angewandten Verfahrens. Damit gilt $\gamma = 1$ bei vollkommen anisotroper Strukturübertragung und $\gamma = 0$ für eine richtungsunabhängige Ätzung, wobei sämtliche Zwischenwerte möglich sind.

Eine weitere wichtige Größe der Ätzprozesse ist die Selektivität S. Sie gibt das Verhältnis des Materialabtrags der zu ätzenden Schicht zur Abtragrate anderer Schichten an. Folglich trägt ein Prozess mit der Selektivität $S = 2$ für Oxid zu Fotolack die zu strukturierende Oxidschicht doppelt so schnell ab wie die Lackmaske.

© Springer Fachmedien Wiesbaden GmbH, ein Teil von Springer Nature 2023
U. Hilleringmann, *Silizium-Halbleitertechnologie*,
https://doi.org/10.1007/978-3-658-42378-0_5

Abb. 5.1 Ätzprofile für **a** den isotropen Ätzprozess, und **b** für den anisotropen Ätzprozess

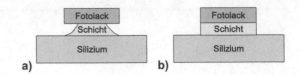

a)   b)

5.1 Nasschemisches Ätzen

Das nasschemische Ätzen überführt das feste Material der abzutragenden Schicht in eine flüssige Verbindung unter Anwendung einer sauren oder basischen Lösung. Dieses Ätzverfahren wirkt im Allgemeinen isotrop und resultiert deshalb in einer lateralen Unterätzung der Maskierung. Die Selektivität des Ätzvorganges ist bei den meisten Lösungen sehr hoch (>100:1); jedoch lässt sich das Element Silizium als Ausnahme nur mit geringer Selektivität zu Siliziumdioxid ätzen.

Nasschemische Ätzlösungen für die Halbleitertechnologie müssen möglichst den folgenden Anforderungen genügen:

- sie dürfen die Maske, im allgemeinen Fotolack, nicht angreifen;
- sie müssen eine hohe Selektivität zwischen den verschiedenen Materialien der Siliziumtechnologie aufweisen;
- es dürfen sich keine gasförmigen Reaktionsprodukte bilden, um lokale Abschattungen durch Blasenbildung an der Scheibenoberfläche zu vermeiden;
- die Reaktionsprodukte müssen zur Vermeidung von Partikeln direkt in Lösung gehen;
- die Ätzrate muss über lange Zeit konstant sein und in einem kontrollierbaren Bereich liegen, um extrem kurze, aber auch sehr lange Prozesszeiten zu vermeiden;
- ein definierter Ätzstopp durch Verdünnung mit Wasser muss möglich sein;
- die Ätzlösungen müssen umweltverträglich und möglichst leicht zu entsorgen sein;
- sie sollten möglichst bei Raumtemperatur wirken, um den apparativen Aufwand gering zu halten.

Nicht alle dieser Bedingungen werden von den gebräuchlichen Lösungen erfüllt, z. B. ist die Umweltverträglichkeit beim Ätzen von Siliziumdioxid nur bedingt erfüllt, auch die Anwendung der Aluminium-Ätzlösung bei Raumtemperatur ist unüblich, da sie dann nur zu sehr geringen Ätzraten führt.

5.1.1 Tauchätzung

Bei der Tauchätzung werden bis zu 50 Siliziumscheiben gleichzeitig mit der Horde in ein mit der Ätzflüssigkeit gefülltes Becken eingetaucht. Zur Vermeidung von Partikeln kann die Ätzlösung über eine Umwälzpumpe und einen Filter ständig aufbereitet werden. Allerdings verbraucht sich die Ätzlösung mit der Zeit bzw. mit der Menge des abgetragenen Materials, sodass eine regelmäßige Erneuerung erforderlich ist. Zusätzlich können bei manchen Ätzlösungen Abschattungen durch anhaftende Bläschen auftreten, die sich infolge gasförmiger Reaktionsprodukte bilden und den weiteren Ätzprozess lokal maskieren. Hier kann ein Netzmittelzusatz in Verbindung mit einer stetigen Bewegung der Lösung positiven Einfluss nehmen.

Wesentlich für die Reproduzierbarkeit der Ätzung ist die genaue Kenntnis der Ätzrate, also des Materialabtrags je Zeiteinheit, denn nasschemische Ätzungen sind über die Zeit gesteuerte Prozesse. Deshalb ist für eine exakt kontrollierte Ätzung eine genaue Temperierung der Ätzlösungen notwendig, da mit der Temperatur auch die Ätzrate der meisten Chemikalien zunimmt.

Die Vorteile der Tauchätzung sind die schnelle Parallelverarbeitung der Wafer und der einfache Anlagenaufbau. Ihr Einsatz reicht für viele Anwendungen in der Mikroelektronik aus, obwohl die minimal erzielbare Strukturbreite bei diesem Verfahren durch die laterale Unterätzung der Maskierung begrenzt ist.

5.1.2 Sprühätzung

Bei dieser Technik werden – vergleichbar zur Sprühentwicklung – bis zu vier Horden mit Wafern in einer Schleudertrommel befestigt und unter stetiger Rotation mit frischer Ätzlösung besprüht. Die Ätzung erfolgt damit besonders gleichmäßig, wodurch eine ausgezeichnete Homogenität über die gesamte Wafer-Oberfläche gewährleistet ist. Eine Abschattung durch Bläschenbildung ist infolge der Rotation, d. h. wegen der auf die Flüssigkeit wirkenden Zentrifugalkraft ausgeschlossen.

Zur Beendigung des Ätzvorganges wird Reinstwasser anstelle der Ätzlösung in die Kammer gesprüht, um die Lösung von der Scheibenoberfläche abzuspülen. Ein Schleuderprozess mit höherer Drehzahl trocknet die Wafer zum Abschluss. Nachteilig sind bei dieser Methode der hohe Chemikalienverbrauch und die aufwendige Ätzanlage. Die Isotropie des Ätzvorgangs wird nicht beeinflusst.

5.1.3 Ätzlösungen für die nasschemische Strukturierung

5.1.3.1 Isotrop wirkende Ätzlösungen

In der Siliziumtechnologie stehen für die verschiedenen abzutragenden Schichten jeweils spezielle Ätzlösungen zur Verfügung, die einerseits eine hohe Selektivität zu anderen Materialien aufweisen, andererseits den Ansprüchen einer partikel- und bläschenfreien Ätzung sowie einer reproduzierbaren Handhabbarkeit genügen. Die wichtigsten zu ätzenden Materialien sind dabei Siliziumdioxid, Siliziumnitrid, Silizium und Aluminium.

Siliziumdioxid wird von Flusssäure (HF) angegriffen, die Reaktion verläuft entsprechend der Gleichung

$$SiO_2 + 6HF \rightarrow H_2SiF_6 + 2H_2O. \tag{5.2}$$

Um die Ätzrate konstant zu halten, wird die Lösung mit Ammoniumfluorid (NH$_4$F) gepuffert. Thermisch gewachsenes Siliziumdioxid lässt sich bei einer 2:1:7-Mischung von NH$_4$F:HF (49 %-ig):H$_2$O-Lösung mit ca. 50 nm/min, TEOS-Oxid mit ca. 150 nm/min und PECVD-Oxid – je nach Abscheideparameter und Dotierung – mit ca. 350 nm/min abtragen. Die Selektivität ist bei Raumtemperatur deutlich größer als 100:1 gegenüber kristallinem Silizium, Polysilizium und Siliziumnitrid. Aluminium wird von der Lösung schwach angegriffen.

Siliziumnitrid lässt sich nasschemisch mit kochender, konzentrierter Phosphorsäure ätzen, jedoch ist die Selektivität gegenüber SiO$_2$ mit 10:1 recht gering. Bei 156 °C beträgt die Ätzrate ca. 10 nm/min LPCVD-Nitrid (vgl. Abschn. 7.1.2), für PECVD-Nitrid liegt sie deutlich höher. Die Selektivität zu Polysilizium wird wesentlich vom Wassergehalt der Phosphorsäure bestimmt, mit wachsender Wasserkonzentration in der Säure steigt die Ätzrate für Polysilizium stark an. Bei der Nitridätzung verbraucht sich die Phosphorsäure nicht, da sie nur als Katalysator wirkt.

$$Si_3N_4 + 4H_3PO_4 + 12H_2O \rightarrow 3Si(OH_4) + 4NH_4H_2PO_4. \tag{5.3}$$

Kristallines und polykristallines Silizium lassen sich in Salpetersäure (HNO$_3$) zunächst oxidieren, das SiO$_2$ kann dann entsprechend Gl. (5.2) in Flusssäure abgetragen werden. Folglich ist zum Ätzen des Siliziums eine Mischung aus HF und HNO$_3$ geeignet, wobei Essigsäure oder Wasser als Verdünnung zugegeben wird. Die Selektivität der Ätzlösung zu Oxid ist wegen des HF-Anteils gering, auch Siliziumnitrid wird relativ schnell abgetragen.

$$3Si + 4HNO_3 \rightarrow 3SiO_2 + 4NO + 2H_2O. \tag{5.4}$$

$$3SiO_2 + 18HF \rightarrow 3H_2SiF_6 + 6H_2O. \tag{5.5}$$

Aluminium als Verdrahtungsebene wird in der Halbleitertechnologie mit einer Mischung aus Phosphor- und Salpetersäure in Wasser bei ca. 60 °C geätzt. Für eine reproduzierbare Ätzrate von ca. 1 μm/min muss bei dieser Lösung die Temperatur exakt konstant gehalten werden. Oxid, Nitrid und Silizium sind weitgehend resistent gegenüber dieser Säuremischung.

Titan und Titannitrid als Materialien für die Halbleiterkontaktierung werden in NH$_4$OH+H$_2$O$_2$+H$_2$O-Lösung im Verhältnis 1:3:5 selektiv zu Oxid, Nitrid, Silizium und Titandisilizid geätzt. Dabei ist die Standzeit dieser Lösung gering, denn sobald das Wasserstoffperoxid verbraucht ist, greift die Lösung auch kristallines Silizium an.

5.1.3.2 Anisotrop wirkende Siliziumätzung

Die anisotrop wirkende Ätzung von Silizium ist durch die Mikromechanik bekannt geworden. Sie nutzt den kristallinen Aufbau des Siliziums aus, indem die (100)- und die (110)-Kristallebenen deutlich schneller abgetragen werden als die (111)-Ebenen. Dieser Effekt resultiert aus der höheren atomaren Dichte bzw. größeren Bindungsanzahl in den (111)-Ebenen des Diamantgitters; die erforderliche Energie zum Herauslösen eines Atoms ist hier deutlich erhöht. Folglich lassen sich im kristallinen Silizium in Abhängigkeit von der Lage der (111)-Ebenen im Kristall, festgelegt durch die Oberflächen-

Abb. 5.2 Senkrechte Wände im (110)-Silizium, geätzt mit einer anisotrop wirkenden Lösung (KOH)

orientierung und das Flat der Scheibe, V-Gräben und Pyramidenstümpfe ((100)-Silizium) oder senkrechte Wände ((110)-Silizium) ätzen [1] (Abb. 5.2).

Für die anisotrop wirkende Siliziumätzung eignen sich verschiedene Alkalilaugen wie Kaliumhydroxid (KOH), Natriumhydroxid (NaOH), Lithiumhydroxid (LiOH) oder verschiedene Mischungen aus Ethylendiamin, Brenzkatechin, Pyrazin und Wasser (EDP-Lösung) [2]. Wegen des Alkaliionengehaltes sind viele dieser Lösungen nicht verträglich zur MOS-Technologie, außerdem gelten die EDP-Lösungen als stark umweltbelastend. Besonders geeignet für Anwendungen in Verbindung mit MOS-Transistoren ist Tetramethylammoniumhydroxid (TMAH), es weist jedoch im Vergleich zu KOH- oder EDP-Lösungen eine geringere Selektivität zwischen den Kristallebenen auf (Abb. 5.3).

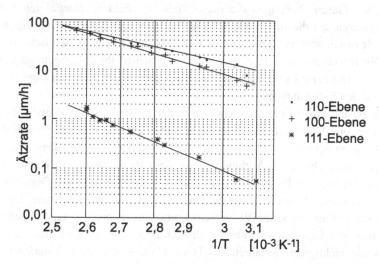

Abb. 5.3 Silizium-Ätzrate in Abhängigkeit von der Kristallorientierung bei Anwendung der EDP-Lösung. (Nach [2])

Die Ätzreaktion wird in allen Fällen von den freigesetzten Hydroxyl-Ionen in den Lösungen ausgelöst:

$$Si + 2H_2O + 2OH^- \rightarrow SiO_2(OH)_2^{2-} + 2H_2. \qquad (5.6)$$

Für die Integration mikroelektronischer Schaltungen sind die anisotrop wirkenden Ätzlösungen bislang nicht von Bedeutung. Ihr Einsatz beschränkt sich auf die Herstellung spezieller Transistoren (V-MOS) oder verschiedener Sensoren, z. B. mikromechanische Druck- und Beschleunigungssensoren in Silizium-Technologie [3].

5.2   Trockenätzen

Die Trockenätzverfahren erlauben eine gut reproduzierbare, homogene Ätzung nahezu sämtlicher Materialien der Silizium-Halbleitertechnologie mit ausreichender Selektivität zur Maske und zum Untergrund. Sowohl anisotrope als auch isotrope Ätzprofile lassen sich mit sehr geringem Chemikalienverbrauch realisieren. Dabei dient eine Fotolackschicht zur Maskierung der Ätzprozesse. Wegen der strukturgetreuen Übertragung der Fotolackgeometrien in die darunter liegende Schicht hat sich dieses Verfahren trotz hoher Kosten der Anlagen durchgesetzt und die Nasschemie weitgehend verdrängt.

Die Trockenätzverfahren nutzen gasförmige Medien, die durch eine Gasentladung im hochfrequenten Wechselfeld (typ. 13,56 MHz) angeregt werden. Der Prozess findet im Unterdruckbereich von ca. 1 bis 100 Pa statt, sodass die mittlere freie Weglänge der Moleküle zwischen zwei Stößen mit dem Restgas im Millimeterbereich liegt. Neben dem Druck und der eingespeisten Hochfrequenzleistung ist die Wahl des Reaktionsgases von besonderer Bedeutung für den Materialabtrag.

Bei inerten Gasen übertragen die im elektrischen Feld beschleunigten Ionen ihre kinetische Energie auf die zu ätzende Schicht, es findet ein rein physikalischer Materialabtrag durch Herausschlagen von Atomen bzw. Molekülen statt. Chemische Bindungen werden vom Reaktionsgas nicht eingegangen, folglich bleibt das abgetragene Material im Reaktionsraum zurück und lagert sich als Feststoff an den Kammerwänden und zum Teil auch auf den Substraten an.

Handelt es sich um ein reaktives Gas, so findet ein chemischer Materialabtrag statt, der von einer physikalischen Komponente, resultierend aus der Energieaufnahme der ionisierten Gasmoleküle im elektrischen Feld, unterstützt wird. Das abzutragende Material geht eine chemische Verbindung mit dem Reaktionsgas zu einem flüchtigen Produkt ein, das über das Pumpsystem aus dem Reaktor entfernt wird. Das resultierende Ätzprofil ist in weiten Bereichen über die Parameter Hochfrequenzleistung, Druck, Gasart und Gasdurchfluss sowie die Wafer-Temperatur einstellbar. Als Gase werden hauptsächlich Fluor- und Chlor- sowie zunehmend auch Bromverbindungen eingesetzt.

Die zurzeit wichtigsten Verfahren des Trockenätzens sind das Plasmaätzen mit rein chemischem Materialabtrag, das reaktive Ionenätzen als physikalisch/chemisches Ätzen und das Ionenstrahlätzen als rein physikalische Ätztechnik. Das Plasmaätzen und das

reaktive Ionenätzen nutzen einen vergleichbaren Aufbau der Ätzanlage, wobei der Unter-
schied lediglich in der Einkopplung der Hochfrequenzleistung liegt. Dagegen erfordert
das Ionenstrahlätzen eine Ionenquelle mit einer Hochspannung zur Beschleunigung der
Teilchen. Abb. 5.4 zeigt die Komponenten der heute gebräuchlichen Parallelplattenreaktoren.

5.2.1 Plasmaätzen (PE)

Eine Plasmaätzanlage besteht aus einer Vakuum-Reaktionskammer, in der zwei
Elektroden parallel einander gegenüberliegend angeordnet sind. Bei einem Druck im
Bereich von ca. 5 Pa lässt sich durch Anlegen eines hochfrequenten Wechselfeldes
zwischen diesen beiden Elektroden eine Gasentladung zünden, d. h. es entstehen durch
Stoßionisation freie Elektronen und Ionen, die zur Aufladung der an das hochfrequente
Wechselfeld kapazitiv gekoppelten Elektrode führen.

Da die freien Elektronen dem hochfrequenten Wechselfeld folgen können, die Ionen
jedoch aufgrund ihrer großen Masse nahezu ortsfest sind, bewegen sich die negativen
Ladungen während der positiven Halbwelle der Hochfrequenz auf die HF-Elektrode
zu und laden diese negativ auf. Während der negativen Halbwelle sind die Elektronen
jedoch nicht in der Lage, aus der Elektrode auszutreten, weil sie die Austrittsarbeit nicht
überwinden können; folglich bleibt die Elektrode negativ geladen. Damit weist die
Hochfrequenz-Elektrode im zeitlichen Mittel ein negatives Potenzial auf.

Die resultierende Elektrodenspannung, die auf die positiv geladenen Ionen des
Plasmas wirkt, nennt sich Bias-Spannung. Sie kann bis zu ca. -1000 V betragen,
während der Plasmabereich infolge der fehlenden Elektronen nur um einige wenige
Volt positiv vorgespannt ist. Dem entsprechend stellt sich der in Abb. 5.5 dargestellte
Potenzialverlauf innerhalb des Reaktors ein.

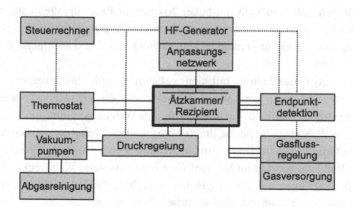

Abb. 5.4 Komponenten eines Parallelplattenreaktors zum Trockenätzen

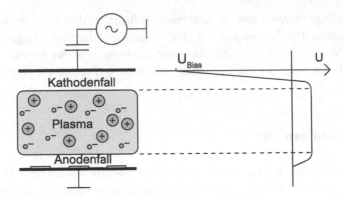

Abb. 5.5 Potenzialverlauf zwischen den Elektroden eines Parallelplattenreaktors zum Plasma-ätzen

Die Siliziumscheiben mit den abzutragenden Schichten befinden sich beim Plasma-ätzen auf der geerdeten Elektrode. Infolge der Stöße im Plasma dissoziiert das ein-gelassene Gas im Innern der Kammer, sodass neben den Ionen auch elektrisch neutrale aggressive Radikale – Moleküle mit aufgespaltenen bzw. angeregten Bindungen – ent-stehen. Die ionisierten Moleküle werden zur negativ geladenen Elektrode beschleunigt und tragen somit beim Plasmaätzen nicht zum Materialabtrag bei. Der auf der geerdeten Elektrode liegende Wafer wird nur von den aggressiven niederenergetischen Radikalen angegriffen, die chemisch mit dem Material reagieren. Sie besitzen keine bevorzugte Bewegungsrichtung. Das Plasmaätzen ist somit primär ein chemisches Ätzverfahren und erzeugt infolgedessen ein isotropes Ätzprofil mit deutlicher Unterätzung der Lackmaske bei relativ hoher Selektivität.

Das Haupteinsatzgebiet des Plasmaätzens ist heute das Ablösen von Fotolack-schichten im Sauerstoffplasma. Die dazu typischen Bauformen der Reaktoren sind der Barrel- und der Down-Stream-Reaktor. Eine weitere Anwendung ist das ganzflächige selektive Abtragen von Schichten mit hoher Ätzrate im Parallelplattenreaktor. Zur Her-stellung feiner Polysiliziumstrukturen oder Aluminiumleiterbahnen ist dieses Verfahren wegen der unvermeidlich auftretenden Unterätzung der Maskierschicht jedoch nicht geeignet (Abb. 5.6).

Der Raum der Gasentladung mit den geladenen, teils hochenergetischen Ionen ist im Barrel-Reaktor durch ein Gitter („Tunnel"), das die geladenen Teilchen abfängt und nur die neutralen Radikale durchlässt, von den Wafern getrennt, um eine mögliche Schädigung der Scheibenoberfläche durch energiereiche Teilchen zu vermeiden. Aus dem gleichen Grund sind im Down-Stream-Reaktor Plasma und Wafer räumlich strikt getrennt; die Radikale werden im Vakuum über eine gebogene Wegstrecke, die energie-reiche Teilchen abfängt, zur abzutragenden Schicht geleitet. Strahlenschäden durch hochenergetische Ionen treten bei beiden Verfahren nicht auf.

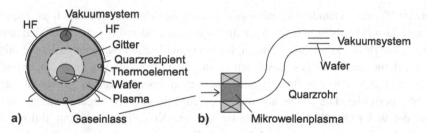

a)   Gaseinlass   b)   Mikrowellenplasma

Abb. 5.6 Prinzip des **a** Barrel- und des **b** Down-Stream-Reaktors als typische Anlagen zum Plasmaätzen. (Nach [4])

5.2.2 Reaktives Ionenätzen (RIE)

Das reaktive Ionenätzen ist wegen der guten Kontrollierbarkeit des Ätzverhaltens – Homogenität, Ätzrate, Ätzprofil, Selektivität – das zurzeit am weitesten verbreitete Trockenätzverfahren in der Halbleitertechnologie. Es dient zum strukturgetreuen Ätzen der Polysiliziumebene und der Metallisierung mit anisotropem Ätzprofil, während bei der Oxidätzung mit dem gewählten Ätzprozess häufig eine definierte Kantensteilheit der Öffnungswände eingestellt wird. Das Verfahren lässt sowohl eine isotrope als auch eine anisotrope Ätzung zu, da es sich um ein gemischt chemisch/physikalisches Ätzen handelt. Es liefert auch bei sehr feinen Strukturen mit Abmessungen deutlich unterhalb von 100 nm Weite noch sehr gute Ergebnisse.

5.2.2.1 Prozessparameter des reaktiven Ionenätzens

Das reaktive Ionenätzen unterscheidet sich im Anlagenaufbau nur durch die Ankopplung der HF-Leistung an die Elektroden vom Plasmaätzen. Der Wafer liegt hier nicht auf der geerdeten, sondern auf der mit hochfrequenter Wechselspannung gespeisten Kathode. Diese lädt sich wegen der o. a. Vorgänge im Plasma auf bis zu – 1000 V Bias-Spannung statisch auf (Abb. 5.7).

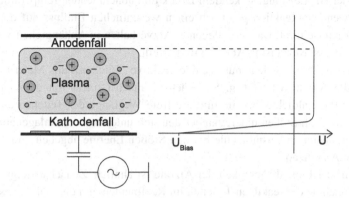

Abb. 5.7 Potenzialverlauf zwischen den Elektroden einer RIE-Trockenätzanlage

Die im Plasma vorhandenen positiv geladenen Ionen können zwar dem hochfrequenten Wechselfeld nicht folgen, werden aber im statischen Feld infolge der Bias-Spannung in Richtung der HF-Elektrode und damit in Richtung der Wafer beschleunigt. Ist die mittlere freie Weglänge aufgrund des gewählten niedrigen Prozessdruckes groß, so treffen die geladenen Teilchen wegen ihrer hohen kinetischen Energie nahezu senkrecht auf die Scheibenoberfläche. Die Ionen übertragen einen Teil ihrer Bewegungsenergie auf die Atome der Wafer-Oberfläche und lösen sie aus dem Kristallverband, zum Teil reagieren sie auch chemisch mit dem Material. Vertikale Kanten werden nicht getroffen, dort findet folglich auch kein Materialabtrag statt; die Ätzung verläuft anisotrop.

Da der Energieübertrag beim Stoß weitgehend unabhängig vom Material erfolgt, ist die Selektivität des reaktiven Ionenätzens geringer als beim Plasmaätzen. Zusätzlich tritt durch den Ätzprozess infolge der hohen Ionenenergien eine Schädigung der Bindungen an der Scheibenoberfläche auf. Freiliegende Gate-Oxid- oder Substratbereiche können durch Strahlenschäden gestört werden, sodass eine thermische Nachbehandlung zum Ausheilen dieser Schäden erfolgen sollte.

Neben dem physikalischen Ätzanteil findet eine chemische Ätzung durch die ungeladenen Radikale des Plasmas statt. Diese binden auch das physikalisch abgetragene Material, folglich können sich keine ausgeprägten Redepositionen an der Scheibenoberfläche bzw. an den Reaktorwänden bilden.

Steigt der Druck im Reaktor, so nimmt die mittlere freie Weglänge der Ionen im Plasma ab. Sie geben ihre kinetische Energie verstärkt durch Stöße mit den Molekülen im Rezipienten ab und erfahren dadurch Richtungsänderungen. Die Bestrahlung erfolgt nicht mehr ausschließlich senkrecht zur Wafer-Oberfläche, folglich werden auch die Flanken der Strukturen getroffen und abgetragen. Der Ätzprozess nimmt einen verstärkten chemischen Charakter an und weist einen isotropen Ätzanteil auf. Gleichzeitig wächst die Selektivität des Prozesses infolge der verringerten Teilchenenergie.

Die Form des resultierenden Ätzprofils hängt vom Druck, der eingespeisten Hochfrequenzleistung, dem Prozessgas, dem Gasdurchfluss und von der Elektroden- bzw. Wafer-Temperatur ab. Dabei nimmt die Anisotropie des reaktiven Ionenätzens generell mit wachsender HF-Leistung, sinkendem Druck und abnehmender Temperatur zu, wobei aber das verwendete Reaktionsgas noch einen wesentlichen Einfluss auf die Form der erzeugten Struktur nimmt. Das grundlegende Ätzverhalten in Abhängigkeit von den verschiedenen Prozessgrößen ist in Abb. 5.8 dargestellt.

Bei geringem Druck stehen nur wenige reaktive Teilchen zum Materialabtrag zur Verfügung, die Ätzrate ist niedrig. Sie wächst zunächst linear mit dem Druck durch Zunahme der Radikaldichte, bis die mittlere freie Weglänge der Teilchen aufgrund der steigenden Anzahl an Stößen untereinander deutlich unterhalb der Anlagenabmessungen sinkt. Da die ionisierten Gasmoleküle bei den Stößen Energie abgeben, nimmt auch die physikalische Ätzrate ab.

Der Verlauf der Flussabhängigkeit der Ätzrate ist ähnlich. Zunächst steigt die Ätzrate durch eine Zunahme der reaktiven Teilchen im Rezipienten, um oberhalb eines Maximalwertes durch die Verweildauer der Teilchen im Reaktor begrenzt zu werden. Dagegen

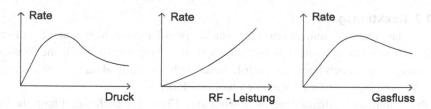

Abb. 5.8 Abhängigkeit der Ätzrate von den Parametern Druck, HF-Leistung und Gasdurchfluss

nimmt die Ätzrate mit der HF-Leistung kontinuierlich zu. Die übliche Dissoziationsrate der Gase beträgt nur wenige Prozent, folglich kann die Anzahl der Radikale bzw. Ionen durch zusätzliche Leistung gesteigert werden. Abb. 5.9 zeigt zwei typische Reaktorbauformen für das RIE-Verfahren.

Die Homogenität des Ätzprozesses hängt vom Ätzgas, Elektrodenabstand und Elektrodenmaterial ab. Ein geringer Elektrodenabstand kann zu einer ungleichmäßigen Verteilung des Plasmas und damit zur Inhomogenität führen, große Abstände senken über die Leistungsdichte die Ätzrate. Als Elektrodenmaterial hat sich Kohlenstoff in Form von Grafit für Ätzprozesse mit Chlorchemie bewährt, während für Fluorchemie häufig auch Quarzelektroden eingesetzt werden. Da die verwendete Fluor- oder Chlorchemie auch Quarz bzw. Kohlenstoff abträgt, bewirken diese Elektroden eine gleichmäßigere Belastung des Plasmas. Die Scheibenränder werden somit nicht stärker als die Scheibenmitte geätzt.

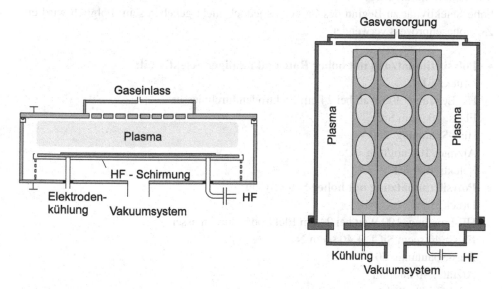

Abb. 5.9 Links Parallelplattenreaktor und rechts Hexodenbauform als RIE-Reaktoren für die Mehrscheibenbearbeitung. (Nach [5])

5.2.2.2 Reaktionsgase

Obwohl das reaktive Ionenätzen eine starke physikalische Komponente aufweist, lassen sich die Ätzraten und die Selektivitäten der Ätzprozesse durch die Wahl der Reaktionsgase erheblich beeinflussen [6]. Wesentlich für die Reaktion mit Silizium und seinen Verbindungen sind die Elemente Chlor und Fluor.

Polysilizium und Silizium bilden sowohl mit Chlor als auch mit Fluor flüchtige Verbindungen. Typische Ätzprozesse nutzen $SiCl_4$, CCl_4, BCl_3/Cl_2 oder SF_6 als Reaktionsgas. Während die Chlorverbindungen eine homogene, weitgehend anisotrope Ätzung über die gesamte Scheibe ermöglichen, zeigt SF_6 eine ausgeprägte radiale Abhängigkeit der Ätzrate mit einem wesentlichen isotropen Anteil; Silizium wird am Rand der Scheibe erheblich stärker als in der Wafer-Mitte abgetragen. Bei gleichem Gasfluss, Druck und identischer Leistung ist die Ätzrate von SF_6 deutlich höher als die der Chlorverbindungen.

Die Selektivität des Siliziumätzens zu SiO_2 und Fotolack liegt zwischen 10:1 und 50:1, je nach gewählten Prozessbedingungen. Dabei kann die Anwesenheit von Stickstoff im Chlor-Plasma zu einer deutlichen Steigerung der Selektivität führen. Fluorverbindungen, die weder Wasserstoff noch Kohlenstoff enthalten, ermöglichen auf einer Aluminiumelektrode eine Selektivität von über 100:1 zu Fotolack und Oxid, auf einer Kohlenstoffelektrode erreichen die gleichen Prozesse lediglich Werte von etwa 10:1.

Ein Beispiel für die Siliziumätzung ist die Strukturierung der Polysilizium-Gate-Elektrode von MOS-Transistoren über dem dünnen Gate-Oxid. Der Prozess muss anisotrop sein, eine homogene Ätzrate über den Wafer aufweisen und hochselektiv zu Siliziumdioxid arbeiten. Da Silizium ein natürliches Oberflächenoxid aufweist, darf die hohe Selektivität zu Beginn des Prozesses jedoch nicht gegeben sein. Folglich wird ein Zweiphasenprozess verwendet:

- **Polysiliziumätzung mit hoher Rate und mäßiger Selektivität:**
  Druck: 5 Pa
  HF-Leistung: 300 Watt bei 24 cm Elektrodendurchmesser
  Fluss: 40 sccm $SiCl_4$
  Bias-Spannung: 280 V
  Ätzrate: 100 nm/min
  Selektivität: 8:1
- **Polysiliziumätzung mit hoher Selektivität:**
  Druck: 8 Pa
  HF-Leistung: 100 Watt bei 24 cm Elektrodendurchmesser
  Fluss: 40 sccm $SiCl_4$ + 40 sccm N_2
  Bias-Spannung: 80 V
  Ätzrate: 40 nm/min
  Selektivität: 30:1

Zum Ätzen von Siliziumdioxid eignen sich Fluor-Kohlenstoffverbindungen wie CF_4, C_2F_6 oder CHF_3 (Trifluormethan), die gemeinsam mit Sauerstoff, Wasserstoff oder Argon als Reaktionsgas dienen. Die Ätzrate für CHF_3/O_2 beträgt ca. 40 nm/min, bei C_2F_6/O_2 ca. 70–200 nm/min.

Ätzprozesse für Oxid neigen zur Polymerbildung auf der Scheibenoberfläche; diese senken bzw. verhindern den Materialabtrag. Die Aufgabe des Sauerstoffes im Plasma ist das instantane Verbrennen/Oxidieren dieser Polymere, sodass keine Abschattungen auftreten. Durch den Sauerstoffgehalt der Gasmischung wird während des Oxidätzens auch der Fotolack angegriffen, sodass mit einer Lackmaske nur eine begrenzte Ätztiefe erreicht werden kann.

Dies ermöglicht aber auch die Strukturierung von Öffnungen mit abgeschrägen Kanten, wie sie bei den Kontaktlöchern in den mikroelektronischen Schaltungen zur Vermeidung von Leiterbahnabrissen notwendig sind. Durch den gleichzeitigen Abtrag von Fotolack und Oxid weitet sich die Öffnung in der Lackmaske während des Ätzens, denn der Kantenwinkel des Lackes beträgt infolge des Härtens des Lackes deutlich weniger als 90°. Mit zunehmender Prozessdauer nimmt folglich parallel zur Tiefe der geätzten Öffnungen auch die freiliegende Fläche zu. Es resultieren Kontaktlöcher mit abgeschrägten Kanten im Oxid, deren Böschungswinkel über die Sauerstoffkonzentration im Plasma eingestellt werden kann (Abb. 5.10).

Die Selektivität des Oxidätzprozesses zu Silizium wird vom Verhältnis C:F im Plasma bestimmt. Fluorreiche Plasmen ätzen verstärkt Silizium, dagegen fördert eine hohe Kohlenstoffkonzentration die Bildung von Polymeren auf der Siliziumoberfläche. Diese Ablagerungen führen zu einer höheren Selektivität des Oxidätzprozesses.

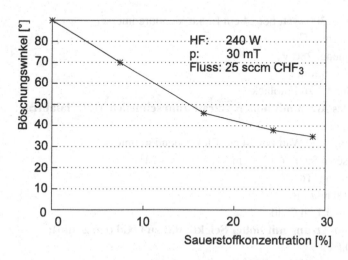

Abb. 5.10 Böschungswinkel der Kontaktöffnungen in Abhängigkeit von der Sauerstoffkonzentration im CHF_3/O_2-Plasma

Alternativ lassen sich im Oxid Öffnungen mit senkrechten Kanten mit der Gasmischung CHF_3/Ar herstellen. Hier unterstützt der physikalische Ätzvorgang des Argons den Ätzprozess, indem die Polymerbildung an waagerechten Kanten durch Ionenbestrahlung unterdrückt wird, an vertikalen Flächen jedoch kaum ein Abtrag der Ablagerungen stattfindet. Während die Selektivität zu Silizium im sauerstoffhaltigen Plasma mit ca. 2:1 gering ist, werden im CHF_3/Ar-Plasma Werte von 20:1 erreicht.

Siliziumnitrid lässt sich in CH_3F/O_2 (Monofluormethan) anisotrop und selektiv (15:1) zu Oxid strukturieren, während im CHF_3/O_2-Plasma nur Selektivitäten von 5:1 möglich sind. SF_6 trägt das Nitrid mit größerer Selektivität ab, zeigt aber erneut eine radiale Abhängigkeit der Ätzrate über den Wafer. Typische Abtragraten sind 50–80 nm/min. Im CHF_3/Ar-Plasma wird Siliziumnitrid nur sehr schwach angegriffen.

Aluminium bildet nur mit Chlor eine für die Trockenätztechnik geeignete flüchtige Verbindung, sodass fluorhaltige Gase zur Strukturierung ausscheiden. Als Reaktionsgase dienen $SiCl_4$/Cl_2, BCl_3/Cl_2 oder CCl_4/Cl_2. Reines Chlor bewirkt eine recht isotrope Ätzung, die Zugabe der Chlorverbindungen passiviert die während des Ätzens entstehenden senkrechten Aluminiumflanken vor dem weiteren Ätzangriff und führt somit zum anisotropen Ätzvorgang. Dieser Passivierungsprozess kann durch eine geringfügige Zugabe von Methan noch verstärkt werden, dabei sinkt jedoch die Ätzrate aufgrund verstärkter Polymerbildung.

Auch Aluminium erfordert einen mehrstufigen Ätzprozess, in dem zunächst das harte Oberflächenoxid durch physikalisches Ätzen aufgespalten und dann das Aluminium mit hoher Rate abgetragen wird, wobei zum Ende des Prozesses zusätzlich eine größere Selektivität zum Oxid notwendig ist.

- **Aufspalten des Oberflächenoxides (ca. 1 min):**
  Druck: 5 Pa
  HF-Leistung: 300 Watt bei 24 cm Elektrodendurchmesser
  Fluss: 40 sccm $SiCl_4$
  Bias-Spannung: 280 V
  Ätzrate: 40 nm/min
  Selektivität: 4:1 zu Fotolack
- **Anisotropes Ätzen mit hoher Ätzrate zum schnellen Materialabtrag:**
  Druck: 10,5 Pa
  HF-Leistung: 300 Watt bei 24 cm Elektrodendurchmesser
  Fluss: 40 sccm $SiCl_4$ + 10 sccm Cl_2 + 1 sccm CH_4
  Bias-Spannung: 160 V
  Ätzrate: 100 nm/min
  Selektivität: 5:1 zu Oxid
- **Aluminium-Ätzung mit hoher Selektivität zu Oxid (ca. 2 min):**
  Druck: 10,5 Pa
  HF-Leistung: 100 Watt bei 24 cm Elektrodendurchmesser
  Fluss: 40 sccm $SiCl_4$

Bias-Spannung: 60 V
Ätzrate: 45 nm/min
Selektivität: 25:1 zu Oxid

5.2.3 Ionenstrahlätzen

Das Ionenstrahlätzen ist ein rein physikalisches Ätzverfahren. Als Prozessgas wird Argon, seltener auch Xenon als gerichteter Ionenstrahl mit 1–3 keV Teilchenenergie eingesetzt. Die Edelgasionen treffen senkrecht oder unter einem vorgegebenen Winkel auf den Wafer und schlagen Material aus der Oberfläche heraus.

Infolge der erforderlichen großen freien Weglänge der Ionen von der Quelle bis zum Substrat muss der Prozessdruck sehr gering sein, sodass die Ätzung immer anisotrop verläuft. Die Ätzrate ist nur schwach vom abzutragenden Material abhängig, d. h. die Selektivität des Verfahrens ist äußerst gering. Da das geätzte Material nicht als gasförmiges Molekül chemisch gebunden wird, lagert es sich an den Wänden des Reaktors, aber auch an vertikalen Kanten auf der Scheibenoberfläche an.

Aus diesem Grund ist das Verfahren zum chemisch unterstützten Ionenstrahlätzen (CAIBE = Chemically Assisted Ion Beam Etching) weiterentwickelt worden. Neben dem Edelgas Argon wird ein reaktives Gas in den Reaktor eingeleitet, das – durch die Bestrahlung mit den energiereichen Argonionen angeregt – durch chemisches Ätzen zum Materialabtrag führt. Die Selektivität dieses Verfahrens hängt vom Reaktionsgas ab, sie ist im Vergleich zum reinen Ionenstrahlätzen deutlich erhöht. Die wesentlichen Komponenten der Ionenstrahl-Ätzanlage sind die drehbare, geerdete Elektrode als Wafer-Halterung, eine Ionenquelle und ein Extraktions- bzw. Beschleunigungsgitter. Ihr Aufbau ist in Abb. 5.11 schematisch dargestellt.

Abb. 5.11 Schematischer Aufbau einer Anlage zum Ionenstrahlätzen bzw. chemisch unterstützten Ionenstrahlätzen. (Nach [7])

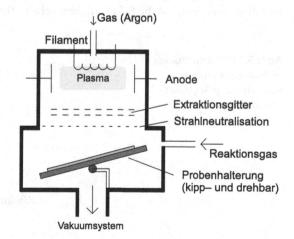

5.2.4 Trockenätzverfahren für hohe Ätzraten

In den letzten Jahren wurden spezielle Verfahren zur verstärkten Anregung des reaktiven Gases im Plasma entwickelt, um einerseits höhere Ätzraten zu erzielen und andererseits die Selektivität der Prozesse zu verbessern. Dazu zählen die Elektron-Cyklotron-Resonanz (ECR) -Plasmaquellen, das induktiv gekoppelte Plasma (ICP) und die Helicon-Quelle.

Allen Verfahren gemeinsam ist ein erheblich höherer Dissoziationsgrad des Ätzgases und damit eine gegenüber dem RIE-Verfahren gesteigerte Dichte an reaktiven Teilchen. Ein geringerer Prozessdruck in diesen Anlagen sorgt für eine größere freie Weglänge der Teilchen, sodass die geätzten Profile auch bei geringer Bias-Spannung hochgradig anisotrop sind. Infolge der relativ niedrigen Teilchenenergie ist die Selektivität dieser Prozesse besonders hoch.

Nachteilig ist der im Vergleich zur RIE-Technik komplexere Anlagenaufbau. Da diese Geräte aber deutliche Vorteile in der Strukturierungstechnik bieten, setzen sie sich zunehmend auf dem Markt durch. Das ICP-Verfahren, auch ICP-RIE-Verfahren genannt, hat dabei bisher die weiteste Verbreitung gefunden und wird momentan zum Standard bei der hochselektiven Strukturierung der Gate-Elektroden auf extrem dünnen Gate-Oxiden.

Das ICP-Verfahren (Abb. 5.12) nutzt eine induktiv gekoppelte HF-Anregung zur Erzeugung von reaktiven Ionen in der Plasmaquelle. Während beim RIE-Verfahren die Dichte der angeregten Radikale mit der Teilchenenergie über die an der Kathode eingespeiste HF-Leistung gekoppelt ist, lässt sich hier unabhängig von der Energie der Ionen über die Höhe der HF-Leistung an der Induktionsspule eine sehr hohe Ionendichte erzeugen.

Eine zweite HF-Quelle lädt die Substratelektrode mit dem Wafer unabhängig von der Plasmadichte auf die gewünschte Bias-Spannung auf. Diese bestimmt die Energie der ätzenden Ionen. Der Druck im Rezipienten kann bei hoher Radikaldichte und hohem Ionisationsgrad geringgehalten werden, sodass die freie Weglänge der Teilchen groß ist und diese senkrecht auf die Scheibenoberfläche treffen.

Abb. 5.12 Schematischer Aufbau einer Ätzanlage mit induktiv gekoppelter Plasmaanregung

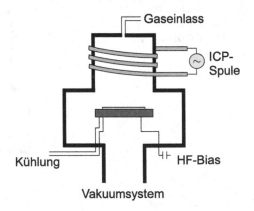

Infolge der geringen Teilchenenergie ist die Selektivität der Ätzprozesse sehr hoch. Damit resultiert ein sehr selektiver, stark gerichteter Ätzvorgang. Spezielle Ätzprozesse erzielen Selektivitäten von über 100:1 zwischen Silizium und Fotolack bzw. Oxid durch zeitlich abwechselnde Gaszusammensetzungen zum Materialabtrag und zur Flanken- passivierung, sodass ein Aspekt-Verhältnis (Tiefe der Ätzung: Öffnungsbreite) von 30:1 erreichbar ist.

Eingesetzt wird das ICP-Verfahren bei der Strukturierung der Polysilizium-Gate- Elektrode auf dem dünnen Gate-Oxid, zur Ätzung von Trench-Kapazitäten sowie für mikromechanische Anwendungen.

5.2.5 Atomic Layer Etching (ALE)

Um die sinkenden geometrischen Abmessungen im Nanometerbereich noch kontrolliert präzise strukturieren zu können, erfolgte eine Weiterentwicklung der Trockenätzprozesse in Richtung Atomlagenätzung. Vergleichbar zur Atomlagenabscheidung handelt es sich bei der Atomlagenätzung um einen zweistufigen Prozess: einer selbstterminierenden Oberflächenmodifikation, gefolgt von einem selektiven Abtrag der modifizierten Schicht. Zwar wird bei diesem Verfahren nicht exakt eine Atomlage per Ätzzyklus abgetragen, jedoch handelt es sich um einen selbstterminierenden Prozess mit reproduzierbarer Abtragrate zwischen 0,1 und 2 nm je Zyklus (Abb. 5.13).

Im Fall von Silizium erfolgt die Oberflächenmodifikation durch eine Oberflächen- behandlung mit Cl_2. Die Siliziumscheibe befindet sich beispielsweise in einem RIE- Reaktor, in den zyklisch Cl_2 und Ar als Gase eingelassen werden. Im Cl_2-Schritt findet die thermisch aktivierte Konditionierung der Siliziumoberfläche statt. Chlor lagert sich an die freien Siliziumbindungen an der Oberfläche an; dies senkt die Bindungsenergie der Siliziumatome [8]. Die Reaktion ist selbstterminierend; sobald alle freien Bindungen gesättigt sind, stoppt der Modifikationsschritt. Die Dicke der modifizierten Schicht beträgt ca. 0,14 nm, die benötigte Zeit liegt in Abhängigkeit von der Temperatur und vom Druck bei 10–40 s.

Die Reaktionszeit des Chlors zur Schichtmodifikation lässt sich durch Plasma- anregung verkürzen. Dazu wird mit geringer Hochfrequenzleistung eine Gasentladung

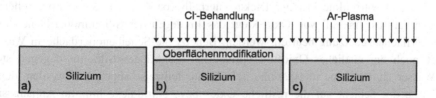

Abb. 5.13 Ablauf der Atomlagenätzung: **a** Siliziumscheibe, **b** selbstterminierende Oberflächen- modifikation im Chlor-Plasma, **c** Abtrag der modifizierten Schicht durch Ionenbestrahlung

angeregt, sodass die resultierenden Chlorionen mit ca. 10 eV auf die Scheibenoberfläche treffen und die Oberfläche innerhalb von etwa 1 s modifizieren. Höhere Energien führen anstelle der gewünschten Schichtmodifikation direkt zu einem RIE-Ätzvorgang.

Nach einem Spülschritt mit Stickstoff oder Argon folgt der Abtrag der modifizierten Schicht durch physikalisches Ätzen mit geringer Teilchenenergie. Dazu wird Argon in den Reaktionsraum eingelassen und durch eine Gasentladung teilweise ionisiert. Vergleichbar zur RIE-Anlage lässt sich die Siliziumscheibe, platziert auf der HF-Elektrode, nun durch eine anliegende Hochfrequenzspannung auf eine vorgegebene Bias-Spannung aufladen. Damit werden die Argon-Ionen in Richtung der Siliziumscheibe beschleunigt und treffen mit definierter Energie auf. Wesentlich ist die korrekte Wahl der Ionenenergie. Sie darf nicht zu gering gewählt werden, um die modifizierte Schicht vollständig abzulösen, darf aber auch nicht zu hoch sein, damit kein Abtrag des unmodifizierten Materials stattfindet. Damit ergibt sich ein Prozessfenster für die Atomlagenätzung, das um ca. 50 eV Ionenenergie liegt. Dies ist gleichbedeutend mit einer Bias-Spannung von 50 V für den Ätzprozess.

5.3   Endpunktdetektion

In den meisten Anwendungen der mikroelektronischen Schaltungsintegration werden Schichten vollständig bis zum darunter liegenden Material geätzt. Weil nasschemische Ätzlösungen zur Unterätzung der Lackmaske neigen, andererseits die Selektivität der Trockenätzprozesse relativ gering ist, sollte der Ätzvorgang direkt nach dem kompletten Entfernen des jeweiligen Materials enden. Dazu ist eine zuverlässige Endpunktdetektion notwendig, die entweder eine stetige Kontrolle der Restschichtdicke ermöglicht oder aber das vollständige Entfernen des Materials erkennt.

5.3.1   Visuelle Kontrolle

Die nasschemische Ätzung lässt sich in fast allen Fällen durch eine signifikante Farbänderung an der Scheibenoberfläche kontrollieren. Selbst dünne Polysilizium- und Aluminiumfilme zeigen bereits einen deutlichen Farbkontrast zu den darunter liegenden Schichten.

Oxid- und Nitridfilme in einer Dicke unterhalb von 45 nm bzw. 30 nm erscheinen dagegen farblos. Im Fall von Oxid kann das Freilegen der Siliziumoberfläche durch die Oberflächenbenetzung beurteilt werden. Benetzt die Scheibenoberfläche in Wasser, so ist noch ein restlicher Oxidfilm vorhanden. Freigeätztes Silizium dagegen stößt das Wasser ab. Soll eine transparente Schicht nur teilweise abgetragen werden, deutet die Farbe der Schicht auf die restliche Oxid- bzw. Nitriddicke hin. Im Anhang sind die charakteristischen Färbungen für verschiedene Schichtdicken von Siliziumdioxid (Nitriddicke = Oxiddicke/1,38) angegeben.

Der Endpunkt der nasschemischen Si_3N_4-Ätzung in heißer Phosphorsäure lässt sich optisch nicht direkt erkennen. Bis zu 30 nm Schichtdicke erscheint der Nitridfilm farbig, darunter ist die Schicht farblos. Da die Nitridschichten für mikroelektronische Anwendungen in der Regel sehr dünn sind, kann der Ätzvorgang aber ausreichend genau über die Zeit gesteuert werden.

5.3.2 Ellipsometrie

Die Ellipsometrie ermöglicht eine in situ Kontrolle der Schichtdicke beim Ätzen von transparenten und schwach absorbierenden Filmen. Dazu wird elliptisch polarisiertes monochromatisches Licht unter einem festen Winkel auf die Scheibe gestrahlt und das resultierende reflektierte Licht hinsichtlich der Polarisationsänderung analysiert. Aus der Lichtwellenlänge, den optischen Indizes des Films und des Substrats sowie der Veränderung der Polarisation lassen sich bei bekanntem Einfallswinkel die Schichtdicke bzw. deren Vielfache bestimmen.

Da der abzutragende Film direkt vermessen wird, ist dieses Verfahren sehr genau. Es lässt sich jedoch nicht für Metalle und dicke Siliziumschichten anwenden, weil deren Absorption zu groß ist. Außerdem ist der Geräteaufwand bei der in-situ Anwendung sehr hoch.

5.3.3 Optische Spektroskopie

Infolge der Gasentladung werden sowohl das Ätzgas als auch das abgetragene Material einschließlich seiner Verbindungen mit den Radikalen stetig durch Stöße angeregt. Bei der Rückkehr in den Grundzustand emittieren die Moleküle Licht mit einer charakteristischen Wellenlänge. Weil sich die Zusammensetzung des Plasmas im Moment des vollständigen Entfernens einer Schicht ändert, entfallen materialspezifische Emissionslinien.

Im Fall des Nitridätzens verschwindet die Stickstofflinie bei 337 nm Wellenlänge, beim Ätzen von Polysilizium im Chlorplasma sinkt die Intensität der SiCl-Linie bei 287 nm. Für die Aluminiumätzung ist der spektrale Bereich von 391–396 nm charakteristisch.

Problematisch ist die Endpunktkontrolle für die SiO_2-Strukturierung mit CHF_3/O_2. Die typischen CO-Linien (482 und 484 nm) des Oxidätzens werden bei geringer abzutragender Fläche (z. B. bei der Kontaktlochstrukturierung) durch die direkte CO-Bildung im Plasma überlagert.

Mit dem weit verbreiteten spektroskopischen Verfahren lassen sich auch Ätzprozesse für absorbierende Materialien beurteilen. Die Ansprechzeit ist mit wenigen Sekunden ausreichend für die Anwendung in der Mikroelektronik.

5.3.4 Interferometrie

Transparente Schichten lassen eine Endpunkterkennung durch Laserinterferometrie zu. Das kohärente Laserlicht wird teils an der Schichtoberfläche reflektiert, teils dringt es in die Schicht ein und wird am Substrat zurückgestreut. Der reflektierte Strahl setzt sich als Interferenz aus zwei gegeneinander phasenverschobenen Teilstrahlen zusammen. Während des Ätzens ändert sich die Phasenverschiebung kontinuierlich, der reflektierte Strahl erfährt eine Intensitätsänderung bzw. durchläuft mit abnehmender Schichtdicke mehrere Intensitätsmaxima. Aus dem Abstand der Maxima oder Minima, die über die Wellenlänge und die optischen Konstanten des Films mit der Schichtdicke korrelieren, lässt sich in situ die Ätzrate bestimmen. Am Endpunkt des Ätzvorganges verschwinden die Intensitätsoszillationen. Diese Art der Endpunktkontrolle hat sich speziell für Oxidschichten bewährt.

5.3.5 Massenspektrometrie

Wie o. a. ändert sich die Zusammensetzung des Plasmas am Ende eines Ätzprozesses, da die Konzentration des abzutragenden Elements oder Materials im Reaktionsraum abnimmt. Folglich lässt sich durch eine massenspektrometrische Analyse des Gases im Reaktor eine Endpunkterkennung durchführen, indem die Konzentrationen charakteristischer Elemente, z. B. des Stickstoffs beim Nitridätzen, zeitlich aufgetragen werden. Ein Abfall der N- oder N_2-Konzentration kennzeichnet das vollständige Abtragen einer Nitridschicht. Der Nachteil dieses Verfahrens liegt in der Ansprechgeschwindigkeit, da das dem Plasma entnommene Gas zunächst zum Detektor diffundieren muss, bevor es analysiert wird. Durch die Zeitverzögerung ist eine genaue Endpunkterkennung nicht für jeden Ätzprozess möglich. Hinzu kommt der im Vergleich teure Massenanalysator plus Ausleseelektronik, sodass diese Form der Endpunkterkennung nicht weit verbreitet ist.

5.4   Aufgaben zur Ätztechnik

Aufgabe 5.1
Im Verlauf des CMOS-Prozesses soll Polysilizium anisotrop im RIE-Verfahren geätzt werden, um die Gate-Elektroden der MOS-Transistoren zu strukturieren (siehe Abb. 5.14).

Die Ätzrate r beträgt 75 nm/min bei einer Selektivität S von 24:1 gegenüber Siliziumdioxid. Um das Polysilizium ($d_{Poly} = 300$ nm) auch aus den Kanten zwischen dem Aktivgebiet und dem Feldoxid ($d_{Fox} = 780$ nm) zu entfernen, müssen die Scheiben deutlich überätzt werden. Wie lange muss geätzt werden und wie dick muss die unter dem Poly-

Abb. 5.14 Struktur vor dem
Ätzen des Polysiliziums

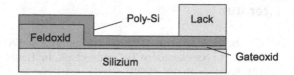

silizium liegende Oxidschicht mindestens sein, um ein Anätzen des Substrats zu verhindern?

Aufgabe 5.2
Der in diesem Kapitel beschriebene mehrstufige Aluminium-Ätzprozess weist eine um
den Faktor 4 geringere Selektivität zum maskierenden Fotolack auf als zum SiO_2. Wie
dick darf die Aluminiumschicht bei diesem Prozess höchstens sein, um eine sichere
Maskierung des Ätzvorganges bei 1 μm Lackdicke zu gewährleisten?

Aufgabe 5.3
In Abb. 5.15 ist das Signal eines interferometrisch arbeitenden Endpunktdetektors in
Abhängigkeit von der Zeit dargestellt. Erklären Sie den Kurvenverlauf und bestimmen
Sie aus dem Signal die Ätzzeit zum vollständigen Entfernen der Schicht! Berechnen Sie
die Ätzrate für $\lambda = 633$ nm bei $n = 1{,}462$ (SiO_2). Wie dick war die Schicht?

Aufgabe 5.4
Eine Fotolackmaske gibt eine Fläche von 2 μm × 2 μm frei. Bis zu einem Aspektverhält-
nis von 10 (Öffnungstiefe:Öffnungsweite) trägt ein ICP-Ätzprozess das Material linear
mit der Zeit um 1 μm/min. ab, danach reduziert sich die Ätzrate um 2 % pro Mikrometer. Die Selektivität zu Fotolack beträgt zu Beginn des Prozesses 100:1. Wie dick
muss die Lackmaske für eine Ätztiefe von 50 μm mindestens sein?

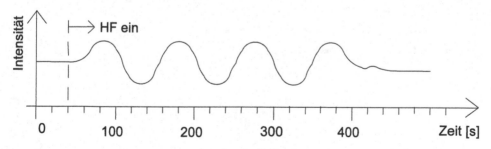

Abb. 5.15 Ausgangssignal eines interferometrisch arbeitenden Endpunktdetektors

Literatur

1. Mescheder, U.: Mikrosystemtechnik: Konzepte und Anwendungen. Teubner, Wiesbaden (2004)
2. Seidel, H.: Naßchemische Tiefenätztechnik. In: Heuberger, A. (Hrsg.) Mikromechanik, S. 125–171. Springer, Berlin (1989)
3. Heuberger, A.: Mikromechanik. Springer, Berlin (1991)
4. Ruge, I.: Halbleiter-Technologie, Reihe Halbleiter-Elektronik, Bd. 4. Springer, Berlin (1984)
5. Schumicki, G., Seegebrecht, P.: Prozeßtechnologie. Reihe Mikroelektronik. Springer, Berlin (1991)
6. Köhler, M.: Etching in Microsystem Technology. Wiley-VCH, Weinheim (1999)
7. Beneking, H.: Halbleiter-Technologie. Teubner, Stuttgart (1991)
8. Kanarik, K.J., Lill, T., Hudson, E.A., Sriraman, S., Tan, S., Marks, J., Vahedi, V., Gottscho, R.A.: Overview of atomic layer etching in the semiconductor industry. J. Vac. Sci. Technol. A. **33**(2), 020802–1–020802–14 (2015)

Dotiertechniken

6

Mikroelektronische Schaltungselemente bestehen aus lokal unterschiedlich dotierten Bereichen eines Kristalls, d. h. in den ursprünglich homogenen Kristall werden im Verlauf der Herstellung gezielt verschiedene Dotierstoffe eingebracht, die in festgelegten Gebieten der Halbleiteroberfläche zu einer Verstärkung, Abschwächung oder Umkehrung der Substratdotierung führen. Die eingebrachte Dotierung ändert somit die elektrischen Eigenschaften des Siliziums. Je nachdem, ob dem Kristall Akzeptoren oder Donatoren zugesetzt werden, erhält das Halbleitermaterial p- oder n-leitenden Charakter, wobei die Nettodotierstoffkonzentration den elektrischen Widerstand bestimmt. Im p-leitenden Material bilden Löcher (Defektelektronen) die Majoritätsladungsträger, im n-leitenden Silizium sind es die Elektronen. Unangetastet davon bleibt die Eigenleitungsdichte n_i, mit

$$pn = n_i^2 \tag{6.1}$$

Als Akzeptoren eignen sich die Elemente der dritten Hauptgruppe des Periodensystems, sodass grundsätzlich die Stoffe Bor, Aluminium, Gallium und Indium zur Dotierung zur Verfügung stehen. Aluminium, Gallium und Indium sind in der Siliziumtechnologie nicht verbreitet, ihr Einsatz beschränkt sich aufgrund der begrenzten Löslichkeit in Verbindung mit großen Diffusionskoeffizienten auf spannungsfeste Spezialbauelemente wie IGBT („Insulated Gate Bipolar Transistor") und GTO („Gate Turn Off Thyristor"). Nur der Dotierstoff Bor weist eine hohe Löslichkeit im Siliziumkristall auf, um hohe Löcher-Leitfähigkeiten zu erzielen. Im Gegensatz zu Aluminium und Gallium ist die Diffusion von Bor deutlich schwächer ausgeprägt.

Als Donatoren werden Elemente mit fünf Valenzelektronen eingesetzt. Hier stehen Phosphor, Arsen und Antimon zur Verfügung. Antimon eignet sich wegen seiner geringen Löslichkeit im Siliziumkristall jedoch nur für schwache Dotierungen. Phosphor und Arsen lassen sich in hoher Konzentration in den Kristall einbauen und ermöglichen damit eine hohe Leitfähigkeit über freie Elektronen. Arsen verteilt sich auch bei hohen

© Springer Fachmedien Wiesbaden GmbH, ein Teil von Springer Nature 2023
U. Hilleringmann, *Silizium-Halbleitertechnologie*,
https://doi.org/10.1007/978-3-658-42378-0_6

Temperaturen nur sehr langsam im Halbleitermaterial, sodass die eingebrachten Dotier-atome bei thermischen Behandlungen des Substrates nahezu ortsfest sind.

Die Dotierstoffe werden dem Siliziumkristall nur in geringer Konzentration zugesetzt (ca. 0,001 %). Die Dichte der Siliziumatome im Kristall beträgt 5×10^{22} cm^{-3}, übliche Dotierungen liegen im Bereich von 10^{16}–10^{20} cm^{-3}. Die unbehandelte Siliziumscheibe weist im Vergleich eine Dotierung von 2×10^{14} bis $2{,}5 \times 10^{15}$ cm^{-3} auf, dies entspricht einem spezifischen Widerstand von ca. 5–100 Ωcm.

Zum Einbringen der Dotierstoffe in den Kristall stehen unterschiedliche Verfahren zur Verfügung: die Legierungstechnik als ältestes Verfahren ist für grobe Strukturen geeignet, die Diffusion ist ein Hochtemperaturschritt und die Ionenimplantation bietet als bewährtes Verfahren die höchste Genauigkeit und Reproduzierbarkeit. Besonders flache Dotierungsprofile, die für Transistoren mit wenigen Nanometern Kanallänge benötigt werden, lassen sich durch Plasmadotierung oder über die selbstorganisierende Monolagen-Dotierung erzeugen.

6.1 Legierung

Die Legierungstechnik ist das älteste Verfahren zur Herstellung diskreter Silizium- und Germanium-Halbleiterbauelemente. Das Verfahren beruht auf der kontrollierten partiellen Auflösung des Halbleiters durch ein Metall bzw. eine Metalllegierung mit anschließender Rekristallisation des gelösten Halbleitermaterials entsprechend der vom Untergrund vorgegebenen Kristallstruktur unter Einbau des Dotierstoffes.

Zur lokalen Maskierung wird die Siliziumscheibe zunächst ganzflächig thermisch oxidiert. Über einen Lithografieschritt mit anschließender Ätzung erfolgt das Öffnen eines Fensters im Oxid. Damit ist der zu dotierende Bereich freigelegt, wobei für eine reproduzierbare Prozessführung das Entfernen des natürlichen Oxides im Oxidfenster vor der Beschichtung mit dem Dotiermaterial wichtig ist, denn dieses behindert die Legierungsbildung.

Es folgt das ganzflächige Aufbringen des Dotierstoffes durch Bedampfung, z. B. mit Aluminium zur Erzeugung p-leitender Bereiche. Während des Aufheizens der Scheibe in inerter Atmosphäre benetzt die Oberfläche des Siliziumkristalls und es bildet sich ein Metallsilizid. Bei weiterer Temperaturerhöhung wird das Silizium im Bereich des Oxid-fensters angelöst, sodass eine Aluminium-Silizium-Schmelze entsteht (Abb. 6.1).

In Verbindung mit dem Phasendiagramm lässt sich aus dem Volumen des auf-gedampften Aluminiums V^l_D und der maximalen Prozesstemperatur T_m die Legierungs-tiefe d_{Si} und damit die Lage des pn-Überganges bestimmen. Die Menge des angelösten Siliziums V^l_{Si}, gleichbedeutend mit der Anlösungstiefe im Silizium, wird durch die Dicke der aufgebrachten Aluminiumschicht d_D in Verbindung mit der Löslichkeit bei der maximalen Prozesstemperatur $X^l_{Si,\,Tm}$ bestimmt.

$$\frac{V^l_{Si}}{V^l_D} \equiv \frac{d_{Si}}{d_D} = \frac{X^l_{Si,T_m}}{1 - X^l_{Si,T_m}} \qquad (6.2)$$

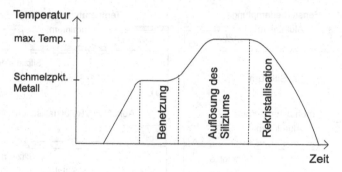

Abb. 6.1 Temperaturverlauf bei der Legierungstechnik zur Dotierung eines Siliziumsubstrates

Die Aluminiumkonzentration in der Schmelze stellt sich entsprechend der Löslichkeit bei der Maximaltemperatur, zu bestimmen aus dem Phasendiagramm (Abb. 6.2), ein. Im Legierungssystem Aluminium/Silizium weist die Dotierung bei gegebener Metallmenge immer eine Mindesteindringtiefe mit eutektischer Materialzusammensetzung im pn-Übergang auf.

Beim langsamen Abkühlen der Schmelze (quasi-statisch) verschiebt sich die Dotierungskonzentration entsprechend der Löslichkeitskurve. Das Halbleitermaterial rekristallisiert im Oxidfenster epitaktisch, es lagert sich entsprechend der vom Kristall vorgegebenen Struktur unter Einbau von Aluminium an, sodass bei n-leitendem Substrat ein abrupter pn-Übergang entsteht (Abb. 6.3).

Zum Abschluss des Legierungsprozesses muss die Oberfläche des Wafers zur Reinigung um wenige Nanometer abgetragen werden, da sich während der Rekristallisation auf dem Oxid und an den Rändern der dotierten Bereiche störende parasitäre Strompfade ausbilden können.

Abb. 6.2 Phasendiagramm des Legierungssystems Aluminium/Silizium zur Bestimmung der Löslichkeit. (Nach [1])

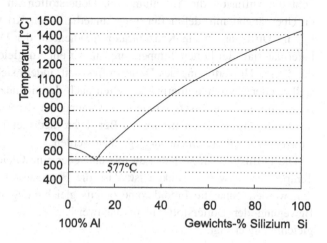

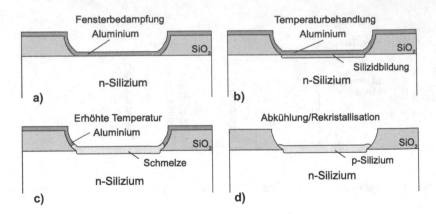

Abb. 6.3 Prozessschritte zur Herstellung einer p-Dotierung durch Legierung von Aluminium und Silizium

Das Legierungsverfahren wird in der Siliziumtechnologie nur noch selten zur Dotierung angewendet, da alle Siliziumlegierungen sehr spröde sind und zur Rissbildung zwischen der Legierungsfront und dem Substrat neigen. Die Legierungstechnik hat heute nur noch praktische Bedeutung bei der Erzeugung hoch dotierter Schichten für niederohmige Kontakte und bei pn-Übergängen in III-V-Halbleitern. Die letzte Bauelementanwendung lag bei der Herstellung von Germanium-Leistungstransistoren.

6.2   Diffusion

Die Diffusion ist ein thermisch aktivierter Ausgleichprozess, der in jedem Festkörper, aber auch in Flüssigkeiten und Gasen stattfindet. In der Halbleitertechnologie ermöglicht die Diffusion die Verteilung von Dotierstoffen im Kristall zur Herstellung von pn-Übergängen mit definierter Lage unterhalb der Kristalloberfläche. Voraussetzung für die Diffusion ist ein Konzentrationsgradient in der Dotierstoffverteilung im Halbleitermaterial. Bei hohen Temperaturen findet ein Ausgleich des Konzentrationsgefälles durch eine Umverteilung des Dotierstoffes statt, indem sich die Dotieratome über Leerstellen oder Zwischengitterplätze, selten auch durch Platzwechsel bewegen (Abb. 6.4). Es erfolgt eine thermisch aktivierte Bewegung mit der Vorzugsrichtung von Bereichen hoher Fremdstoff-Konzentration zu Bereichen niedriger Dotierung, sodass vorhandene Konzentrationsunterschiede ausgeglichen werden.

Die Diffusion hält so lange an, bis entweder eine Gleichverteilung erreicht oder die Temperatur so weit gesunken ist, dass die Fremdatome „einfrieren", d. h. unbeweglich werden. Sind die Fremdatome bereits gleichmäßig im Kristall verteilt, so ist die Bewegung der Dotierstoffe nicht nachweisbar, da sie statistisch in alle Richtungen gleichmäßig erfolgt.

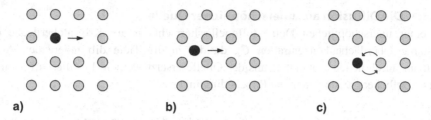

Abb. 6.4 Diffusionsmechanismen: **a** Leerstellen-, **b** Zwischengitterdiffusion und **c** Platzwechsel

Die Geschwindigkeit des Ausgleichsprozesses hängt von den folgenden Größen ab:

- Temperatur;
- Dotierelement;
- Substratmaterial;
- Konzentrationsgradient des Dotierstoffes;
- Konzentration anderer Dotierstoffe im Kristall;
- Kristallorientierung des Substratmaterials.

6.2.1 Fick'sche Gesetze

Zur mathematischen Beschreibung der Diffusion wird der Materialfluss durch eine Fläche betrachtet, die zwei Bereiche unterschiedlicher Dotierstoffkonzentrationen trennt. Dieser lässt sich durch das 1. Fick'sche Gesetz beschreiben:

$$J = -D \frac{\partial C(x,T)}{\partial x} \tag{6.3}$$

d. h. der Teilchenfluss J durch die Fläche ist der räumlichen Änderung der Konzentration C entgegengesetzt. Der Proportionalitätsfaktor ist der material- und temperaturabhängige Diffusionskoeffizient D. Aus dem Materialerhaltungssatz

$$\frac{\partial C(x,t)}{\partial t} = -\frac{\partial J(x,t)}{\partial x} \tag{6.4}$$

ergibt sich unter der Voraussetzung eines ortsunabhängigen Diffusionskoeffizienten das 2. Fick'sche Gesetz:

$$\frac{\partial C(x,t)}{\partial t} = D \frac{\partial^2 C(x,t)}{\partial x^2} \tag{6.5}$$

Die zeitliche Konzentrationsänderung ist proportional zur Stärke der räumlichen Konzentrationsänderung mit dem Diffusionskoeffizienten D als Proportionalitätsfaktor. Zur Lösung dieser Differenzialgleichung müssen die zwei folgenden, in der Praxis bedeutenden Fälle unterschieden werden.

6.2.1.1 Die Diffusion aus unerschöpflicher Quelle

Bei einer unerschöpflichen Dotierstoffquelle herrscht an der Kristalloberfläche eine konstante Oberflächenkonzentration C_s, da die in die Tiefe diffundierenden Atome instantan durch neuen Dotierstoff aus der Quelle ersetzt werden. Für die Diffusion aus unerschöpflicher Quelle gelten die Randbedingungen:

$x=0$:	$C(0,t)=C_s$	konstante Oberflächenkonzentration
$t=0$:	$C(x,0)=0$	keine Anfangskonzentration im Material

Die Lösung der Differenzialgleichung (6.5) mit diesen Randbedingungen ist:

$$C(x,t) = C_s erfc\left(\frac{x}{2\sqrt{Dt}}\right) \tag{6.6}$$

mit der komplementären Gauss'schen Fehlerfunktion, gegeben durch

$$erfc(a) = 1 - \frac{2}{\sqrt{\pi}} \int_0^a e^{-\xi^2} d\xi \tag{6.7}$$

Die Größe

$$L = 2\sqrt{Dt} \tag{6.8}$$

wird Diffusionslänge genannt. Sie ist ein Maß für die Eindringtiefe der Dotierstoffe in den Kristall und beinhaltet den Einfluss der Temperatur über den Diffusionskoeffizienten D sowie die Dauer t des Diffusionsprozesses.

Anschaulich ist das Dotierungsprofil nach einer Diffusion aus unerschöpflicher Quelle in Abb. 6.5 dargestellt. Bei konstanter Oberflächenkonzentration dringt der Dotierstoff mit zunehmender Diffusionslänge, d. h. mit wachsender Diffusionszeit oder Diffusionstemperatur, tiefer in den Kristall ein. Die eingebrachte Dotierstoffmenge nimmt mit der Zeit und mit der Höhe der Prozesstemperatur zu, dabei bleibt die Konzentration an der Oberfläche des Kristalls unverändert.

Abb. 6.5 Normierter Dotierungsverlauf nach einer Diffusion aus unerschöpflicher Dotierstoffquelle. (Nach [1])

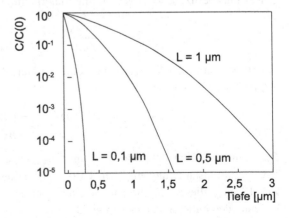

Praktische Bedeutung hat die Diffusion aus unerschöpflicher Quelle z. B. für die Gasphasendiffusion, bei der die Dotierstoffkonzentration in der Gasatmosphäre konstant gehalten wird, oder bei der Feststoffdiffusion mit Quellscheiben im Rohr.

6.2.1.2 Die Diffusion aus erschöpflicher Quelle

Für die Diffusion aus erschöpflicher Quelle mit der je cm^2 an der Oberfläche zur Verfügung stehenden Dotierstoffmenge Q gelten andere Randbedingungen:

Q = const	konstante Dotierstoffmenge/cm^2
$t = 0$: $C(x,0) = 0$	keine Anfangskonzentration
$x \to \infty$: $C(\infty,t) = 0$	in unendlicher Tiefe werden zu keiner Zeit Dotierstoffe vorhanden sein

Die Lösung von Gl. (6.5) ist in diesem Fall eine Gauss-Verteilung:

$$C(x,t) = \frac{Q}{\sqrt{\pi Dt}} e^{-\frac{x^2}{\pi Dt}} \tag{6.9}$$

mit der Oberflächenkonzentration $C(0,t)$:

$$C(0,t) = \frac{Q}{\sqrt{\pi Dt}} \tag{6.10}$$

Bei der Diffusion aus erschöpflicher Quelle nimmt die Oberflächendotierung mit wachsender Diffusionszeit und Temperatur ab, gleichzeitig steigt die Eindringtiefe der Dotierstoffe in den Kristall. Die gesamte Dotierstoffmenge bleibt konstant. Abb. 6.6 ist eine grafische Darstellung des resultierenden Diffusionsprofils für verschiedene Größen der Diffusionslänge L.

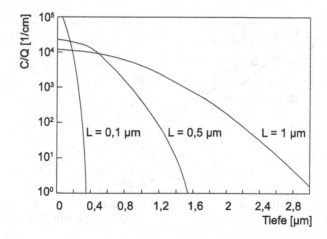

Abb. 6.6 Konzentrationsverlauf für die Diffusion aus erschöpflicher Quelle in Abhängigkeit von der Diffusionslänge. (Nach [1])

Ein Anwendungsbeispiel für die Diffusion mit erschöpflicher Quelle ist die Wannendiffusion im CMOS-Prozess. Dabei wird eine feste Dotierstoffmenge durch Ionenimplantation oberflächennah in die Scheibe eingebracht und anschließend durch Diffusion in einem mehrstündigen Hochtemperaturschritt tief in den Kristall eingetrieben.

Die Temperaturabhängigkeit der Diffusionsprozesse findet Berücksichtigung im Diffusionskoeffizienten D, der mit der Temperatur exponentiell wächst:

$$D = D_0 e^{-\frac{E_A}{k_B T}} \tag{6.11}$$

mit E_A als Aktivierungsenergie des Diffusionsprozesses und D_0 als eine materialabhängige Konstante (Abb. 6.7).

Arsen weist von den genutzten Dotierstoffen den kleinsten Diffusionskoeffizienten auf, daher sind mit Arsen praktisch keine tief in den Kristall reichenden Diffusionen in vertretbarer Zeit einzubringen. Phosphor, Bor und Aluminium diffundieren dagegen schneller bzw. bereits bei geringerer Temperatur. Entsprechend werden diese Elemente zur Erzeugung tiefer Dotierungsprofile, beispielsweise zur Herstellung von Wannen im CMOS-Prozess oder tiefen pn-Übergängen in Leistungshalbleitern, eingesetzt.

6.2.2 Diffusionsverfahren

Entsprechend des Aggregatzustandes des Quellmaterials wird zwischen der Gasphasendiffusion, der Diffusion mit flüssiger Quelle und der Feststoffdiffusion unterschieden. Unabhängig vom Verfahren besteht der Reaktionsraum – vergleichbar zur thermischen Oxidation – aus einem hochreinen Quarzrohr, in dem die Siliziumscheiben über eine

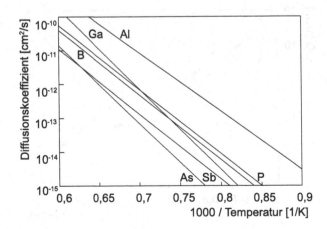

Abb. 6.7 Diffusionskoeffizienten verschiedener Dotierstoffe der Siliziumtechnologie in Abhängigkeit von der Temperatur. (Nach [1–3])

Widerstandsheizung auf ca. 800–1200°C aufgeheizt werden. Die Temperaturregelung erfolgt hochgenau über Thermoelemente, wobei das Temperaturprofil im Quarzrohr über eine Länge von 50 cm weniger als 0,5°C vom Sollwert abweicht.

In der Siliziumtechnologie erfolgt die Diffusion nahezu ausschließlich im Durchströmungsverfahren. Dazu wird ein Trägergas (Ar, N_2, O_2) von einer Dotierstoffquelle im gewünschten Maße mit Akzeptor- oder Donatormaterial angereichert und in das Quarzrohr geleitet (Abb. 6.8). Das Gas überströmt die Kristallscheiben, sodass der Konzentrationsausgleich zwischen der Atmosphäre im Quarzrohr und den Siliziumscheiben stattfinden kann. Das Restgas entweicht durch das offene Rohrende bzw. wird dort abgesaugt.

Die gebräuchlichen Gase für die Diffusion mit Gasquellen sind Phosphin (PH_3), Diboran (B_2H_6) und Arsin (AsH_3). Sie sind nicht nur leicht entzündlich, sondern auch hochgradig toxisch. Folglich muss das Restgas sorgfältig abgesaugt und gereinigt werden.

Als flüssige Dotierstoffquellen werden hauptsächlich Borbromid (BBr_3) oder Phosphorylchlorid ($POCl_3$) genutzt. Die jeweilige Flüssigkeit befindet sich in einem temperierten Bubbler-Gefäß, das vom Trägergas durchspült wird (Abb. 6.9). Über die Temperatur der Flüssigkeit und die Durchflussmenge des Trägergases lässt sich die Menge des Dotierstoffs, der zur Diffusion in das Quarzrohr gelangt, festlegen. Der Vorteil der Flüssigquellen ist die einfache, im Vergleich zur Gasphasendiffusion recht ungefährliche Handhabung.

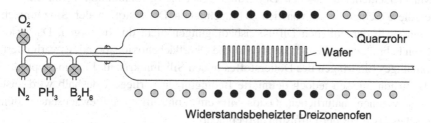

Abb. 6.8 Diffusion mit gasförmiger Dotierstoffquelle zur Dotierung von Siliziumscheiben

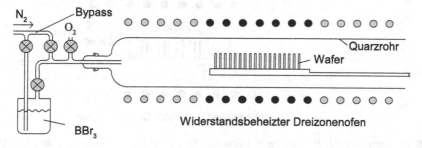

Abb. 6.9 Dotierung durch Diffusion mit flüssiger Dotierstoffquelle

Zur Feststoffdiffusion werden feste Verbindungen des Dotiermaterials in Scheiben-
form zwischen die Siliziumwafer gestellt, sodass bei Prozesstemperatur Material aus den
Quellscheiben in die Atmosphäre diffundiert. Mit wachsender Temperatur nimmt die
Konzentration des Dotierstoffes im Trägergas und damit die Dotierstoffdichte an der Oberfläche der Siliziumscheiben zu. Als Quellscheiben werden Bornitrid oder SiP_2O_7 genutzt
(Abb. 6.10). Dieses Verfahren liefert bei laminarer Gasströmung im Quarzrohr sehr homogene Dotierungen über den gesamten Wafer und auch über sämtliche Scheiben im Rohr.

Bei älteren Verfahren der Feststoffdiffusion ist ein zusätzlicher, räumlich getrennter
Ofen mit geringerer Temperatur für die Verdampfung des Feststoffes vor das Diffusions-
rohr mit den Siliziumscheiben geschaltet. Durch eine eigene Temperaturregelung für die
Dotierstoffverdampfung lassen sich in diesen Systemen auch Verbindungen mit hohem
Dampfdruck verwenden. Die Gleichmäßigkeit der Dotierung ist jedoch dem o. a. Ver-
fahren mit Quellscheiben unterlegen.

Alternativ zum Durchströmungsverfahren wird für Elemente mit geringem Dampfdruck das Box-Verfahren eingesetzt. Hierbei befinden sich Dotierstoff und Halbleiterscheiben in einer Quarz-Box mit aufliegendem Deckel, um den Dotierstoffdampfdruck
im Inneren auf hohem Niveau konstant zu halten. Die Bedeutung dieses Verfahrens für
die Siliziumtechnologie ist allerdings gering.

6.2.3 Ablauf des Diffusionsprozesses

Als Maskierschicht zur lokalen Dotierung eignet sich Siliziumdioxid von ca. 300 nm
Dicke; diese Schicht wird von den gebräuchlichen Dotierstoffen der Siliziumtechnologie innerhalb der üblichen Diffusionsbedingungen nicht durchdrungen. Da Oxid die
Diffusion behindert, wirkt auch das natürliche Oberflächenoxid störend; es verhindert ein
gleichmäßiges Eindringen des Dotierstoffes in den Siliziumkristall. Für eine reproduzierbare Diffusion müssen jedoch definierte Bedingungen vorliegen, deshalb wird anstelle
des inhomogenen natürlichen Oxids oft ein kontrolliert aufgewachsenes, dünnes
thermisches Oxid vor der Diffusion aufgebracht.

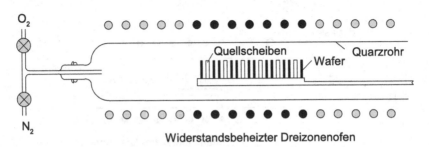

Abb. 6.10 Diffusion mit Feststoffen in Form von Quellscheiben als Dotierstoffreservoir (Feststoffdiffusion)

Das Einbringen der Siliziumscheiben in das Quarzrohr erfolgt in Stickstoffatmosphäre bei ca. 600°C. Anschließend werden die Scheiben im Quarzrohr mit einer
definierten Rate von ca. 10°C pro Minute aufgeheizt, bis beim Erreichen der Prozesstemperatur das Dotiergas bzw. das Trägergas mit dem Dotierstoff zugeschaltet wird.
Um Scheibenverzug zu vermeiden, kühlen die Wafer nach Beendigung des Prozesses im
Rohr auf ca. 600°C ab, bevor sie entnommen werden.

Diffusionsprozesse werden in der Praxis häufig in zwei Stufen durchgeführt:
ein Belegungsschritt zum Einbringen einer festen Dotierstoffmenge bei moderater
Temperatur um 900°C und ein Eintreibschritt bei höherer Temperatur (1100–1250°C)
zur Verteilung des Dotierstoffes im Kristall. Damit lassen sich die Tiefe des pn-Überganges im Substrat und die gewünschte Oberflächendotierung gleichzeitig einstellen.

Häufig wird der Belegungsschritt als Oxidation durchgeführt, entweder durch zusätzlich eingeleiteten oder durch den in der Dotierstoffverbindung mitgeführten Sauerstoff.
Es bildet sich, unabhängig von der Art der Quelle, eine stark dotierte Glasschicht auf
der Scheibe, aus der sich während des Eintreibens der Dotierstoff abspaltet und in den
Kristall eindringt.

Zum Abschluss des Dotierschrittes wird die Glasschicht wieder von der Oberfläche
entfernt, damit bei nachfolgenden Temperaturbehandlungen keine weitere Erhöhung
der Dotierstoffmenge im Kristall stattfindet. Bei Phosphor- und Bor-Diffusionen ist das
Entfernen auch erforderlich, weil beide Elemente in Verbindung mit Wasserstoff bzw.
Umgebungsfeuchte Säuren bilden, die eine aufliegende Metallisierung angreifen können.

6.2.4 Grenzen der Diffusionstechnik

Eine gleichmäßige Dotierung von vielen Scheiben lässt sich nur in einer laminaren Gasströmung im Diffusionsrohr erreichen, d. h. der Gasfluss muss auf die Strömungsver-
hältnisse im Rohr eingestellt sein. Trotzdem entstehen im Bereich der Siliziumscheiben
Trägergasturbulenzen, die zu einem ungleichmäßigen Dotierstoffdampfdruck führen
und damit Schwankungen im Schichtwiderstand der dotierten Bereiche bewirken. Des
Weiteren schränkt das natürliche Oberflächenoxid die Reproduzierbarkeit und Homogenität des Verfahrens ein.

Neben den Siliziumscheiben nimmt auch das Quarzrohr während der Diffusion
Dotierstoffe auf, sodass mit zunehmender Nutzungszeit die Dotierstoffkonzentration
im Diffusionsofen steigt. Folglich hängt die in den Kristall eingebrachte Dotierstoffmenge von der vorhergehenden Nutzung des Quarzrohres ab. Durch Rückdiffusion von
Umgebungsluft in das Quarzrohr kann Feuchtigkeit in die Rohratmosphäre gelangen,
sodass sich ein unerwünschter Niederschlag an den Quarzwänden ausbildet, der zur
Partikelbildung führt.

Diese prozessbedingten Schwierigkeiten schränken die Reproduzierbarkeit des
Diffusionsverfahrens stark ein; sie bewirken unterschiedliche Werte in den elektrischen

Abb. 6.11 Laterale Diffusion
unter eine Maskieroxidkante

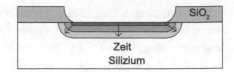

Parametern der Bauelemente und führen zu einer verringerten Ausbeute an funktionsfähigen Halbleiterbauelementen.

Bei der Eindiffusion von Dotieratomen durch ein Fenster in der maskierenden Oxidschicht dringt der Dotierstoff nicht nur senkrecht zur Oberfläche ein, er diffundiert
auch seitlich unter die Maskierschicht (Abb. 6.11). Aufgrund dieser lateralen Diffusion
ist die dotierte Wafer-Oberfläche größer als das Oxidfenster, sodass geometrische
Mindestgrößen für die Diffusionsgebiete durch den Prozess vorgegeben sind. Die
Diffusionsweite in lateraler Richtung kann bei (100)-Siliziumoberflächen 70–80 % der
angestrebten Diffusionstiefe betragen. Sie begrenzt die minimal mögliche Strukturweite
und damit die Packungsdichte integrierter Schaltungen, da die laterale Diffusion im
Schaltungsentwurf über die Design-Regeln berücksichtigt werden muss.

Sollen lokal unterschiedliche Dotierungen in die Siliziumscheibe mithilfe der
Diffusionstechnik eingebracht werden, so sind nach der ersten Diffusion eine weitere
Oxidation zur Maskierung, eine Fototechnik mit anschließender Fensteröffnung sowie
ein zweiter Dotierschritt erforderlich. Während der Maskieroxidation und der zweiten
Diffusion verlaufen die im Substrat bereits vorliegenden Dotierprofile, denn die zuvor
eingebrachten Dotierstoffe breiten sich aufgrund der hohen Prozesstemperaturen
weiter aus. Um diese unerwünschte Vergrößerung möglichst gering zu halten, sollte
das Element mit dem geringsten Diffusionskoeffizienten als Erstes in den Kristall eingebracht werden.

Einfluss auf die Lage des pn-Überganges im Kristall hat auch die Atmosphäre im
Quarzrohr. Findet gleichzeitig zur Diffusion eine Oxidation statt, so diffundieren die
Dotierstoffe tiefer in den Kristall hinein. Ursache ist eine erhöhte Punktdefekterzeugung
an der Grenzfläche des Siliziums zum aufwachsenden SiO_2 infolge der thermischen
Oxidation. Ähnlich wird die Diffusion auch von einer vorhergehenden hohen, bis
zur Entartung des Halbleiters reichenden Dotierung im Kristall unterstützt. Auch sie
beschleunigt den Diffusionsvorgang.

6.3   Ionenimplantation

Zur Implantation werden Ionen der Dotierstoffe erzeugt, im elektrischen Feld beschleunigt
und auf das Substratmaterial gelenkt. Die Ionen dringen in das Substrat ein und bauen
ihre kinetische Energie durch elastische und inelastische Stöße mit den Substratatomen
ab. Über die in das Substrat eingebrachte Ladung lässt sich die Ionendosis sehr genau
bestimmen, während die Ionenenergie bzw. die Beschleunigungsspannung die Reichweite

der Dotierstoffe im Substrat festlegt. Damit sind die Konzentration und die Lage der dotierten Bereiche im Kristall sehr exakt zu kontrollieren.

Die Ionenimplantation findet im Gegensatz zur Diffusion bei Raumtemperatur statt, somit können bereits eingebrachte Dotierungsprofile nicht verlaufen. Als Maskierung eignet sich wegen der geringen Prozesstemperatur eine strukturierte Fotolackschicht, für typische Implantationsenergien ist dabei eine Dicke von 1 µm zum Abbremsen der Ionen ausreichend. Auch Siliziumdioxid, Siliziumnitrid, Polysilizium und Aluminium lassen sich als Maskierschichten verwenden.

6.3.1 Reichweite implantierter Ionen

Im Gegensatz zur Diffusion liegt das Dotierungsmaximum bei der Ionenimplantation nicht an der Scheibenoberfläche, weil die Ionen ihre Energie erst nach und nach durch Stöße mit den Atomen des Siliziumkristalls verlieren. Infolge der Stöße werden Strahlenschäden im Kristall erzeugt, d. h. Bindungen zwischen den Atomen des Festkörpers werden aufgebrochen. Nachdem die Ionen ihre Energie abgegeben haben, lagern sie sich in der Regel auf Zwischengitterplätzen an. Dort sind sie elektrisch nicht aktiv, sodass eine Temperaturbehandlung zum Einbau der implantierten Dotierstoffe in den Kristall notwendig ist. Diese Temperung heilt gleichzeitig die Strahlenschäden im Kristall aus.

Die Ionen verlieren ihre Energie im Festkörper durch die elektronischen und die nuklearen Bremskräfte [4]. Die elektronische Bremskraft ist eine inelastische Streuung vergleichbar zur Reibung, sie ist relevant bei hoher Teilchenenergie. Dagegen bewirkt die nukleare Bremskraft als elastische Streuung der Ionen an Atomen des Kristallgitters eine Richtungsänderung der eingestrahlten Teilchen, sie ist für geringe kinetische Energien relevant. Der Energieverlust dE/dx lässt sich nach der Gleichung

$$-\frac{dE}{dx} = N(S_k(E) + S_e(E)) \tag{6.12}$$

berechnen, mit N als Dichte der Targetatome, $S_k(E)$ als nuklearer Bremsquerschnitt und $S_e(E)$ als Bremsquerschnitt für die elektronische Wechselwirkung. $S_e(E)$ ist genähert proportional zu $E^{1/2}$ und lässt sich als inelastische Streuung bzw. Reibung der Elektronenhülle des Ions mit den Elektronenhüllen der Targetatome interpretieren. $S_k(E)$ ist eine Funktion der Ionenmasse und der Ionenenergie, sie repräsentiert die elastische Streuung der implantierten Ionen an den Atomen des Kristallgitters. Der resultierende Energie- und Impulsübertrag kann Gitteratome von ihren Plätzen stoßen.

Die Ionenreichweite implantierter Ionen folgt durch Integration von Gl. (6.12):

$$R = \frac{1}{N} \int_0^{E_0} \frac{1}{S_k(E) + S_e(E)} dE \tag{6.13}$$

Da der Teilchenweg im Kristall weder zu verfolgen noch für die endgültige Lage des Ions im Kristall wichtig ist, interessiert nur die senkrecht zur Oberfläche zurückgelegte

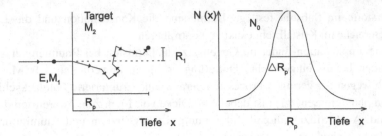

Abb. 6.12 Streuprozesse, projizierte und laterale Reichweite implantierter Ionen einschließlich ihrer Tiefenverteilung im Substrat

Wegstrecke als „projizierte Reichweite" R_P (Abb. 6.12). Sie lässt sich über komplexe Rechnungen bestimmen oder aber gemeinsam mit der Standardabweichung ΔR_p und der lateralen Streuung direkt aus Tabellenwerken entnehmen.

Unter der Annahme einer Normalverteilung der Ionen ist damit eine Berechnung der Dotierstoffkonzentration $N(x)$ in Abhängigkeit von der Tiefe x im Substrat möglich [5]:

$$N(x) = \frac{N_s}{\sqrt{2\pi}\,\Delta R_p} e^{-\frac{x-R_p}{2\,\Delta R_p}} \tag{6.14}$$

wobei N_s die je Quadratzentimeter Scheibenoberfläche implantierte Ionendosis ist (Abb. 6.13).

6.3.2 Channeling

Die Berechnung der Reichweite nach Gl. (6.13) erfolgt unter der idealisierten Voraussetzung einer statistischen Anordnung der Atome im Targetmaterial. In der Siliziumtechnologie besteht das bestrahlte Material aber aus einem Einkristall, d. h. die Atome sind regelmäßig angeordnet. Dadurch entstehen in Richtung der niedrig indizierten

Abb. 6.13 Berechnete
Verteilungsprofile von
Arsen-Ionen im Silizium
nach Implantation
mit unterschiedlichen
Ionenenergien

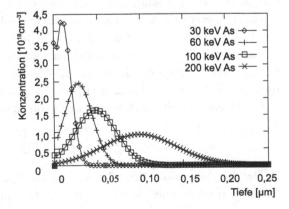

Kristallebenen, die typisch für die Scheibenoberflächen in der Halbleitertechnologie sind, Kanäle im Kristallgitter. Die zu implantierenden Ionen treffen bei senkrechter Bestrahlung der Scheibenoberfläche mit einer bestimmten Wahrscheinlichkeit in diese Kanäle und erfahren folglich weniger elektronische und nukleare Bremskräfte. Dieser Effekt nennt sich „Channeling".

Da die parallel zu diesen Kanälen eingestrahlten Ionen selten Stöße erfahren, ist ihre projizierte Reichweite vergleichsweise groß. Infolgedessen durchläuft die Dotierstoffverteilung im Kristall zwei Maxima, eines in der Tiefe der zufällig gestreuten Ionen und eines bei unerwünscht großer Eindringtiefe entsprechend der Reichweite der im Kanal geführten Ionen (Abb. 6.14).

Zur Unterdrückung des Channeling-Effektes werden die Siliziumwafer unter einem Winkel von ca. 7° für (100)- und 11° für (111)-orientierte Oberflächen zur Bestrahlungsrichtung ausgerichtet. Bei dieser Neigung dringen die Ionen nicht in die Kanäle des Kristalls ein, sodass sämtliche Ionen gestreut werden und die Reichweiteverteilung ungestört ist. Die genaue Einhaltung dieser Winkel ist besonders für geringe Ionenenergien wichtig, da die Wahrscheinlichkeit für das Channeling mit sinkender Energie wächst.

Die nach der Implantation vorliegende Dotierstoffverteilung im Kristall ist jedoch nicht endgültig, weil während der Temperaturbehandlung zur Aktivierung der Dotierstoffe noch eine Diffusion stattfindet.

6.3.3 Aktivierung der Dotierstoffe

Da sich die implantierten Dotierstoffe zumeist auf Zwischengitterplätzen anlagern, sind sie elektrisch nicht aktiv; nur im Kristallgitter eingebaute Donatoren und Akzeptoren verändern die elektrischen Materialeigenschaften. Zur Aktivierung ist ein Temperaturschritt von zumindest 900°C notwendig, wobei in erster Linie nicht die Dauer der

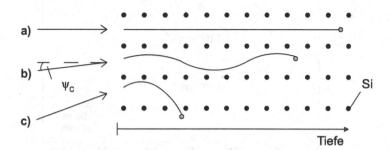

Abb. 6.14 Zweidimensionale Darstellung für das Channeling der implantierten Ionen in einem Kanal des Siliziumgitters: **a** hohe Eindringtiefe durch Implantation senkrecht zur Oberfläche, **b** Channeling durch Einstrahlung unterhalb des kritischen Winkels ψ_c, **c** gestreutes Ion nach Bestrahlung mit $\Psi > \Psi_c$

Temperaturbehandlung, sondern die Maximaltemperatur relevant ist. Der Grad der Aktivierung relativ zur eingebrachten Dotierstoffmenge ist in Abb. 6.15 gegenüber der Aktivierungstemperatur dargestellt.

Unterhalb von 400°C ist der Aktivierungsgrad sehr gering, je nach implantierter Dosis befinden sich nur ca. 1–10 % der Dotieratome auf Gitterplätzen. Erst bei einer Temperatur um 1000°C wird eine vollständige Aktivierung auch für hohe Bestrahlungsdosen erreicht.

Bei einer hohen Ionendosis durchläuft die Aktivierung in Abhängigkeit von der Temperatur ein Zwischenmaximum im Bereich um 500°C. Hier findet parallel zum Einbau der Dotieratome in das Kristallgitter eine Ausheilung der Strahlenschäden statt. Dabei können sich die bereits aktivierten Dotierstoffe bei weiterer Temperaturerhöhung verstärkt an Kristallfehlern anlagern, sie tragen dann nicht mehr zur Leitfähigkeit bei. Bei weiterer Temperaturerhöhung heilen dann die Gitterfehler aus, und auch diese Dotieratome werden in das Gitter eingebaut.

Infolge der zahlreichen Stöße tritt während der Implantation eine Schädigung des Kristallgitters auf, deren Stärke mit der Bestrahlungsdosis und der Ionenmasse zunimmt, aber mit wachsender Scheibentemperatur sinkt. Die Teilchenenergie hat nur einen untergeordneten Einfluss, weil bei hoher Bestrahlungsenergie die elektronische Bremskraft überwiegt, die Strahlenschädigung jedoch überwiegend von der nuklearen Bremskraft verursacht wird.

Eine hohe Implantationsdosis führt zur Amorphisierung des Kristalls, d. h. es existiert kein exakt definierter Abstand zwischen den Atomen des ursprünglichen Kristallbereichs. Bei erhöhter Temperatur des Siliziumsubstrats können die von den Ionen während der Implantation erzeugten Strahlenschäden zum Teil instantan ausheilen, sodass die Amorphisierung erst bei einer größeren Ionendosis auftritt (Abb. 6.16).

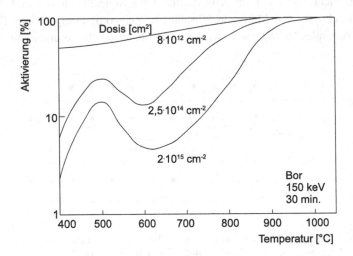

Abb. 6.15 Elektrische Aktivierung von implantierten Bor-Ionen als Funktion der Temperatur für verschiedene Dosen [6]

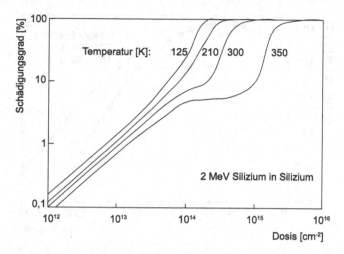

Abb. 6.16 Strahlenschädigung durch Ionenbestrahlung von Silizium in Abhängigkeit von der Scheibentemperatur [7]

Die Strahlenschäden heilen während der Temperaturbehandlung zur Dotierstoffaktivierung nahezu vollständig aus. Bereits bei ca. 500 °C beginnt die Restrukturierung des Gitters. Nach der Aktivierungstemperung liegt folglich ein weitgehend ungestörtes Kristallgefüge mit den eingebauten Dotierstoffen vor.

Gleichzeitig bewirkt die hohe Temperatur von 900–1000 °C zur Aktivierung der Dotierstoffe eine Diffusion, d. h. die dotierten Bereiche vergrößern sich mit der Dauer der thermischen Belastung. Um diese Ausdehnung zu minimieren, wird die Zeitspanne des Hochtemperaturschrittes möglichst kurzgehalten. Dazu ist das RTA-Verfahren („Rapid-Thermal-Annealing") entwickelt worden, welches Halogenlampen mit ca. 40 kW Leistung zum schnellen berührungslosen Erhitzen der Scheiben nutzt. Aufheizraten von über 200 °C pro Sekunde werden erzielt (Abb. 6.17).

Innerhalb von wenigen Sekunden heizen sich die Siliziumscheiben durch Absorption der Strahlungsleistung auf ca. 1000 °C auf; bei dieser Temperatur verbleiben die

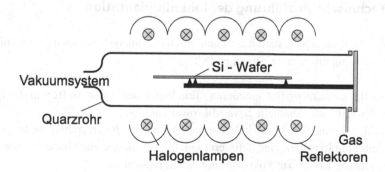

Abb. 6.17 Schematischer Aufbau einer RTA-Anlage zur Dotierstoffaktivierung

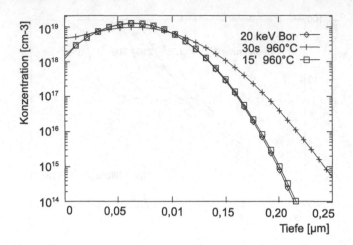

Abb. 6.18 Berechneter Verlauf des Bor-Profils im Silizium direkt nach der Implantation sowie nach einer Ausheilung durch Temperung bei 960°C für 15 min bzw. 30 s

Scheiben für ca. 2–30 s, bevor sie nach dem Abschalten der Lampen schnell wieder auf niedrige Temperaturen abkühlen. Die vollständige Aktivierung des Dotierstoffes und die Rekristallisation des gestörten Kristalls sind hier wegen der geringen Dauer des Prozesses mit einer sehr geringen Dotierstoffdiffusion verbunden (Abb. 6.18).

Da bei Transistorabmessungen von weniger als 50 nm Kanallänge selbst eine Zeitdauer von wenigen Sekunden zur Dotierstoffaktivierung zu lang ist, werden inzwischen Blitzentladungslampen zur Temperung eingesetzt. Ein hochenergetischer Lichtblitz erhitzt die Oberfläche der Siliziumscheibe für etwa 1–3 ms Dauer bis auf über 1000°C. Diese Zeitspanne reicht nicht dazu aus, dass die gesamte Dicke der Scheibe durchwärmt wird. Folglich kühlt die Oberfläche durch Wärmeableitung in die Substrattiefe sehr schnell wieder auf Werte unter 700°C ab; die Dotierstoffdiffusion ist damit völlig vernachlässigbar.

6.3.4 Technische Ausführung der Ionenimplantation

Eine Implantationsanlage besteht aus einem Hochvakuumsystem, das aus den folgenden wesentlichen Komponenten aufgebaut ist [8]:

- Ionenquelle zur Erzeugung ionisierter Teilchen eines Dotierstoffes in Form einer Heiß- oder Kaltkathodenquelle bzw. Mikrowellenquelle;
- Vorbeschleunigung von 10–30 keV zur Extraktion des Ionenstrahls; sie beschleunigt gleichzeitig die Ionen auf eine definierte kinetische Energie zur Massenseparation;
- elektrostatische Linsen zur Fokussierung des Ionenstrahls;

- Separationsmagnet, in dem durch ein stromgesteuertes Magnetfeld bei gegebener Teilchenenergie eine massenabhängige Richtungsänderung der Ionen erfolgt;
- Schlitzblende, durch die über den Magnetstrom die gewünschte Ionenmasse ausgewählt werden kann;
- Beschleunigungsstrecke, in der die Ionen mithilfe einer Hochspannung von bis zu mehreren 100 kV auf ihre Endenergie beschleunigt werden;
- Suppressor-Elektrode, die zur Unterdrückung unerwünschter Röntgenstrahlung durch hochenergetische Elektronen notwendig ist;
- elektrostatische Quadrupollinsen zur Fokussierung des Strahls auf eine Fläche von etwa 10 mm^2;
- Kondensatorplatten zum Ablenken des Ionenstrahls über eine große Fläche (Scannung);
- elektrostatische Strahlumlenkung zum Ausblenden von Neutralteilchen aus dem Ionenstrahl (Neutralteilchenfalle);
- Bestrahlungskammer mit isolierter Scheibenhalterung, Blende, Gegenspannungselektrode und Fokussiereinrichtung;
- mehrere Turbomolekular- oder Kryopumpen zur Erzeugung des erforderlichen Hochvakuums.

In der Ionenquelle wird ein Trägergas zwischen einer Lochelektrode und einer Gegenelektrode eingelassen und bei einem Druck von ca. 5–20 Pa über eine Hochfrequenz oder eine Gleichspannung zur Gasentladung (Plasma) angeregt. Im Plasma entstehen durch Stoßionisation stetig positiv geladene Ionen, die von einer positiven Gleichspannung teilweise durch die Lochelektrode gedrückt werden. Als Trägergas lassen sich die hochgradig giftigen Dotiergase Diboran (B_2H_6), Phosphin (PH_3) oder Arsin (AsH_3) verwenden, die direkt den Dotierstoff mit in das Plasma einbringen. Durch Stoßionisation entstehen im Plasma freie Dotierstoffionen, die über eine Hochspannung vor der Elektrodenöffnung gemeinsam mit den anderen Ionen abgesaugt werden.

Alternativ lassen sich anstelle der giftigen Dotiergase auch Feststoffe als Quellmaterial für die Ionenimplantation verwenden. Der Feststoff wird dazu in der Ionenquelle über eine Widerstandsheizung erhitzt, bis genügend Material abdampft. Dieses wird vom Trägergas – geeignet sind u. a. Argon oder Stickstoff – in den Bereich der Gasentladung getragen und dort durch Stoßionisation elektrisch geladen.

Die aus der Lochelektrode austretenden positiv geladenen Ionen werden über die Vorbeschleunigung, einer besonders stabilisierten Hochspannung zwischen 10 und 30 kV, auf eine sehr genau definierte Energie beschleunigt und über eine elektrostatische Linse fokussiert. Der Ionenstrahl trifft folglich mit einer festen, für alle Ionen gleichen Energie in den Analysiermagneten, in dem die einzelnen Teilchen entsprechend ihrer Masse um etwa 90° abgelenkt werden. Leichte Ionen besitzen bei gleicher Energie zwar eine höhere Eintrittsgeschwindigkeit als schwere Teilchen, sie werden aber aufgrund der geringeren Masse stärker abgelenkt.

Über den Magnetstrom lässt sich die Stärke der Ablenkung des Strahls einstellen; damit kann die gewünschte Ionensorte bzw. ein bestimmtes Element ausgewählt und durch die Blende in die Beschleunigungsstrecke gelenkt werden. Dort erfolgt die Beschleunigung auf die benötigte Endenergie. Es steht damit ein hochreiner Ionenstrahl eines Elementes mit genau definierter Energie zur Verfügung.

Dieser Strahl wird zunächst über eine Quadrupoleinheit, bestehend aus mehreren jeweils um 90° gegeneinander versetzten Elektroden, möglichst fein fokussiert. Es folgen weitere elektrostatische Ablenkeinheiten aus zueinander gegenüberliegenden Elektroden zur Strahlablenkung in x- und y-Richtung; sie dienen zum Abscannen der gesamten zu bestrahlenden Fläche. Die Strahlablenkung erfolgt mit ca. 1000 Hz, wobei sich die Frequenzen der x- und y-Richtungen leicht unterscheiden müssen, um Lissajous-Figuren auf der Scheibenoberfläche zu vermeiden [9].

Bevor der Ionenstrahl auf die Scheibe trifft, ist ein Ausblenden von Neutralteilchen, die durch Rekombination im Strahlrohr entstanden sind, notwendig. Dazu knickt die Strahlführung leicht aus der Geraden ab, die geladenen Teilchen werden im Knick über weitere Elektroden entsprechend der Biegung abgelenkt. Die Neutralteilchen dagegen erfahren im elektrischen Feld keine Ablenkung und prallen gegen die Rohrwandung bzw. gelangen in eine spezielle Auffangelektrode.

In der Probenkammer treffen die über den Analysiermagneten ausgewählten, in der Regel einfach geladenen Ionen hinter einer Geometrieblende zur Definition der zu bestrahlenden Fläche auf die Siliziumscheibe. Da jedes Ion exakt eine Elementarladung q mitbringt, lässt sich die Bestrahlungsdosis D über die Gesamtladung Q, also über den Ionenstrom I multipliziert mit der Bestrahlungszeit t bei bekannter Fläche F bestimmen:

$$D = \frac{I\,t}{qF} \qquad (6.15)$$

Zur exakten Dosismessung ist jedoch eine Unterdrückung der Sekundärelektronen, die von den Ionen aus der Scheibenoberfläche herausgeschlagen werden, erforderlich. Dazu liegt eine mit ca. – 300 V vorgespannte ringförmige Elektrode vor dem Wafer, die austretende Elektronen direkt wieder in die Scheibe zurückdrückt (Abb. 6.19). Für die hochenergetischen Ionen ist die Spannung an dieser Elektrode bedeutungslos.

Die Probenkammer ist an modernen Anlagen mit einem automatischen Scheibenwechsler ausgestattet, der einen Kassette zu Kassette-Betrieb ermöglicht. Folglich werden die Scheiben nacheinander aus einer Horde entnommen, über eine Schleuse in das Hochvakuumsystem eingebracht und bestrahlt. Nach dem Einbringen der Dosis wird die Scheibe automatisch gewechselt, die bestrahlte Scheibe wird in einer zweiten Horde abgelegt.

Zwischen dem Ende der Beschleunigungsstrecke und dem Auftreffen der Ionen auf der Scheibe werden im Restgas und an den Anlagenwänden durch Stoßionisation auch freie Elektronen erzeugt, die aufgrund ihrer Ladung in der Beschleunigungsstrecke entgegengesetzt zur Ionenstrahlrichtung beschleunigt werden. Treffen diese Elektronen nach dem Durchlaufen der Beschleunigungsstrecke mit hoher Energie auf die Spalt-

Abb. 6.19 Schematische Darstellung einer Ionenimplantationsanlage

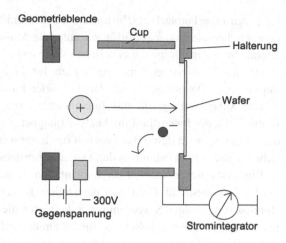

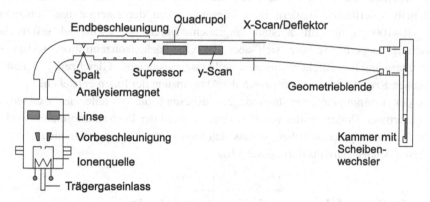

Abb. 6.20 Schematischer Aufbau der Scheibenhalterung mit Dosismessung, bestehend aus Geometrieblende und Gegenspannungselektrode zur Unterdrückung der Sekundärelektronen

blende, so generieren sie dort intensive Röntgenstrahlung. Die Aufgabe der positiv vorgespannten Suppressor-Elektrode ist es, die Elektronen als niederenergetische Teilchen vor der Beschleunigungsstrecke abzufangen; es kann somit keine Röntgenstrahlung entstehen. Abb. 6.20 zeigt den schematischen Aufbau einer Ionenimplantationsanlage mit den wichtigsten Funktionskomponenten.

6.3.5 Charakteristiken der Implantation

Die Ionenimplantation zeichnet sich durch eine sehr genaue und reproduzierbare Dotierung der Scheiben aus: sowohl die Dotierstoffkonzentration als auch die Lage der Dotierstoffe im Kristall lassen sich über den Ionenstrom bzw. die zugeführte Ladung und die Bestrahlungsenergie exakt bestimmen. Da der Prozess bei Raumtemperatur stattfindet, tritt keine Diffusion der in der Scheibe vorhandenen Dotierstoffe auf. Als Maskierung

lässt sich eine Fotolackschicht nutzen, Maskieroxide sind nicht erforderlich. Eine ausgeprägte laterale Dotierstoffdiffusion unter die Maskenkante tritt nicht auf, lediglich die
laterale Streuung infolge der elastischen Wechselwirkung der Ionen mit den Targetatomen
sowie die Aktivierungstemperung sorgen für eine geringe seitliche Ausdehnung der
implantierten Dotierungen. Diese kann in vielen Fällen vernachlässigt werden.

Die Anlage ermöglicht das Implantieren nahezu jeglicher Elemente mit höchster
Reinheit, da der Ionenstrahl im Analysiermagnet gereinigt wird. Eine hohe Homogenität
der Dotierung wird durch das Scannen des Ionenstrahls über die Scheibe erreicht, natürliche Oxidschichten behindern den Dotierungsprozess nicht.

Ein wesentlicher Nachteil der Implantation ist der serielle Prozessablauf: jeder Wafer
wird einzeln bestrahlt. Die Dauer des Dotierschrittes hängt von der Dosis ab, sie liegt im
Bereich von wenigen Sekunden pro Scheibe für die Schwellenspannungsimplantationen
bis zu einigen Minuten je Scheibe für die Drain- und Source-Dotierungen.

Im Gegensatz zur Diffusion liegt das Maximum der Dotierstoffverteilung nicht an
der Scheibenoberfläche, sondern in Abhängigkeit von der Energie und Ionenmasse
einige 10–100 nm tief im Kristall vergraben. Durch die zwingend erforderliche
Aktivierungstemperung erhöht sich aber die Oberflächenkonzentration, sodass sich
dieser unerwünschte Effekt zumindest teilweise ausgleicht. Gleichzeitig heilen die
schädlichen Kristallfehler aus, die durch die Abbremsung der Ionen entstehen.

Bei der Ionenimplantation überwiegen insgesamt die Vorteile der exakten und
reproduzierbaren Dotierung des Kristalls dem Nachteil der Bestrahlungsdauer durch die
serielle Bearbeitung der Scheiben, sodass sich dieses Verfahren in der Industrie trotz des
komplexen Anlagenaufbaus durchgesetzt hat.

6.4   Dotierverfahren für die Nanotechnologie

Die Ionenimplantation ist für die Dotierung dreidimensionaler Strukturen häufig nicht
ausreichend, da der Ionenstrahl nahezu senkrecht auf die Scheibenoberfläche trifft und
vertikale Flanken nicht bestrahlt werden. Auch lassen sich sehr flache Dotierungen
von weniger als 5 nm Tiefe nur bei sehr geringer Ionenenergien erzeugen. Dabei treten
mehrere negative Effekte auf:

- der Ionenstrom in den meisten Implantationsanlagen sinkt bei geringer Energie deutlich, sodass lange Bestrahlungszeiten notwendig sind;
- der Materialabtrag durch Oberflächenzerstäubung (Sputtern) nimmt stark zu;
- der mit abnehmender Teilchenenergie zunehmende Channeling-Effekt bewirkt eine
  tiefere Dotierstoffverteilung als gewünscht.

Dem entsprechend sind alternative Dotierverfahren für MOS-Transistoren mit Nano-
meter-Abmessungen erforderlich.

6.4.1 Plasma-Dotierung

Die Plasma-Dotierung ist ein ganzflächig simultan auf die Scheibenoberfläche einwirkender Prozess, der einen homogenen Dotierstoffeintrag bewirkt. Der apparative Aufbau ist vergleichbar zur Anlage zum Reaktiven Ionenätzen; anstelle der Ätzgase werden hier gasförmige Dotierstoffverbindungen (Diboran, Arsin, Phosphin), verdünnt in Wasserstoff oder Helium, in den Reaktor eingelassen. Im Plasma entstehen Ionen der Dotierstoffmoleküle, die entweder infolge der Bias-Spannung oder durch extern angelegte negative Spannungsimpulse von 0,1–10 kV zur Scheibe hin beschleunigt werden [10].

Der Prozess wird häufig in zwei Schritten durchgeführt, einem Amorphisierungsschritt in reiner Heliumatmosphäre, gefolgt von dem Dotierschritt mit dem verdünnten Dotiergas. Die Höhe der Dotierung hängt von der Zeitdauer der Behandlung im zweiten Schritt sowie der Konzentration des Dotiergases ab. Da das Eindringen der Ionen bei einer Konzentration unter 1 % selbstterminierend ist, kann eine gute Kontrolle der eingebrachten Dotierstoffdosis erfolgen [11].

Für flache Dotierungsprofile (<5 nm) muss die Aktivierungstemperung angepasst werden. Entweder erfolgt die Aktivierung über einen Eximerlaserpuls, der die Scheibenoberfläche für Nanosekunden bis auf über 1000°C erhitzt, oder über eine hochenergetische Blitzlampe mit 1–5 ms Aktivierungsdauer.

Zur gezielten lokalen Dotierung kann vergleichbar zur Ionenimplantation eine Lackmaske eingesetzt werden. Nachteilig bei der Plasma-Dotierung ist die Reinheit des eingetragenen Dotierstoffs, da keine Massenfilterung stattfindet.

6.4.2 Molekulare Monolagen-Dotierung (MLD)

Die Monolagen-Dotierung verläuft vergleichbar zur Atomlagenabscheidung als chemisch selbstterminierende Oberflächenbenetzung mit einem dotierstoffhaltigen Molekül [12]. Im Prozess werden zunächst die Siliziumbindungen durch einen Ätzschritt in Flusssäure an der Oberfläche mit Wasserstoff gesättigt. Anschließend lagert sich das Dotiermolekül bei ca. 120°C an, bis alle Wasserstoffatome verdrängt sind. Um die Dotieratome in den Kristall einzutreiben, erfolgt eine Oxidabscheidung an der Oberfläche mit anschließendem RTA-Diffusionsschritt. Dabei dringt der Dotierstoff wenige nm in das Silizium ein.

Als Dotierstoffe werden beispielsweise Cyclopropylboronsäure-Pinacolester ($C_9H_{17}BO_2$) zur Bor-Dotierung bzw. Diethyl-Vinylphosphonat ($C_6H_{13}O_3P$) eingesetzt.

Verunreinigungen durch Kohlenstoff als Bestandteil der Dotiermoleküle lassen sich bei diesem Verfahren nicht vermeiden.

6.5   Aufgaben zu den Dotiertechniken

Aufgabe 6.1
Bei einer Diffusion aus erschöpflicher Quelle soll in einer Tiefe von $x_j = 1$ µm eine Dotierung von $N(x_j) = 10^{18}$ cm^{-3} erzielt werden. Die Konzentration an der Oberfläche soll nach erfolgter Diffusion $N_0 = 10^{21}$ cm^{-3} betragen. Berechnen Sie die notwendige Flächenvorbelegung Q und die charakteristische Diffusionslänge L!

Aufgabe 6.2
In eine Siliziumscheibe mit einer Phosphor-Dotierung von 2×10^{14} cm^{-3} wird eine Dosis von 1×10^{15} cm^{-2} Bor mit 30 keV implantiert.

In welcher Tiefe liegt nach einer Diffusion bei 1000°C für 14 h der pn-Übergang? Wie hoch ist die Oberflächenkonzentration nach der Diffusion?

$$E_{a,Bor} = 3,7 \text{ eV}, \quad D_{0,Bor} = 14 \text{ cm}^2/\text{s}$$

Aufgabe 6.3
In einem Siliziumkristall der Bor-Dotierung 1×10^{15} cm^{-3} soll mit dem Element Phosphor eine n-leitende Wanne erzeugt werden. Dazu implantiert man eine Dosis von 5×10^{12} cm^{-2} bei einer Energie von 150 keV. Anschließend soll die Wanne durch Diffusion bei 1170°C auf 6 µm Tiefe eingetrieben werden.

Wie lange muss diffundiert werden und wie hoch ist die Oberflächenkonzentration nach der Diffusion?

$$E_{a,Phosphor} = 3,66 \text{ eV}, \quad D_{0,Phosphor} = 3,85 \text{ cm}^2/\text{s}$$

Aufgabe 6.4
Eine p-leitende Siliziumscheibe mit 100 mm Durchmesser soll mit einer Ionendosis von $D = 1 \times 10^{15}$ cm^{-2} bei einer Teilchenenergie von 150 keV bestrahlt werden. Dabei soll eine n-dotierte Schicht entstehen. Welche Dotierstoffe sind geeignet? Wie lange muss die Scheibe bestrahlt werden, wenn ein Ionenstrom (einfach geladene Ionen) von 10 µA zur Verfügung steht?

Da der Ionenstrom nicht konstant mit der Zeit verläuft, wird die Implantationsdosis über einen Stromintegrator bestimmt. Dieser liefert je 30 µC einen Impuls. Wie viele Pulse entsprechen der angegebenen Dosis? Welche Dosis ist bei doppelt geladenen Ionen implantiert, wenn im o. a. Messbereich 200 Impulse angezeigt werden? Welchen Einfluss hat die Ionenenergie auf die Dotierungskonzentration im Siliziumkristall?

Literatur

1. von Münch, W.: Einführung in die Halbleitertechnologie. Teubner, Wiesbaden (1993)
2. Schumicki, G., Seegebrecht, P.: Prozeßtechnologie, Reihe Mikroelektronik. Springer, Berlin (1991)

3. Ruge, I.: Halbleiter-Technologie, Reihe Halbleiter-Elektronik, Bd. 4. Springer, Berlin (1984)
4. Ziegler, J.F.: The stopping and range of ions in solids, ion implantation technology. Academic, New York (1984)
5. Ziegler, J.F., Biersack, J.P., Littmark, U.: The stopping and range of ions in solids. In: The Stopping and Range of Ions in Matter, Bd. 1. Pergamon Press, New York (1985)
6. Schumacher, K.: Integrationsgerechter Entwurf analoger MOS-Schaltungen. Oldenbourg, München (1987)
7. Hecking, N., Heidemann, K.F., TeKaat, E.: Model of temperature dependent defect interaction and amorphization in crystalline silicon during ion irradiation. Nucl. Instrum. Methods Sect. B. **15**, 760–764 (1986)
8. Ryssel, H., Ruge, I.: Inonenimplantation. Teubner, Wiesbaden (1978)
9. Carter, G., Grant, W.A.: Ionenimplantation in der Halbleitertechnik. Hanser, München (1981)
10. S. Felch et al.: „Plasma doping of silicon fin structures," 11th International Workshop on Junction Technology (IWJT), Kyoto, Japan (2011) https://doi.org/10.1109/IWJT.2011.5969992
11. B. Mizuno: Fabrication of source and drain – Ultrashallow junction. In: Deleonibus, S. (Hrsg.) Electronic device architectures for the Nano-CMOS Era, S. 149. Pan-Stanford Publishing Pte. Ltd. (2009)
12. Chufan, Z., Shannan, C., Yaping, D.: Advances in ultrashallow doping of silicon. ADVANCES IN PHYSICS: X **6**(1), 1871407 (2021). https://doi.org/10.1080/23746149.2020.1871407

Depositionsverfahren

Das Ziel der Depositionsverfahren ist die reproduzierbare Erzeugung homogener partikelfreier Schichten, die eine hohe elektrische Qualität besitzen und gleichzeitig eine geringe Konzentration an Verunreinigungen aufweisen. Diese Schichten sollten sich bei möglichst geringer Temperatur auf allen anderen in der Halbleitertechnologie verwendeten Materialen spannungsfrei abscheiden lassen. Die für diese Zwecke entwickelten Depositionsverfahren lassen sich in chemische und physikalische Abscheidetechniken unterteilen. Sowohl einkristalline als auch polykristalline und amorphe Schichten können mit den verschiedenen Techniken auf die Silizium- bzw. die Substratoberfläche aufgebracht werden.

7.1 Chemische Depositionsverfahren

7.1.1 Die Silizium-Gasphasenepitaxie

Der Begriff Epitaxie stammt aus dem Griechischen und bedeutet „obenauf" oder „zugeordnet". In der Halbleitertechnologie versteht man darunter das Aufbringen einer kristallinen Schicht, die in eindeutiger Weise – entsprechend der einkristallinen Unterlage – geordnet aufwächst. Ist die Unterlage aus dem gleichen Material wie die abgeschiedene Schicht, so handelt es sich um eine Homoepitaxie, bei einem anderen Stoff ist es die Heteroepitaxie. Letztere findet ihre Anwendung im Bereich der Silizium-Halbleitertechnologie hauptsächlich in der Herstellung von SiGe-Schichten (Silizium-Germanium-Schichten) sowie in der Silicon-on-Insulator-(„SOI"-) Technik mit Saphir oder Spinell (eine MgO/Al_2O_3-Verbindung) als Substrat.

Bei der Silizium-Homoepitaxie handelt es sich um das einkristalline Aufwachsen einer Siliziumschicht mit der durch das Siliziumsubstrat vorgegebenen Kristallstruktur,

© Springer Fachmedien Wiesbaden GmbH, ein Teil von Springer Nature 2023   111
U. Hilleringmann, *Silizium-Halbleitertechnologie*,
https://doi.org/10.1007/978-3-658-42378-0_7

wobei sich die atomare Anordnung in der aufwachsenden Schicht fortsetzt. Um ein fehlerfreies, einkristallines Wachstum zu ermöglichen, ist eine absolut reine, oxid- und defektfreie Substratoberfläche als Vorlage erforderlich.

Als Prozessgase werden vornehmlich die Siliziumatome enthaltenden Wasserstoff- und Chlor-Verbindungen SiH_4 (Silan), SiH_2Cl_2 (Dichlorsilan) und $SiCl_4$ (Siliziumtetrachlorid) in Verbindung mit reinem Wasserstoff eingesetzt. In einem Hochtemperaturschritt bei 900–1250 °C zersetzen sich die Gase und spalten Silizium ab. Auf der Scheibenoberfläche lagern sich die Atome zufällig verteilt an verschiedenen Stellen an und bilden Kristallisationskeime, an denen das weitere Schichtwachstum in lateraler Richtung bis zum vollständigen Auffüllen einer Ebene stattfindet. Aus energetischen Gründen beginnt erst danach das Wachstum in der nächsten Ebene.

Die Reaktion in der $SiCl_4$-Epitaxie verläuft in zwei Stufen mit Wasserstoff als Reaktionspartner. Bei ca. 1200 °C spaltet das $SiCl_4$ zunächst zwei Chloratome ab, die mit dem Wasserstoff aus der Reaktionsatmosphäre Chlorwasserstoff bilden:

$$SiCl_4 + H_2 \xrightarrow{1200^\circ C} SiCl_2 + 2HCll \tag{7.1}$$

Zwei $SiCl_2$-Moleküle verbinden sich unter Abgabe von elementarem Silizium, das sich epitaktisch an der Kristalloberfläche anlagert, wieder zu $SiCl_4$ entsprechend der Gleichung:

$$2SiCl_2 \xrightarrow{1200^\circ C} Si + SiCl_4 \tag{7.2}$$

Die Richtung der Reaktionen nach den Gln. (7.1) und (7.2) ist durch das Mischungsverhältnis Wasserstoff zu $SiCl_4$ für die jeweilige Prozesstemperatur festgelegt. Bei hoher $SiCl_4$-Zufuhr, d. h. geringer Wasserstoffkonzentration, wird die Kristalloberfläche – wie im Trichlorsilanprozess zur Reinigung des Siliziums – infolge der entstehenden hohen Salzsäurekonzentration abgetragen; erst bei hinreichender Verdünnung des $SiCl_4$ findet ein Schichtwachstum statt.

Um polykristallines Wachstum zu vermeiden, muss die Zersetzungsrate des Gases geringer als die maximale Anbaurate für Silizium an der Kristalloberfläche sein. Folglich muss die Zusammensetzung des Gasgemisches im Reaktionsraum der gewählten Prozesstemperatur angepasst sein. Typische Wachstumsraten der $SiCl_4$-Epitaxie liegen für einkristallines Silizium im Bereich um 1–2 µm/min (Abb. 7.1).

Durch eine geeignete Wahl des Prozessfensters lässt sich eine „selektive Epitaxie" auf lokal mit Oxid maskierten Scheiben erreichen. Ein Schichtwachstum findet dabei nur auf dem einkristallinen Silizium statt. Die Oxidschichten bleiben unbedeckt, weil dort wegen des fehlenden kristallinen Untergrunds nur eine polykristalline Abscheidung erfolgen kann. Polykristallines Material wird aber deutlich schneller geätzt als ein Einkristall, sodass bei einer $SiCl_4/H_2$-Konzentration im ätznahen Bereich nur auf dem Silizium im Oxidfenster eine Epitaxie stattfindet.

Abb. 7.1 Aufwachsrate der SiCl$_4$-Epitaxie in Abhängigkeit von der SiCl$_4$-Konzentration im Reaktionsraum. (Nach [1])

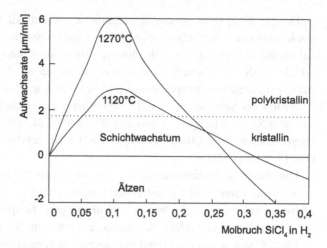

Zur Dotierung der aufwachsenden Epitaxieschichten werden im Prozess Dotiergase wie B$_2$H$_6$ (Diboran), AsH$_3$ (Arsin) oder PH$_3$ (Phosphin) zugegeben. Sie zersetzen sich bei der hohen Prozesstemperatur, und der jeweilige Dotierstoff wird in das Kristallgitter eingebaut.

Der Epitaxieprozess findet in modernen Anlagen im Vakuum statt (Abb. 7.2). Die Scheiben werden zunächst auf eine Prozesstemperatur von ca. 1200°C aufgeheizt und mit Wasserstoff gespült. Bei dieser Temperatur verflüchtigt sich das natürliche Oberflächenoxid im Vakuum. Als nächster Prozessschritt erfolgt das Rückätzen der Siliziumoberfläche in SiCl$_4$/H$_2$-Atmosphäre, um eine ungestörte hochreine Oberfläche zu erhalten.

Durch Änderung der Prozesstemperatur bzw. der SiCl$_4$/H$_2$-Konzentration findet anschließend das epitaktische Schichtwachstum statt.

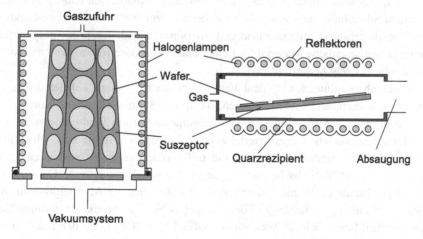

Abb. 7.2 Bauformen von Gasphasen-Epitaxieanlagen: Barrel- und Horizontalreaktor. (Nach [2])

Da die $SiCl_4$-Epitaxie ein Hochtemperaturschritt ist, findet während des Schicht-wachstums eine erhebliche Dotierstoffdiffusion im Substrat bzw. aus dem Substrat in die aufwachsende Schicht statt. Gleichzeitig diffundieren die Dotierstoffe aus den Silizium-schichten, die bei vorhergehenden Abscheidungen an den Reaktorwänden entstanden sind, in die Reaktoratmosphäre und verunreinigen die neu aufwachsende Epitaxieschicht.

Infolge der Substratätzung während des Reinigungsschrittes werden auch Dotierstoffe aus dem Substrat freigesetzt und anschließend in die aufwachsende Schicht eingebaut. Dieser „Autodoping-Effekt" resultiert aus der Umkehrbarkeit der Reaktionen nach den Gln. (7.1) und (7.2).

Um die hohe Prozesstemperatur von über 1100°C zu vermeiden, wird das $SiCl_4$ zunehmend durch SiH_2Cl_2 oder SiH_4 ersetzt. Diese Gase benötigen eine geringere Aktivierungsenergie, d. h. bereits bei niedrigerer Temperatur setzt ein einkristallines Schichtwachstum ein. Die Silan-Epitaxie findet im Temperaturbereich zwischen 750 und 900°C statt, sodass aufgrund der geringeren Temperatur die Diffusionseffekte erheb-lich schwächer ausfallen. Des Weiteren besitzt Silan keinen ätzenden Charakter, folglich muss der Reaktionsatmosphäre zur Scheibenreinigung durch Rückätzen der Oberfläche als weiteres Gas HCl zugegeben werden.

Nachteilig ist die Neigung des Silans zur Gasphasenreaktion, indem sich bereits in der Gasphase einzelne Siliziumatome zu Keimen zusammenschließen und sich erst dann auf der Scheibenoberfläche anlagern. Es resultiert ein fehlerhaftes bzw. polykristallines Kristallwachstum.

7.1.2   Die CVD-Verfahren zur Schichtdeposition

Die dielektrischen Schichten der Halbleitertechnologie lassen sich in vielen Fällen nicht wie bei der thermischen Oxidation aus dem Silizium des Substrats erzeugen, sondern nur aus der Gasphase unter Zugabe eines Silizium enthaltenden Gases abscheiden. Dazu zählen Siliziumdioxid – z. B. als Zwischenoxid zur Isolation der Gate-Elektroden von der Metallisierung–, Siliziumnitrid und Siliziumoxinitrid. Auch das polykristalline Silizium, das gebräuchliche Material für Leiterbahnen und Gate-Elektroden, wird mit der Gasphasenabscheidung hergestellt [3].

Die CVD-Abscheidung („Chemical Vapor Deposition") basiert auf der thermischen Zersetzung von chemischen Verbindungen, die in der Summe sämtliche Komponenten der zu erzeugenden Schicht enthalten. Das Substrat nimmt am Reaktionsprozess selbst nicht teil, es dient nur als Trägermaterial zur Anlagerung der Atome bzw. Moleküle. Je nach Druck und Energiezufuhr werden die CVD-Verfahren in Atmosphären-, Unter-druck- und Plasma-CVD-Abscheidungen eingeteilt, wobei gravierende Qualitätsunter-schiede in der Dichte der Schichten und in der Konformität der Abscheidung auftreten. Bei einer konformen Abscheidung bildet sich die Schicht an vertikalen Strukturflächen mit der gleichen Rate r wie an horizontalen Oberflächen. Der Grad der Konformität K lässt sich durch das Verhältnis

$$K = \frac{r_{vertikal}}{r_{horizontal}}. \tag{7.3}$$

beschreiben. $K=1$ steht für eine ideal konforme Abscheidung, bei $K=0{,}5$ werden vertikale Flanken nur mit der halben Dicke im Vergleich zur Oberfläche beschichtet.

Abb. 7.3 verdeutlicht mögliche Profilformen der Abscheidungen. Konforme Abscheidungen lassen sich nur bei reaktionsbegrenzten Abscheidungen mit hoher Oberflächenbeweglichkeit der Teilchen, i. a. bei hohen Temperaturen erreichen. Ungleichmäßige Beschichtungen an Kanten (Abb. 7.3c) resultieren aus einem veränderten Akzeptanzwinkel für die zugeführten Gase in Verbindung mit einer hohen Reaktionsgeschwindigkeit an der Oberfläche.

7.1.2.1 APCVD-Verfahren

Die APCVD-Abscheidung („Atmospheric Pressure" CVD) wird zur Herstellung von undotierten und dotierten (d. h. mit Bor und Phosphor zur Schmelzpunkterniedrigung versetzten) Oxiden im Strömungsverfahren genutzt (Abb. 7.4). Als Quellgase für die Oxiddeposition dienen Silan und Sauerstoff, die sich bei ca. 425°C nach den folgenden Reaktionsgleichungen thermisch zersetzen und miteinander reagieren:

$$SiH_4 + 2O_2 \rightarrow SiO_2 + 2H_2O \tag{7.4}$$

$$SiH_4 + O_2 \rightarrow SiO_2 + 2H_2 \tag{7.5}$$

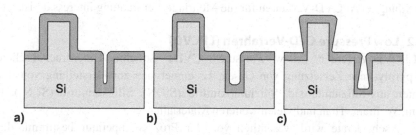

a) b) c)

Abb. 7.3 Profilformen der Abscheidungen: **a** konform, **b** $K=0{,}5$ und **c** ungleichmäßige vertikale Beschichtung

Abb. 7.4 Apparatur zur APCVD-Abscheidung von SiO_2

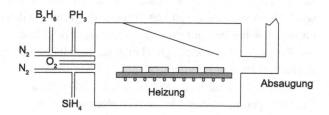

Es entsteht ein poröses, elektrisch instabiles Silliziumdioxid, das durch eine thermische Nachbehandlung verdichtet werden kann. Aufgrund der niedrigen Depositionstemperatur ist die Oberflächendiffusion der Moleküle recht gering, sodass die Konformität der Abscheidung äußerst niedrig ist. Die Aufwachsrate hängt vom Gasdurchsatz ab, sie beträgt ca. 100 nm/min.

Zur Erniedrigung des Schmelzpunktes des Silanoxids werden der Abscheidung häufig die Dotiergase Diboran und Phosphin beigefügt, sodass sich im Oxid ca. 2–4 % Phosphor und bis zu 6 % Bor einlagern. Dieses BPSG („*BorPhosphorSilikatGlas*") schmilzt bereits bei einer Temperatur unterhalb von 900°C, es wird als Zwischenoxid eingesetzt und im Reflow-Prozess – einer kurzzeitigen Temperung bei hoher Temperatur – aufgeschmolzen. Infolge der Oberflächenspannung des flüssigen BPSG ebnet sich die Oberfläche der Scheibe während der Temperaturbehandlung ein; Abrisse von Leiterbahnen an Stufen können nicht mehr auftreten.

Da unverdünntes Silan hochexplosiv und selbstentzündlich ist, wird für die APCVD-Prozesse eine Konzentration von ca. 2 % Silan in Stickstoff oder Argon genutzt. Die geringe Konzentration verhindert gleichzeitig eine Gasphasenreaktion des Silans. Auch die extrem toxischen Dotiergase werden nur stark in N_2 verdünnt (ca. 1:1000) eingesetzt.

Aufgrund der geringen Konformität und insbesondere der niedrigen elektrischen Stabilität des APCVD-Oxides ist dieses Verfahren in der zuvor genannten Form heute nur noch selten anzutreffen. Zur Verbesserung der Konformität der Abscheidung können das Silan durch Tetraethylorthosilikat („TEOS") ersetzt und dem APCVD-Prozess 3–8 % Ozon zugefügt werden. Das äußerst reaktive O_3 erhöht die Oberflächendiffusion der sich anlagernden Moleküle und sorgt damit für eine gleichmäßige Stufenbedeckung. Die Reaktionstemperatur lässt sich dabei auf 380°C reduzieren, sodass die TEOS/Ozon-Abscheidung im APCVD-Verfahren für die Mehrlagenverdrahtung interessant ist.

7.1.2.2 Low Pressure CVD-Verfahren (LPCVD)

Das LPCVD-Verfahren („*Low Pressure*" CVD) ist eine Unterdruckabscheidung durch pyrolytische Zersetzung von Gasen. Es eignet sich zur Herstellung von dünnen Schichten aus Siliziumdioxid, Siliziumoxinitrid (SiON), Siliziumnitrid (Si_3N_4), Polysilizium, Wolfram, Titan und vielen weiteren Materialien.

Die Abscheiderate wird wesentlich von der Prozesstemperatur bestimmt, die als Aktivierungsenergie zur Gaszersetzung dient. Bei geringer Temperatur ist die Rate reaktionsbegrenzt, d. h. es werden mehr reaktionsfähige Moleküle im Gasstrom geführt als an der Scheibenoberfläche adsorbieren. Mit wachsender Temperatur nimmt der Zersetzungsgrad an der Scheibenoberfläche zu, bis nicht mehr genügend Gas zugeführt wird. Die Abscheiderate ist nun diffusionsbegrenzt. In diesem Fall nimmt die Homogenität der Abscheidung aufgrund der Verarmung des Gases an reaktionsfähigen Molekülen ab. Folglich ist für eine gleichmäßige Beschichtung der Wafer stets ein reaktionsbegrenzter Prozess erforderlich.

Infolge des niedrigen Drucks von ca. 10–100 Pa ist die Dichte des Quellgases im Reaktor gering, sodass keine Gasphasenreaktion stattfindet und bei regelmäßiger

Reinigung des Rezipienten auch keine Partikelbildung auftreten kann. Die hohe Oberflächendiffusion, resultierend aus der im Vergleich zum APCVD-Verfahren hohen
Prozesstemperatur, führt bei einer reaktionsbegrenzten Abscheidung zu einer weitgehend
konformen Stufenbedeckung (K = 0,9–0,98). Das Verfahren liefert hochwertige, dichte
Schichten; die LPCVD-Oxide weisen eine hohe elektrische Stabilität auf.

In Abhängigkeit von der abzuscheidenden Schicht und den verwendeten Quellgasen
variieren die Prozesstemperaturen der LPCVD-Abscheidungen im Bereich von 400–
900°C:

$$Si_3N_4 : 4NH_3 + SiH_2Cl_2 \xrightarrow{800°C} Si_3N_4 + 6HCl + 6H_2 \tag{7.6}$$

$$SiON : NH_3 + SiH_2Cl_2 + N_2O \xrightarrow{900°C} SiON + \ldots \tag{7.7}$$

$$SiO_2 : SiO_4C_8H_{20} \rightarrow^{750°C} SiO_2 + \ldots \tag{7.8}$$

$$SiO_2 : SiH_2Cl_2 + 2N_2O \xrightarrow{900°C} SiO_2 + \ldots \tag{7.9}$$

$$Poly - Si : SiH_4 \xrightarrow{625°C} Si + 2H_2 \tag{7.10}$$

$$Wolfram : WF_6 + 3H_2 \xrightarrow{400°C} W + 6HFF \tag{7.11}$$

Die Siliziumnitrid-Abscheidung nutzt Ammoniak als Stickstoff- und Dichlorsilan
als Siliziumquelle. Reines N_2 ist aufgrund der starken Bindung bei 800°C noch
nicht reaktionsfähig, dagegen spaltet NH_3 bereits ein Stickstoffatom ab. Anstelle von
Dichlorsilan lässt sich auch Silan bei einer Prozesstemperatur von ca. 700°C einsetzen
[4]; dies liefert eine weniger dichte und inhomogenere Nitridschicht.

Wird dem Abscheideprozess für Siliziumnitrid eine geringe Menge eines Sauerstoff enthaltenden Gases beigemischt, so reagieren die Sauerstoffatome sehr stark mit
den Siliziumatomen und nehmen den Platz der Stickstoffatome ein [5]. Es bildet sich
eine SiO_xN_y-Schicht, allgemein Oxinitridschicht genannt, deren Eigenschaften wie
Brechungsindex, inneren Spannungen und mechanischen Härte wesentlich durch die
Sauerstoffkonzentration bestimmt wird. Ihren Einsatz finden SiON-Schichten als Oberflächenpassivierung und als Lichtwellenleiter für integrierte optische Sensoren [6].

Eine Besonderheit stellt die Siliziumdioxid-Abscheidung nach Gl. (7.8) dar.
Hier dient eine organische Flüssigkeit als Siliziumquelle (TEOS) (Abb. 7.5). Durch
thermische Energiezufuhr spaltet sich SiO_2 aus der Ethylverbindung ab und lagert sich
an der Scheibenoberfläche an.

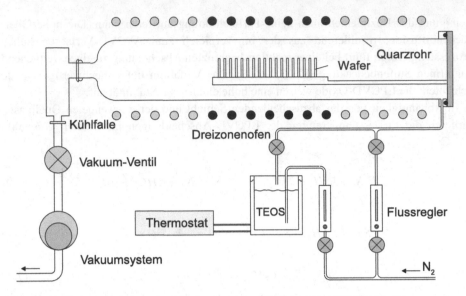

Abb. 7.5 Aufbau einer Anlage zur Abscheidung von TEOS-Oxid im LPCVD-Verfahren

Im Gegensatz zu den gasförmigen Siliziumverbindungen ist diese Flüssigkeit relativ ungefährlich. Das aus dem Dampf der Flüssigkeit entstehende Oxid weist neben der konformen Stufenbedeckung eine hohe elektrische Stabilität auf. Durch Beimischung der Gasphase der flüssigen Dotierstoffquellen Trimethylborat (TMB) oder Trimethylphosphat (TMP) lassen sich dotierte Gläser abscheiden, die einen niedrigen Schmelzpunkt (ca. 900°C) aufweisen.

Weitere Flüssigquellen für die Oxidabscheidung sind Diethylsilan (DES, SiC_4H_{12}), Ditertiarbutylsilan (DTBS, $SiH_2C_8H_{18}$) und Tetramethylcylotetrasiloxan (TOMCATS, $Si_4O_4C_4H_{16}$); diese ermöglichen eine Reduktion der Depositionstemperatur auf 380–650°C, erfordern aber eine Zugabe von Sauerstoff zur Reaktionsatmosphäre.

Ist eine absolut konforme Siliziumdioxidabscheidung erforderlich – beispielsweise als Dielektrikum für tiefe Trench-Kapazitäten–, so muss die Oberflächenbeweglichkeit der sich anlagernden Moleküle durch eine höhere Prozesstemperatur gesteigert werden. Dies lässt sich mit Dichlorsilan als Silizium- und Lachgas als Sauerstoffquelle bei ca. 900°C erreichen. Dieses „Hochtemperaturoxid" ist elektrisch sehr stabil und lagert sich konform auf den Strukturen ab.

Polykristallines Silizium, auch Polysilizium genannt, dient in der MOS-Technologie als Gate-Elektrode und als Leiterbahn. Es wird im LPCVD-Verfahren aus Silan bei 625°C abgeschieden. Bei dieser Temperatur verläuft die Abscheidung reaktionsbegrenzt und vollständig konform. Die Depositionsrate sinkt mit abnehmender Temperatur, zusätzlich ändert sich unterhalb von 590°C die Struktur des abgeschiedenen Siliziums. Aufgrund fehlender thermischer Energie wächst die Schicht dann amorph auf. Eine

Zugabe von Phosphin oder Diboran während der Abscheidung bewirkt eine elektrische Leitfähigkeit der aufgewachsenen Schicht.

Die Wolframabscheidung benötigt einen Nukleationskeim aus Silizium, Aluminium oder Wolfram selbst, sodass bei ca. 400°C nur auf den Silizium- oder Aluminium-/Siliziumoberflächen ein Wachstum stattfindet, nicht jedoch auf Oxid. Folglich lässt sich dieses selektive Abscheideverfahren zum Auffüllen von freigeätzten Kontaktöffnungen bzw. zur vertikalen Verbindung in der Mehrlagenverdrahtung verwenden [7]. Für eine ganzflächige Abscheidung ist zu Beginn des Prozesses eine Zugabe von Silan zum WF_6-Quellgas erforderlich, um durch Siliziumabscheidung auf dem Oxid Nukleationskeime zu erzeugen.

7.1.2.3 Plasma Enhanced CVD-Verfahren (PECVD)

Das plasmaunterstützte CVD-Verfahren findet im Temperaturbereich von 250–350°C statt. Da die thermische Energie zur Pyrolyse nicht ausreicht, wird das Gas zusätzlich durch eine Hochfrequenz-Gasentladung angeregt und zersetzt, sodass es an der Substratoberfläche reagiert. Es findet keine Beschichtung der Rezipientenwände statt, weil nur im Bereich des Plasmas in Verbindung mit der heißen Scheibenoberfläche genügend Energie zur Zersetzung des Quellgases vorhanden ist. Konstruktionsbedingt reicht die Gasentladung aber nicht bis zu den unbeheizten Kammerwänden.

Das PECVD-Verfahren eignet sich zum Aufbringen von Siliziumdioxid, Siliziumnitrid und amorphem Silizium. Wegen der geringen Prozesstemperatur wird dieses Verfahren insbesondere zur Passivierung von Oberflächen nach der Aluminiummetallisierung eingesetzt. Für die Abscheidung eines Zwischenoxides ist auch eine Dotierung mit PH_3 und B_2H_6 zur Schmelzpunktniedrigung möglich. Die PECVD-Nitridabscheidung nutzt im Gegensatz zum LPCVD-Verfahren SiH_4 anstelle von SiH_2Cl_2 als Siliziumquelle, denn Silan zersetzt sich bei der geringen Prozesstemperatur wesentlich leichter.

Der PECVD-Prozess ist relativ partikelarm, es werden sehr hohe Abscheideraten von bis zu 500 nm/min bei einer Konformität von 0,5–0,8 erreicht. Allerdings sind der Geräteaufwand und der Gasdurchsatz des Verfahrens hoch. Als Anlagen kommen verschiedene Bauformen von Parallelplattenreaktoren zum Einsatz. Abb. 7.6 zeigt den schematischen Querschnitt von zwei typischen Reaktoren der Halbleiterindustrie.

7.1.3 Atomic Layer Deposition (ALD)

Für besonders dünne, nur wenige Atomlagen starke homogene Schichten eignet sich das ALD-Abscheideverfahren („Atomic Layer Deposition"). Es erfordert spezielle Gase, die selbstterminierend ein Schichtwachstum Atomlage für Atomlage erlauben. Das Verfahren dient heute hauptsächlich zur Herstellung von dünnen Metalloxiden, die als Gate-Dielektrikum in extrem skalierten MOS-Transistoren sowie in Trench-Kapazitäten ihre Anwendung finden. Auch wenige Nanometer dicke Diffusionsbarrieren aus TaN, die für

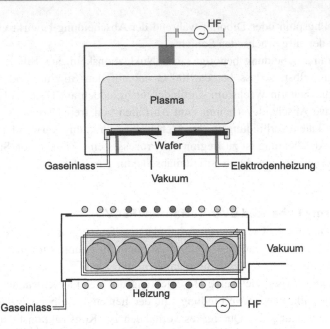

Abb. 7.6 Parallelplattenreaktoren für die PECVD-Abscheidung

Kupfermetallisierungen erforderlich sind, lassen sich mit diesem chemischen Verfahren konform auf stufenbehafteten Oberflächen abscheiden.

Im Gegensatz zu den bisher behandelten CVD-Techniken steht bei der ALD-Abscheidung abwechselnd nur jeweils eine Teilsubstanz der aufzubauenden Schicht zur Verfügung. Zum Beispiel wird bei der Abscheidung von Al_2O_3 im ersten Schritt eine gasförmige Aluminiumverbindung, z. B. Trimethylaluminium, in den Reaktor eingelassen. An der Scheibenoberfläche reagiert dieses Gas mit den dort vorhandenen OH-Gruppen unter Abspaltung von CH_3, da die Verbindung mit dem Sauerstoff energetisch günstiger ist.

Dieser Prozess endet selbstständig, sobald alle OH-Gruppen an der Scheibenoberfläche mit der Aluminiumverbindung reagiert haben. Überzählige Trimethylaluminium-Moleküle verbleiben in der Gasphase im Reaktor.

$$Al(CH_3)_3 + OH \rightarrow AlO(CH_3)_2 + CH_4 \qquad (7.12)$$

Es schließt sich ein Spülzyklus an, um das überschüssige, nicht reagierte Trimethyl-aluminium aus dem Reaktor zu beseitigen. Dieser kann mit Stickstoff oder Argon erfolgen, wobei die Dauer ausreichend lang gewählt werden muss.

Der zweite Teilschritt nutzt Wasserdampf zum Austausch der CH_3- gegen OH-Gruppen. Auch diese Reaktion ist selbstterminierend, nach vollständigem Ersatz der Methylgruppen verbleibt der überschüssige Wasserdampf im Reaktor.

$$CH_3 + H_2O \rightarrow OH + CH_4 \qquad (7.13)$$

Nach einem weiteren Spülzyklus kann die Deposition der nächsten Atomlage durch erneuten Einlass von Trimethylaluminium in die Reaktionskammer gestartet werden. Der Gesamtprozess verläuft damit wie folgend:

- Anlagerung der ersten Teilsubstanz an die Scheibenoberfläche, zumeist ein Metall, bis zur Sättigung;
- Spülen mit Inertgas zur Vermeidung einer Gasphasenreaktion im Moment der Zufuhr der zweiten Teilkomponente der Schicht;
- Chemisorption der zweiten Teilsubstanz, zumeist bestehend aus OH-Verbindungen, bis zur Sättigung der Oberfläche;
- Spülen mit Inertgas zur Verdrängung der zweiten Teilsubstanz aus der Gasphase im Reaktor (Abb. 7.7).

Die Anlagerungsschritte werden zeitlich derart gesteuert, dass die Oberfläche der Scheibe jeweils vollständig gesättigt ist. Eine zu kurze Zeit führt zu einer unvollständigen Bedeckung des Substrats und damit zu Inhomogenitäten im Wachstum der Schicht, eine zu lang gewählte Zeit wirkt sich dagegen nicht negativ aus, reduziert allerdings die Wachstumsrate. Typische Zykluszeiten betragen 0,5 bis 3 s.

Kritisch ist die gewählte Depositionstemperatur. Zu geringe Temperaturen führen zur Kondensation der Methylverbindung an der Scheibenoberfläche, zu hohe Temperaturen bewirken dagegen eine direkte Abspaltung der CH_3-Gruppen und damit eine Standard-

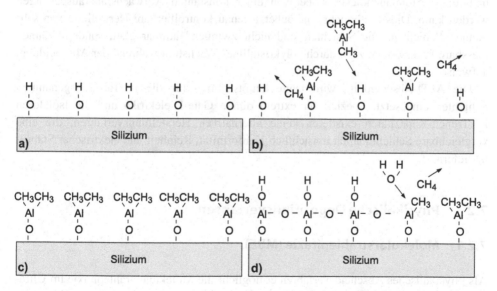

Abb. 7.7 Prozessfolge bei der ALD-Schichterzeugung: **a** mit OH-Gruppen benetzte Oberfläche, **b** Anlagerung von Aluminium, **c** gesättigte Oberfläche, **d** Austausch der CH_3-Moleküle durch OH-Gruppen [8]

Tab. 7.1 Schichten und Reaktionsgase für die ALD-Abscheidung

Schicht	Dielektrizitätszahl/spez. Widerstand	Metall-Precursor	Reduzierung
Al_2O_3	10	$AlCl_3$, $Al(CH_3)_3$	H_2O
ZrO_2	22	$ZrCl_4$, $Zr(N(CH_3)_2)_4$	H_2O, O_3, O_2
HfO_2	18	$HfCl_4$, $Hf(N(CH_3)_2)_4$	H_2O, O_3, O_2
TiN	$2000\,\mu\Omega$ cm	$TiCl_4$	NH_3
TaN	$1000\,\mu\Omega$ cm	$Ta(N(CH_3)_2)_5$	$NH_3 + Zn$

CVD-Abscheidung. Auch ist ein Abdampfen der bereits angelagerten ersten Teilsubstanz möglich, sodass die Schicht inhomogen wächst. Die Anregungsenergie wird entweder rein thermisch durch Aufheizen des Substrats oder – vergleichbar zum PECVD-Verfahren – durch thermische Energie in Verbindung mit einer Plasmaanregung geliefert. Letzteres ermöglicht auch die Aufspaltung stabiler Precursor-Materialien, die sich thermisch nur schwer anregen lassen.

Zu Beginn der ALD-Abscheidung wächst die Schicht in der Regel deutlich langsamer als eine Atomlage je Zyklus auf. Dies resultiert einerseits aus einem Einfluss des Untergrundes, andererseits können die vergleichsweise großen gasförmigen Moleküle der Metallverbindungen zur Abschattung von offenen Oberflächenbindungen führen. Zwar steigert bzw. stabilisiert sich die Abscheiderate nach einigen Zyklen, allerdings wächst auch dann nur bei wenigen Materialien eine vollständige Schicht je Zyklus auf. In den meisten Anwendungen entsteht pro Zyklus eine genau definierte Materialmenge unterhalb einer Atomlagendicke, wobei von einer konstanten Aufwachsrate ausgegangen werden kann. Dies ermöglicht eine äußerst genau kontrollierbare Herstellung von sehr dünnen Schichten. Die Schichten sind nicht zwingend atomar glatt, sondern können messbare Rauigkeiten, z. B. durch polykristallines Wachstum während der Abscheidung, aufweisen.

Die ALD-Abscheidung wird heute hauptsächlich für die in Tab. 7.1 genannten Schichten eingesetzt. Speziell für extrem dünne Gate-Dielektrika und die Isolatoren in Trench-Kapazitäten existieren keine alternativen Herstellungsverfahren, die eine vergleichbare Schichtqualität hinsichtlich Konformität, Reinheit und elektrischer Stabilität liefern.

7.2 Physikalische Depositionsverfahren

7.2.1 Molekularstrahlepitaxie (MBE)

Als physikalisches Abscheideverfahren ermöglicht die Molekularstrahlepitaxie im Ultrahochvakuum (ca. 10^{-8} Pa) das Aufbringen dünner Epitaxieschichten. Eine Elektronenstrahl-Verdampfungsquelle für Silizium strahlt gemeinsam mit widerstandsbeheizten

Effusor-Quellen zur kontrollierten Verdampfung der Dotierstoffe einen gerichteten Teilchenstrom thermisch aktivierter Atome auf das erhitzte Substrat. Dieses muss dabei eine saubere, oxidfreie Oberfläche zur störungsfreien epitaktischen Anlagerung der Atome aufweisen. Zum Entfernen des natürlichen Oxids wird die Scheibe im Ultrahochvakuum auf ca. 500–800°C erhitzt, dabei verflüchtigt sich der Oxidfilm.

Zur Epitaxie reiner Siliziumschichten wird Silizium verdampft, sodass sich homoepitaktische einkristalline Schichten abscheiden. Dabei dürfen nur wenige Siliziumatome pro Zeiteinheit auf die Scheibenoberfläche treffen, um eine epitaktische Anlagerung der Teilchen vor dem Eintreffen eines weiteren Atoms zu ermöglichen. Zusätzlich kann eine weitere Verdampfungsquelle mit Dotierstoff zur gezielten Dotierung der Schicht eingesetzt werden. Aufgrund der geringen Temperatur um 700°C findet bei der Molekularstrahlepitaxie keine Dotierstoffdiffusion statt, d. h. die aufgedampften Dotierstoffe sind ortsfest in einer bestimmten Atomlage im Kristall eingebaut. Damit ermöglicht dieses Verfahren die Herstellung besonders scharf definierter lateraler pn-Übergänge. Auch die Abscheidung von δ-Dotierungen, also Dotierschichten hoher Konzentration in der Dicke einer Atomlage, sind möglich.

Eine weitere Anwendung ist die Abscheidung einkristalliner Silizium/Germaniumfilme zur Modifikation der Bandstruktur und Erhöhung der Ladungsträgerbeweglichkeiten des Siliziums. Durch gleichzeitiges Verdampfen von Silizium und Germanium im festen Ratenverhältnis bilden die Atome heteroepitaktische einkristalline Schichten auf dem Wafer. Trotz der unterschiedlichen Gitterkonstanten von Silizium und Germanium lassen sich in einer Heteroepitaxieschicht auf Silizium über 20 % Germanium störungsfrei einbauen. Speziell für die Bipolartechnologie bieten diese SiGe-Schichten Eigenschaften für extreme Hochfrequenzanwendungen.

Der prinzipielle Aufbau eine MBE-Anlage mit einer Elektronenstrahlverdampfungsquelle (z. B. für Silizium) und zwei Effusoren (für die Dotierstoffe) ist in Abb. 7.8 veranschaulicht.

Nachteilig für den Einsatz der Molekularstrahlepitaxie in der Produktion sind die geringe Wachstumsrate der Schichten von ca. 1 μm/h sowie das zwingend notwendige Ultrahochvakuum zum störungsfreien Aufbringen der Schichten. Dadurch ist der Scheibendurchsatz dieses Verfahrens mit max. 10 Scheiben/Tag sehr gering.

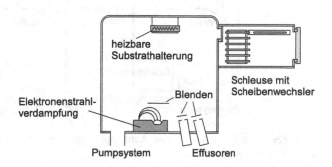

Abb. 7.8 Schematischer Aufbau eine MBE-Anlage mit Elektronenstrahl-Verdampfungsquelle und Effusoren

7.2.2 Aufdampfen

Metallische Schichten lassen sich durch thermische Verdampfung oder mit der Elektronenstrahlverdampfung auf die Siliziumscheiben aufbringen. Dazu wird das Metall im Hochvakuum so weit erhitzt, dass seine Atome den Atomverband verlassen, sich im Rezipient verteilen und sich ganzflächig auf den dort angeordneten Substraten niederschlagen. Da die Verdampfungsquelle und die Siliziumscheiben einerseits räumlich voneinander entfernt sind, andererseits aufgrund des Hochvakuums sehr wenige Streuprozesse stattfinden, bewegen sich die abdampfenden Teilchen geradlinig und treffen senkrecht auf die Scheibenoberfläche. Die Stufenbedeckung bzw. Konformität des Prozesses ist folglich sehr gering. Eine gezielte Anhebung des Drucks ist wegen der möglichen Gasentladung zur Anode (Anodenpotenzial ca. 10 kV) bei der Elektronenstrahlverdampfung nicht möglich (Abb. 7.9).

Ein typisches Material zum Aufdampfen ist Aluminium. Zur thermischen Verdampfung befindet sich das reine Element in einem elektrisch beheizbaren Schiffchen aus einem hochschmelzenden Metall (Tantal, Molybdän, Wolfram). Das Aluminium schmilzt im Schiffchen zunächst auf und verdampft bei weiterer Temperaturerhöhung. Die abgedampften Teilchen besitzen nur eine geringe Energie von ca. 0,1 eV, sie können damit auf der Siliziumoberfläche keine Strahlenschäden verursachen. Das verdampfte Metall kondensiert auf dem kühleren Substrat in polykristalliner Form.

Alternativ wird zur Heizung des Quellmaterials ein Elektronenstrahl hoher Leistung (10 kV, 0,5 A) auf das Aluminium gelenkt. Durch die Elektronenstrahlheizung schmilzt das Aluminium und verdampft. Da die Leistung des Elektronenstrahls über den Strahlstrom sehr schnell und genau geregelt werden kann, lässt sich die Aufdampfrate im Gegensatz zur thermischen Verdampfung exakter kontrollieren.

In der Mikroelektronik werden häufig Aluminiumlegierungen mit 1–2 % Silizium oder/und 0,5–2 % Kupfer als Metallisierung verwendet. Diese Legierungen lassen sich zwar grundsätzlich durch die Aufdampfverfahren aufbringen, jedoch ist die Reproduzierbarkeit der Schichtzusammensetzung bei Verwendung eines Legierungstargets begrenzt.

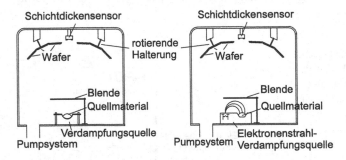

Abb. 7.9 Schemazeichnung von Aufdampfanlagen zur thermischen bzw. Elektronenstrahlverdampfung des Quellmaterials

Da die einzelnen Komponenten des Quellmaterials unterschiedliche Dampfdrücke aufweisen, ist ein konstantes Mischungsverhältnis in der Legierung erforderlich; z. B. ist für eine Aluminiumschicht mit ca. 2 % Siliziumgehalt ein Quellmaterial bestehend aus etwa 65 % Aluminium und 35 % Silizium notwendig.

Während des Verdampfens dieser Legierung nimmt der Aluminiumgehalt wegen seines höheren Dampfdrucks stetig ab, sodass der Siliziumgehalt in der aufwachsenden Schicht mit zunehmender Bedampfungszeit steigt. Zum Ausgleich kann dem Quellmaterial zwar nach jedem Bedampfungsschritt reines Aluminium zugefügt werden, jedoch ist diese Prozessführung recht ungenau.

Die typischen Schichtdicken für die Aluminiummetallisierung betragen in der Halbleitertechnologie ca. 0,5–2 μm. Zum Aufbringen des Metalls wird die Bedampfungstechnik heute nur noch selten eingesetzt, da die geringe Stufenbedeckung an der strukturierten Scheibenoberfläche zu vorzeitigen Schaltungsausfällen infolge von Elektromigrationseffekten führt. Dagegen ist dieses Verfahren für die schnelle kostengünstige Beschichtung der planaren Wafer-Rückseite zur besseren elektrischen Kontaktierbarkeit gut geeignet. Hochschmelzende Materialien wie Wolfram, Titan oder Tantal lassen sich mithilfe der Elektronenstrahlverdampfung aus einem Kohlenstofftiegel, der zur thermischen Isolation dient, aufdampfen. Dagegen ist die Elektronstrahlverdampfung von Isolatoren wegen der elektrischen Aufladung des Quellenmaterials häufig nicht möglich; dies kann dann mit der thermischen Verdampfungsquelle erfolgen.

7.2.3 Kathodenzerstäubung (Sputtern)

Um die Nachteile der Bedampfungstechnik – geringe Stufenbedeckung und ungenaue Schichtzusammensetzung – zu umgehen, bietet sich die Kathodenzerstäubung als Beschichtungstechnik an. Bei diesem Verfahren schlagen stark beschleunigte Ionen aus dem Target, das im einfachsten Fall aus dem Material der aufzubringenden Schicht besteht, Atome oder Moleküle heraus. Diese breiten sich anschließend mit einer Energie von ca. 1–10 eV im Vakuum des Rezipienten aus und lagern sich auf der Scheibenoberfläche bzw. auch an den Wänden des Rezipienten an.

Der Prozess findet im Vergleich zur Bedampfung bei höherem Umgebungsdruck im Bereich um 1 Pa statt, sodass die mittlere freie Weglänge der Teilchen im Millimeter- bis Zentimeterbereich liegt. Folglich erfahren die losgeschlagenen Teilchen einige Richtungsänderungen durch Stöße mit dem im Rezipienten vorhandenen Restgas. Sie breiten sich nicht geradlinig aus, sondern treffen unter beliebigem Winkel auf die Scheibenoberfläche und lagern sich an. Damit findet auch eine Bedeckung der vertikalen Oberflächen statt.

Zum Abtragen des Materials werden die Ionen, i. a. durch eine Gasentladung generierte Argonionen, im elektrischen Feld auf das Target beschleunigt. Diese übertragen ihre Energie durch Stöße auf das Targetmaterial und setzen dabei Material frei, das sich an der Scheibenoberfläche anlagert. Der Wirkungsgrad dieses Prozesses ist mit max. 1 % gering, sodass die Verlustleistung durch Kühlung des Targets und der Scheiben abgeführt werden muss, damit sich die Wafer während der Beschichtung auf Raumtemperatur befinden.

Durch das Sputtern entstehen recht poröse Schichten, deren Eigenschaften durch anschließendes Tempern verbessert werden können. Gesputterte Oxidschichten erreichen aber nicht die Qualität von LPCVD-Oxiden.

Grundsätzlich lässt sich die Kathodenzerstäubung in zwei Verfahren unterteilen:

- passives (inertes) Sputtern: Das abzuscheidende Material muss als Targetmaterial vorliegen. Die Targetschicht wird zerstäubt und schlägt sich auf dem Substrat nieder. Durch passives Sputtern lassen sich hochreine Schichten entsprechend der Zusammensetzung des Targetmaterials auf die Siliziumscheiben aufbringen (z. B. Aluminium mit 1 % Silizium und 0,5 % Kupfer).
- reaktives Sputtern: Dem Edelgas zum Abtragen des Targets wird ein Reaktionsgas beigemischt, sodass eine chemische Reaktion zwischen dem zerstäubten Material und den Molekülen im Gasraum stattfindet. Dadurch lassen sich aus einem metallischen Target z. B. isolierende Schichten (Al_2O_3 aus einem Al-Target) oder gehärtete Materialien (TiN aus einem Ti-Target) herstellen.

Für metallische Schichten eignet sich die Gleichstrom-Kathodenzerstäubung („DC-Sputtern"). Hier werden die Edelgasionen durch eine hohe Gleichspannung von ca. 0,5–2 kV zum Target hin beschleunigt. Da die Ladung der auftreffenden Ionen und der entstehenden Sekundärelektronen vom Targetmaterial abgeführt werden muss, können nur leitfähige Materialien abgetragen werden. Die Erzeugung isolierender Schichten ist bei der Gleichstrom-Kathodenzerstäubung nur über das reaktive DC-Sputtern möglich (Abb. 7.10).

Um direkt isolierende Materialien aufzubringen, wird die Hochfrequenz-Kathodenzerstäubung eingesetzt („HF-Sputtern"). Dazu wird zwischen dem Target als Elektrode

Abb. 7.10 Gleichstrom – Kathodenzerstäubungsanlage

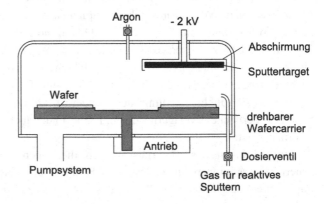

und der Scheibenhalterung als Gegenelektrode eine Hochfrequenzspannung angelegt. Durch die unterschiedliche Beweglichkeit der Elektronen und der Argonionen im Plasma lädt sich das Target negativ auf, weil die Elektronen während der positiven Halbwelle zum Target wandern und dieses aufladen, während der negativen Halbwelle das Target jedoch aufgrund der zu überwindenden Austrittsarbeit nicht verlassen können.

Die Argonionen unterliegen damit im zeitlichen Mittel dem elektrischen Feld, das aus der negativen Aufladung des Targets resultiert (vgl. Abschn. 5.2 Bias-Spannung beim reaktiven Ionenätzen). Die typische HF-Frequenz beträgt 13,56 MHz (Abb. 7.11).

Zur Steigerung der Sputterrate und Erhöhung des Wirkungsgrades befinden sich in modernen Anlagen Dauermagnete zur Umlenkung der Elektronen und Ionen oberhalb des Targets (Magnetron-Sputtern, Abb. 7.12). Folglich bewegen sich die Ionen und Elektronen des Plasmas auf engen Kreisbahnen und führen durch eine erhöhte Stoßrate zur Erhöhung der Ionendichte. Dies bewirkt einen verstärkten Materialabtrag, sodass sich das Verfahren für Beschichtungen mit hoher Rate anbietet.

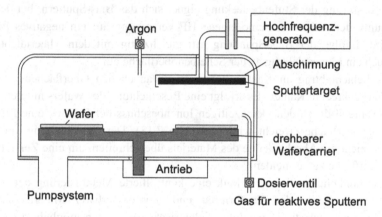

Abb. 7.11 Hochfrequenz-Kathodenzerstäubung

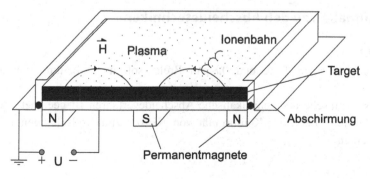

Abb. 7.12 Aufbau einer Magnetron-Sputterquelle

Abb. 7.13 Stufenbedeckung
für das Bias-Sputtern: **a** ohne
Spannung, **b** mit geringer
Spannung, **c** mit hoher Bias-
Spannung. (Nach [2])

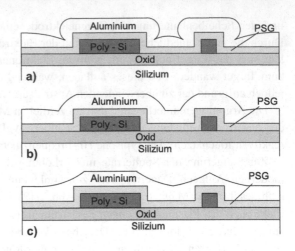

Zur Verbesserung der Stufenbedeckung eignet sich das Bias-Sputtern, bei dem auch der Siliziumwafer selbst über eine eigene HF-Versorgung auf ein negatives Potenzial gelegt wird. Infolge der Bias-Spannung tritt gleichzeitig mit dem Materialabtrag des Targets auch ein Materialabtrag an der Scheibenoberfläche auf.

Da der Schichtabtrag an Kanten höher ist als an ebenen Oberflächen, verflachen Spitzen und senkrechte Kanten. Es erfolgt eine Beschichtung des Wafers mit dem Targetmaterial, während durch den gleichzeitigen Ionenbeschuss der Scheibe eine Einebnung der Scheibenoberfläche erreicht wird (vgl. Abb. 7.13). Der Schichtabtrag vom Wafer darf jedoch nicht die Abscheiderate des Materials überschreiten, um eine Zerstörung der Scheibenoberfläche zu vermeiden.

Damit ermöglicht die Sputtertechnik eine kontrollierte Metallisierung der Siliziumscheiben mit ausreichender Konformität und reproduzierbarer Materialzusammensetzung. Zwar ist auch die Herstellung dielektrischer Schichten möglich, diese weisen jedoch nur eine sehr geringe elektrische Stabilität auf.

7.3   Aufgaben zu den Abscheidetechniken

Aufgabe 7.1

Ein Graben von 5 µm Tiefe und 0,8 µm Breite soll mit Siliziumdioxid aufgefüllt werden.

Welches chemische oder physikalische Abscheideverfahren ist geeignet und welche Schichtdicke muss bei einer Konformität von $K = 0{,}9$ zum vollständigen Füllen aufgebracht werden?

Aufgabe 7.2
Eine Aluminiummetallisierung kann auf zwei verschiedene Arten auf den Wafer aufgebracht werden. Beim Sputtern wird eine Konformität von $K = 0,6$ und beim Aufdampfen eine Konformität von $K = 0,1$ erreicht. Die Aluminiumdicke soll auch an den senkrechten Oxidwänden der Kontaktlöchern mindestens 0,5 μm betragen.

Wie dick muss die abgeschiedene Schicht bei den jeweiligen Verfahren mindestens sein, wenn das Zwischenoxid 0,8 μm dick ist?

Aufgabe 7.3
Zur Abscheidung von Siliziumdioxid soll das flüssige Quellmaterial Diethylsilan SiC_4H_{12} eingesetzt werden. Zur Verfügung stehen 10 g dieser Flüssigkeit. Welche Schichtdicke lässt sich bei 10 %-iger Ausnutzung des Quellmaterials auf einem Wafer mit 100 mm Durchmesser im LPCVD-Verfahren abscheiden?

Literatur

1. Ruge, I.: Halbleiter-Technologie. Reihe Halbleiter-Elektronik, Bd. 4. Springer, Berlin (1984)
2. Schumicki, G., Seegebrecht, P.: Prozeßtechnologie. Reihe Mikroelektronik. Springer, Berlin (1991)
3. Campbell, S.A.: The science and engineering of microelectronic fabrication. Oxford University Press, New York (1996)
4. Harth, W.: Halbleitertechnologie. Teubner Studienskripten. Teubner, Stuttgart (1981)
5. Peters, D., Fischer, K., Müller, J.: Integrated optics based on silicon oxynitride thin film deposited on silicon substrates for sensor applications. Sensors Actuators A. **26**, 425–431 (1991)
6. Bludau, W.: Lichtwellenleiter in Sensorik. und optischer Nachrichtentechnik. Springer, Berlin (1998)
7. Vogt, H.: Mehrlagenmetallisierung für hochintegrierte mikroelektronische Schaltungen, Nr. 167, S. 20 ff. Fortschritt-Berichte VDI, Reihe 9: Elektronik, Düsseldorf (1993)
8. Doering, R., Nishi, Y.: Semiconductor manufacturing technology. CRC Press LLC, Boca Raton (2008)

Metallisierung und Kontakte

8

Die Metallisierung stellt den elektrischen Kontakt zu den dotierten Gebieten der integrierten Schaltungselemente her und verbindet die einzelnen Komponenten eines Chips durch Leiterbahnen. Sie führt die Anschlüsse über weitere Leiterbahnen zum Rand des Chips und wird dort zu Kontaktflecken („Pads") aufgeweitet, die als Anschluss für die Verbindungsdrähte zwischen Chip und Gehäuse oder zum Aufsetzen von Messsonden für die Parametererfassung zum Schaltungstest auf ungesägten Scheiben dienen.

Die Metallisierung muss eine hohe Leitfähigkeit aufweisen, um auch bei minimalen Abmessungen der Leiterbahnen einen hohen Stromfluss und damit hohe Schaltgeschwindigkeiten bei geringer Verlustleistung zu ermöglichen. Aus dem gleichen Grund ist ein niedriger Kontaktwiderstand zwischen dem Metall und dem dotierten Silizium notwendig. Wichtig für den Produktionsprozess sind auch eine gute Haftung der Metallschicht auf Silizium und Siliziumdioxid sowie eine gute Kontaktierbarkeit der Pads mit dem Bonddraht zum Gehäuse. Weitere geforderte Eigenschaften für die Metallisierungsebene sind:

- preisgünstiger, möglichst einfacher Prozess zum homogenen Aufbringen der leitfähigen Schicht;
- leichte Ätzbarkeit im Trockenätzverfahren zur anisotropen Strukturierung für minimale Leiterbahnbreiten;
- hohe Strombelastbarkeit, um die Leiterbahnabmessungen zugunsten einer hohen Packungsdichte gering halten zu können;
- Eignung zur Mehrlagenverdrahtung, um Chipfläche einzusparen;
- geringe Korrosionsanfälligkeit bzw. ausgeprägte Alterungsbeständigkeit für eine hohe Zuverlässigkeit und eine lange Lebensdauer der Chips.

© Springer Fachmedien Wiesbaden GmbH, ein Teil von Springer Nature 2023
U. Hilleringmann, *Silizium-Halbleitertechnologie*,
https://doi.org/10.1007/978-3-658-42378-0_8

Aluminium erfüllt viele der o. a. Eigenschaften und hat sich deshalb als bevorzugtes Metallisierungsmaterial durchgesetzt. Jedoch sind die Anforderungen an die Korrosionsbeständigkeit und die elektrische Belastbarkeit bei reinem Aluminium nur eingeschränkt erfüllt. Silber- oder Kupfermetallisierungen weisen hier teilweise günstigere Eigenschaften auf, sie sind jedoch einerseits teuer, andererseits nur mit großem Aufwand im Trockenätzverfahren zu strukturieren, da keine leichtflüchtigen Reaktionsprodukte entstehen [1].

8.1   Der Metall-Halbleiter-Kontakt

Der Übergang vom Metall der Verdrahtungsebene zum dotierten Silizium sollte im idealen Fall polungsunabhängig und sehr niederohmig sein. Aufgrund der unterschiedlichen Austrittsarbeiten und Elektronenkonzentrationen der sich berührenden Materialien entsteht jedoch häufig ein Schottky-Kontakt, d. h. der Übergang verhält sich wie eine Diode mit schlechten Sperreigenschaften.

Werden ein Metall und ein Halbleitermaterial in direkten Kontakt gebracht, so gleichen sich die Fermi-Niveaus beider Materialien einander an. Entsprechend der Austrittsarbeitsdifferenz findet an der Berührungsstelle ein Ladungsträgeraustausch zwischen dem Metall und dem Halbleiter statt.

Bei einem n-leitenden Halbleiter tritt durch den Ladungsträgerausgleich an der Grenzfläche eine Aufwölbung der Bänder auf, sodass die Elektronen beim Übergang vom Metall in den Halbleiter eine Potenzialbarriere Φ_B entsprechend der Austrittsarbeitsdifferenz überwinden müssen (vgl. Abb. 8.1). Es bildet sich eine Verarmungszone aus, deren Weite W von der Dotierung $N_{A,D}$ abhängt:

$$W = \sqrt{\frac{2\varepsilon_{Si}U_D}{qN_{A,D}}} \tag{8.1}$$

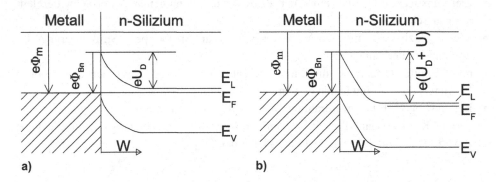

Abb. 8.1 a Potenziale und Bandstruktur am Metall/n-Halbleiterübergang, **b** bei anliegender Spannung U. (Nach [2])

Dieser Metall-Halbleiterkontakt wirkt als Schottky-Diode, d. h. er weist eine nichtlineare, unsymmetrische Strom-Spannungscharakteristik auf. Die Ladungsträger überwinden die Bandaufwölbung entweder durch ihre thermische Energie (thermische Emission) oder – bei anliegendem elektrischem Feld – durch den Tunneleffekt (Feldemission).

Um trotz der vorhandenen Barriere einen ohmschen Kontakt zu ermöglichen, muss die Weite W der Bandaufwölbung im Halbleitermaterial so weit verringert werden, dass die Ladungsträger diesen Übergang bereits aufgrund ihrer thermischen Energie überwinden können. Dies lässt sich durch eine starke Dotierung der Kontaktfläche erreichen, sodass die Verarmungszone sehr dünn wird und der Metall/n$^+$-Halbleiterkontakt ein lineares Strom-Spannungsverhalten infolge des Tunneleffektes aufweist.

Vergleichbar zum Metall/n$^+$-Kontakt findet am Metall/p$^+$-Übergang eine Absenkung der Bänder infolge des Ladungsträgerausgleichs statt. Auch hier muss die resultierende Potenzialbarriere durch thermische Emission bzw. den Tunneleffekt überwunden werden. Dies lässt sich durch eine hohe Dotierung im Kontaktbereich zur Reduktion der Weite der Bandabsenkung realisieren.

In der Siliziumtechnologie wirkt Aluminium als Kontaktmetall zum dotierten Substratmaterial stark unterschiedlich auf die Kontakte zu p- und n-dotierten Gebieten. Da Aluminium im Silizium als Akzeptor eingebaut wird und bereits eine schwache Temperaturbehandlung eine Legierung des Metalls mit dem Silizium bewirkt, entsteht immer eine dünne, hoch dotierte p$^+$-Zone unter der Aluminiumschicht an der Oberfläche des Siliziums. Folglich wirken Aluminium/p$^+$- und Aluminium/p$^-$-Übergänge stets als ohmsche Kontakte (Tab. 8.1).

Dagegen wird im n-leitenden Silizium durch die Aluminiumbeschichtung eine oberflächennahe Dotierungsumkehr verursacht. Infolge des Einbaus von Aluminium nimmt die Halbleiteroberfläche im Kontaktbereich stark p-leitenden Charakter an. Es entsteht damit ein p$^+$n-Übergang, der vergleichbar zu einer Diode mit abruptem pn-Übergang wirkt. Zur Vermeidung dieser nichtohmschen Kontakte gibt es zwei Möglichkeiten:

- den n-leitenden Bereich des Halbleiters an der Oberfläche so hoch dotieren, dass nach der Kontaktierung mit Aluminium die entstehende Potenzialbarriere von den Ladungsträgern durchtunnelt werden kann;
- das Aufbringen einer Barriereschicht aus Titan, Tantal, Nickel oder Palladium zur Trennung des Legierungssystems Aluminium/Silizium.

Tab. 8.1 Experimentell ermittelte Barrierenhöhen bei n- und p-Silizium im Kontakt mit verschiedenen Metallen. (Nach [2])

Metall	Φ_m (eV)	Φ_{Bp} (eV)	Φ_{Bn} (eV)
Ag	4,31	0,54	0,55
Al	4,20	0,58	0,50
Ni	4,74	0,51	0,67
Au	4,70	0,34	0,81

Die metallischen Trennschichten verhindern die Umdotierung der n-leitenden Silizium-oberfläche, sodass bereits bei mäßiger Oberflächendotierung ein ohmsch wirkender Kontakt entsteht. Der mit diesen Techniken erreichbare minimale flächenbezogene Kontaktwiderstand beträgt ca. 10^{-6} Ωcm^2. Für eine Kontaktlochgröße von 2×2 μm^2 ergibt sich somit ein Kontaktwiderstand von etwa 25 Ω, sodass für niederohmige Anschlüsse mehrere Kontaktlöcher parallelgeschaltet werden müssen (Tab. 8.2).

Silizium reagiert bereits bei Temperaturen von 200–250°C mit der Aluminium-metallisierung. Das Silizium diffundiert in das Metall, sodass sich nach der Abkühlung Gruben an den Kontaktflächen ausbilden und Metallspitzen („Spikes") in den pn-Über-gang hineinragen. Diese Aluminium-Spikes zerstören bei flachen Diffusionsgebieten den pn-Übergang zum Substrat durch Kurzschlussbildung. Die Ausbildung dieser Spikes ist abhängig von der maximalen Legierungstemperatur und der Dauer der thermischen Behandlung.

Zur Unterdrückung dieses Kurzschlusses zum Substrat kann im Bereich der Kontaktöffnungen eine tiefe Ionenimplantation, die Kontaktimplantation, zur lokalen Vergrößerung der pn-Übergangstiefe eingebracht werden. Damit enden die Spikes inner-halb des dotierten Gebietes, sie ragen nicht bis in das Substrat hinein und können es somit nicht kontaktieren (vgl. Abb. 8.2). Nachteilig sind bei dieser Vorgehensweise die zusätzlichen Prozessschritte in der Herstellung, aber auch die erhöhten Sperrschicht-kapazitäten durch die vergrößerten Geometrien der Diffusionsgebiete.

Alternativ kann statt des Reinstaluminiums eine Aluminium-Silizium-Legierung mit ca. 1–2 % Siliziumanteil beim Aufdampf- oder Zerstäubungsprozess auf den Wafer auf-gebracht werden. Die Aluminiumschicht ist dann bereits mit Silizium versetzt, im Ideal-fall wird kein weiteres Material aus dem Substrat gelöst. Damit sind gute Kontakte auf Silizium erzielbar, jedoch kann bei sehr kleinen Kontaktöffnungen eine Ausfällung von Silizium an der Kristalloberfläche stattfinden. Dieser Effekt vergrößert den Kontakt-widerstand erheblich, sodass der Siliziumanteil im Aluminium möglichst gering gehalten werden muss.

Für kleinste, hochwertige Kontakte zu flachen pn-Übergängen ist eine strikte Trennung des Legierungssystems Aluminium/Silizium erforderlich. Dies lässt sich durch das Aufsputtern einer dünnen Diffusionsbarriere aus Titan, Titannitrid, Tantalnitrid oder Wolfram erreichen. Das Barrierenmetall verhindert das Legieren des Aluminiums mit dem Silizium, weist aber selbst einen relativ hohen Kontaktwiderstand zum dotierten

Tab. 8.2 Kontakt-Flächenwiderstand von Aluminium auf Silizium. (Nach [2])

Leitungstyp	Dotierung (cm^{-3})	Kontaktwiderstand (Ωcm^2)
p	$1,5 \times 10^{20}$	$1,2 \times 10^{-6}$
p	$1,0 \times 10^{19}$	$2,3 \times 10^{-5}$
p	$1,5 \times 10^{16}$	$1,0 \times 10^{-3}$
n	$1,0 \times 10^{20}$	$1,9 \times 10^{-6}$
n	$5,0 \times 10^{18}$	Nichtohmsch

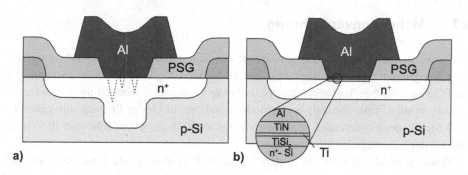

Abb. 8.2 Aluminium-Halbleiterkontakt mit **a** tiefer Kontaktimplantation bzw. **b** Barrieren-material als Diffusionssperre

Silizium auf. Deshalb sind bei Verwendung von Barriereschichten Gegenmaßnahmen zur Unterdrückung des Schottky-Verhaltens am Metall-Halbleiterübergang notwendig.

Ein gegenüber dem einfachen Aluminium/Silizium-Übergang verbesserter Kontakt ist durch den Einsatz von Metallsiliziden an der Siliziumoberfläche möglich. Speziell die Silizide der Elemente Titan, Kobalt, Wolfram, Molybdän, Platin und Nickel sind weit verbreitet.

Zur Kontaktierung mit Siliziden wird nach dem Öffnen des Kontaktfensters ein dünner Metallfilm von etwa 20–50 nm Dicke auf die Scheibenoberfläche aufgebracht. Im anschließenden Temperaturschritt bildet sich in den Kontaktöffnungen das Metallsilizid, auf dem umgebenden Oxid findet jedoch keine Reaktion statt. Dabei diffundiert entweder das Silizium in die Metallschicht (z. B. bei Ti) oder das Metall diffundiert in den dotierten Halbleiter (Co, Ni).

Lässt sich das Metall im Trockenätzverfahren vom Oxid entfernen, so können direkt die Barrieremetall- und die Aluminiumbeschichtung folgen, anderenfalls muss das Metall zuvor selektiv zum Metallsilizid nasschemisch entfernt werden. Diese Technik findet insbesondere bei sehr kleinen Kontaktlöchern in Verbindung mit selbstjustierenden Kontakten ihre Anwendung (vgl. Abschn. 11.2.3).

Zur Unterdrückung der Spikes ist eine Diffusionsbarriere über der Silizid-Kontaktschicht zwingend erforderlich. Damit besteht die Metallisierung für geringe Kontaktquerschnitte aus mehreren Schichten, z. B. ausgehend vom Siliziumsubstrat gesehen, aus n^+-dotiertem Silizium, $TiSi_2$ als Kontaktschicht, Ti zur Haftungsverbesserung, TiN als Diffusionsbarriere und Aluminium als niederohmige Leiterbahn. Diese Schichtung resultiert in einem geringen Kontaktwiderstand bei hoher Temperaturstabilität durch Trennung des Legierungssystems Aluminium/Silizium.

8.2   Mehrlagenverdrahtung

Da die Verdrahtung der Schaltungselemente das Silizium nur passiv als Träger nutzt, in einer integrierten Schaltung aber bis über 80 % der Chipfläche einnehmen kann, sind zur Flächenreduktion Techniken zur Verdrahtung in mehreren Ebenen übereinander entwickelt worden. Eine zusätzliche Verdrahtungsebene in einem Prozess mit zuvor nur einer Metallebene kann eine Einsparung von bis zu 50 % der Chipfläche und 20 % in der Summe der Leiterbahnlängen bewirken.

Neben dem Metall steht auch stark dotiertes Polysilizium als Leiterbahn zur Verfügung. Aufgrund seines relativ hohen Schichtwiderstands von 20–40 $\Omega/\square$ eignet es sich jedoch nur für geringe Stromstärken. Abhilfe kann eine Silizidierung der Polysiliziumoberfläche durch Beschichtung mit Titan oder Titandisilizid ($TiSi_2$) schaffen, allerdings beträgt der erreichbare Schichtwiderstand mit etwa 1 $\Omega/\square$ noch ein Vielfaches des Metallwiderstandes.

Sowohl die Polysiliziumebenen als auch die Metallebenen lassen sich in mehreren Schichten übereinander, jeweils durch dielektrische Isolationen getrennt und über Kontaktöffnungen („Via-Holes") verbunden, auf die Schaltungen aufbringen, um die anteilige Fläche der Verdrahtung an der Gesamtfläche eines Chips zu minimieren. Dabei sind ein bis zwei Polysiliziumebenen und 2 bis 9 Metallebenen gebräuchlich.

8.2.1   Planarisierungstechniken

Aufgrund der begrenzten Konformität der Sputterbeschichtung ist die Dicke der Metallisierung an steilen Kanten so niedrig, dass die Leiterbahnquerschnitte deutlich geringer als auf der planaren Oberfläche ausfallen. Folglich wächst die Stromdichte in diesem Bereich stark an. Entweder tritt direkt eine unvollständige Bedeckung der Stufe (Kantenabriss) auf oder die Leiterbahn altert in diesem Bereich vorzeitig infolge hoher Stromdichten (Elektromigration). Darum müssen diese Kanten bzw. Stufen auf der Scheibenoberfläche vor der Metallisierung beseitigt werden.

8.2.1.1 Der BPSG-Reflow
Zur Planarisierung der Polysiliziumebenen wird die Reflow-Technik mit dotierten Gläsern eingesetzt. Weit verbreitet sind mit Phosphor (PSG, Phosphorsilikatglas) oder mit Bor und Phosphor dotierte Gläser (BPSG). Da der Schmelzpunkt der Reflow-Gläser im Bereich um 900 °C liegt, ist ein Hochtemperaturschritt erforderlich, um ein ausreichendes Verfließen des Glases zu gewährleisten.

PSG wird mit einem Gehalt von bis zu 8 % Phosphor auf der Scheibenoberfläche abgeschieden, der Schmelzpunkt sinkt dann auf ca. 950 °C. BPSG mit jeweils 4 % Bor- und Phosphorgehalt schmilzt bereits bei 900 °C. Höhere Dotierungskonzentrationen sind wegen der wachsenden Hygroskopie der Schichten nicht zulässig, denn das Oxid neigt in Verbindung mit Feuchtigkeit zur Bildung von Phosphorsäure, die zur Korrosion der Aluminiumleiterbahnen führt.

Nach der Abscheidung dieser Gläser folgt der Hochtemperaturschritt, sodass steile Kanten infolge der Oberflächenspannung des aufgeschmolzenen Oxides abflachen und eine sanft geschwungene Oberfläche entsteht. Dieses Planarisierungsverfahren lässt sich für sämtliche Polysiliziumverdrahtungsebenen anwenden. Zur Planarisierung der Metallebenen ist die Prozesstemperatur des BPSG-Reflows erheblich zu hoch, sie würde zum Aufschmelzen der Aluminiumverdrahtung führen (Abb. 8.3).

Wegen der großen Schichtdicke der Metallisierungsebenen von zumeist 1 μm entstehen bei der Mehrlagenverdrahtung im Vergleich zum Polysilizium erheblich stärkere Oberflächenstufen, die eingeebnet werden müssen. Typische Verfahren sind die Reflow-Rückätzverfahren, das Aufbringen von Spin-On-Gläsern (SOG) sowie das chemisch-mechanische Polieren (CMP) der Scheibenoberfläche. Dabei hat die CMP-Technik inzwischen eine weite Verbreitung gefunden, sie ist heute Standard in der Mehrlagenverdrahtung.

8.2.1.2 Reflow- und Rückätztechnik organischer Schichten

Das Reflow-Rückätzverfahren nutzt die Fließeigenschaften einer aufgeschleuderten Lack- oder Polyimidschicht zur Planarisierung der Oberflächenstufen aus. Auf der stufigen Oberfläche der Siliziumscheibe muss zunächst eine Siliziumdioxidabscheidung in einer Dicke, die oberhalb der größten auftretenden Stufenhöhe liegt, erfolgen (Abb. 8.4).

Darüber wird – vergleichbar mit der Fotolackbeschichtung – der Lack aufgeschleudert und zur Einebnung thermisch behandelt. Infolge der thermischen Belastung verflüssigt sich der Lack, sodass Kanten abgeflacht und enge Oberflächenstufen durch Verfließen ausgeglichen werden.

Die nun planarisierte Oberfläche lässt sich im folgenden Schritt durch gleichmäßiges Zurückätzen in die Oxidschicht übertragen. Dazu werden der Lack und das abgeschiedene SiO_2 im Trockenätzverfahren mit identischen Ätzraten abgetragen, sodass

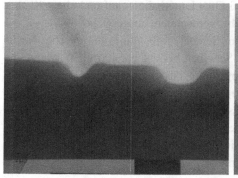

Abb. 8.3 Einebnung von Stufen durch Abscheidung und Reflow einer BPSG-Schicht

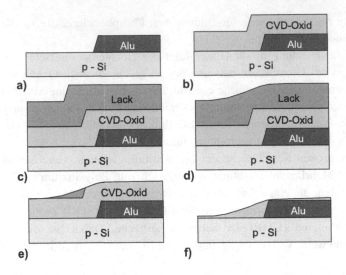

Abb. 8.4 Planarisierung der Verdrahtungsebene durch Anwendung der Reflow- und Rückätztechnik: **a** Ausgangsstufe, **b** ganzflächige Oxidabscheidung, **c** Belackung, **d** Reflow des Lacks durch thermische Behandlung, **e** Rückätzen des Lacks und Oxids, **f** eingeebnete Struktur

eine eingeebnete Oberfläche aus Oxid auf der Scheibe zurückbleibt [3]. Das Verfahren liefert eine gute Kantenverflachung in Verbindung mit einer lokalen Planarisierung über feine Strukturen, es gleicht aber großflächige Topografiestufen nicht aus. Die resultierende Oberfläche ist infolge der hohen abgetragenen Lack- bzw. Oxidschichtdicken relativ rau.

8.2.1.3 Spin-On-Gläser

Eine vergleichbare Einebnung der Scheibenoberfläche lässt sich durch das Aufschleudern von flüssigen Gläsern (Spin-On-Gläsern, SOG), bestehend aus gelösten Siloxenen, erreichen. Spin-On-Glas wird genau wie ein Lack durch eine Schleuderbeschichtung auf die stufige Scheibenoberfläche aufgebracht. Das Glas verfließt bereits bei Raumtemperatur, es füllt enge Gräben zwischen Leiterbahnen auf und ebnet Kanten ein. Globale Höhenunterschiede auf der Scheibe werden nicht ausgeglichen.

Zur Stabilisierung der aufgeschleuderten Schicht folgt eine thermische Nachbehandlung durch langsames Erwärmen der Scheiben bis auf ca. 400°C. Während des Temperaturschritts verflüchtigt sich das Lösungsmittel, das Glas härtet aus und bildet ein mechanisch und eingeschränkt auch elektrisch belastbares Dielektrikum.

Die Temperaturstabilität der Spin-On-Gläser ist jedoch begrenzt (max. 500°C). In der MOS-Technik wird aus diesem Grund, vergleichbar zum Reflow/Rückätzverfahren, unter dem SOG ein Oxid abgeschieden, um die entstehende Topografie durch Rückätzen in ein thermisch belastbares Material zu übertragen.

Ist die Temperaturstabilität nicht gefordert, können diese Prozessschritte zur Verringerung des Aufwands entfallen. In jedem Fall wird nur eine lokale Einebnung erreicht. Da Spin-On-Gläser bei dicken Schichten zur Rissbildung neigen, lassen sich nur geringe Stufenhöhen mit diesem Verfahren ausgleichen.

8.2.1.4 Chemisch-mechanisches Polieren

Im Gegensatz zu den lokal einebnenden Reflow-Verfahren liefert das chemisch-mechanische Polieren (CMP) der Oberfläche eine großflächige, globale Planarisierung der Scheibentopografie. Das Verfahren wird sowohl für Siliziumdioxidschichten als auch für Metalloberflächen eingesetzt. Es ist relativ kostenintensiv und verursacht durch unerwünschte Partikelbildung während des Polierens Ausbeuteeinbußen.

Das Abtragen von Oxidschichten ist bei der Planarisierung der Dielektrika zwischen den einzelnen Metallebenen („*I*nter *M*etal *D*ielectric Layer", IMD) und bei der die Feldoxidation ersetzenden bzw. ergänzenden Trench-Isolation („*S*hallow *T*rench *I*solation", STI) erforderlich. Metalle wie Kupfer oder Wolfram werden häufig in Vertiefungen eingebracht, indem nach einer ganzflächigen Beschichtung die erhabenen Bereiche durch CMP wieder freigelegt werden. Oxid- und Metall-CMP unterscheiden sich im Wesentlichen durch die verwendeten Polierlösungen [4].

Abb. 8.5 zeigt den typischen Aufbau einer CMP-Anlage. Die Siliziumscheibe mit der abzutragenden Schicht befindet sich auf dem Polierkopf, sie wird mit Druck gegen die sich drehende Polierscheibe gepresst. Der Polierkopf selbst rotiert während des Materialabtrags und oszilliert zusätzlich in radialer Richtung über die Polierscheibe, um einen gleichmäßigen Materialabtrag zu gewährleisten. Das Schleifmittel wird gemeinsam mit Wasser kontinuierlich zugefügt. Außerdem raut ein mitlaufender, mit Diamantspitzen besetzter Konditionierer die Polierscheibe stetig auf, damit die Abtragrate unabhängig von der Nutzungsdauer der Scheibe konstant bleibt.

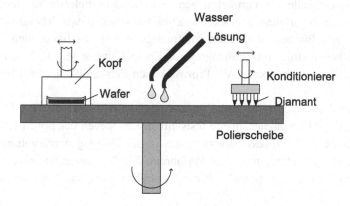

Abb. 8.5 Schematische Darstellung einer CMP-Anlage zur Planarisierung der Scheibenoberfläche

Als Poliermittel dienen materialabhängige Lösungen, die sich aus Schleifmittel, alkalischer Lauge und Wasser zusammensetzen. Für das CMP von Siliziumdioxid werden SiO_2-Partikel mit ca. 150 nm Durchmesser, gelöst in NH_4OH und Reinstwasser verwendet. Die Abtragrate beträgt bis zu 300 nm/min. Das Metall-CMP nutzt SiO_2- oder Al_2O_3-Schleifmittel mit einer vergleichbaren Körnung, gelöst in Wasserstoffperoxid oder Jod enthaltenden Lösungen, die erneut mit Wasser verdünnt werden [5].

Zum Einstellen einer möglichst gleichmäßigen Planarisierung ist eine Anpassung der Politurparameter erforderlich. Sowohl der Anpressdruck der Scheibe, des Polierkopfs und des Konditionierers als auch die Rotationsgeschwindigkeiten des Kopfes, der Polierscheibe und des Konditionierers sind in Abhängigkeit vom Fluss der Polierlösung und des Wassers zu optimieren. Die Parameter sind so zu wählen, dass der Materialabtrag möglichst nur an den erhabenen Strukturen stattfindet, gleichzeitig aber nur wenige Kratzer in der polierten Oberfläche auftreten. Vereinzelt auftretende tiefe Kratzspuren lassen sich bislang jedoch kaum vermeiden.

Aus diesem Grund werden zurzeit spezielle Polierscheiben entwickelt, bei denen das Schleifmittel in sehr genau definierter, gebundener Form eingearbeitet ist. Die externe Zugabe von Schleifmitteln ist dann nicht mehr erforderlich. Zusätzlich wird der CMP-Prozess mehrstufig durchgeführt, wobei nach dem groben Entfernen der Schicht ein reiner Polierschritt ohne Schleifmittel folgt.

Der CMP-Prozess lässt sich nur bedingt über die Zeit gesteuert führen. Für optimale Ergebnisse ist eine optische Endpunktkontrolle möglich, indem die Scheibenoberfläche mithilfe eines Lasers durch ein Quarzfenster in der Polierscheibe beurteilt wird. Im Moment des vollständigen Entfernens einer Schicht tritt eine Intensitätsänderung im reflektierten Strahl auf, die den Endpunkt des Schleifprozesses kennzeichnet. Alternativ kann auch der Motorstrom für den Antrieb der Polierscheibe aufgezeichnet werden. Infolge der Materialänderung während des Polierens variiert die Reibung, sodass die für eine feste Drehzahl erforderliche Leistung verändert wird.

Als intensive Quelle für Partikel haben sich Schleifmittelreste an der Scheibenoberfläche sowie in Öffnungen erwiesen. Zum Entfernen dieser Rückstände ist eine Kombination aus Bürsten- und Ultraschallreinigung mit anschließendem Spülen in Reinstwasser notwendig. Trotz umfangreicher Entwicklungsarbeiten zu den speziellen Reinigungsschritten nach einem CMP-Prozess lassen sich die Restpartikel bislang nicht vollständig beseitigen.

Sowohl lokal als auch global sind nach der chemisch-mechanischen Oberflächenpolitur nur geringe Höhenunterschiede feststellbar. Der wegen des hohen Chemikaliendurchsatzes teure CMP-Prozess ist inzwischen in der Mehrlagenverdrahtung, trotz des relativ aufwendigen und zeitintensiven Verfahrens, für die Massenfertigung von mikroelektronischen Schaltungen mit mehr als drei Verdrahtungsebenen Stand der Technik.

8.2.2 Auffüllen von Kontaktöffnungen

Nach der Planarisierung folgt, falls erforderlich, eine weitere Oxidabscheidung zur dielektrischen Isolation zwischen den Metallebenen. Mit hohem Anisotropiefaktor werden in diese Schicht Kontaktöffnungen zu den unteren Ebenen hineingeätzt, die zur optimalen Kontaktierung unter Beibehaltung der planaren Oberfläche aufgefüllt werden müssen.

Als geeignet hat sich die selektive Wolfram-Abscheidung im CVD-Verfahren mit Wolframhexafluorid (WF$_6$) als Quellgas erwiesen, bei der zunächst nur auf Silizium, nicht jedoch auf SiO$_2$ eine Wolframschicht als Keim entsteht. WF$_6$ zersetzt sich entsprechend

$$2WF_6 + 3Si \xrightarrow{400°C} 2W + 3SiF_4 \qquad (8.2)$$

unter Verbrauch von im Kontaktloch vorhandenem Silizium, oder – bei externer Zufuhr von Silan – nach Gl. (8.3)

$$4WF_6 + 3SiH_4 \xrightarrow{400°C} 4W + 3SiF_4 + 12HF \qquad (8.3)$$

Da bei der Reaktion nach Gl. (8.2) Silizium aus dem Substrat verbraucht wird, ist diese Technik zur Kontaktierung sehr flacher pn-Übergänge ungeeignet. Gebräuchlich ist der Prozess nach Gl. (8.3) zum Aufwachsen einer dünnen Wolframschicht als Nukleationskeim [6]. Bei geringfügiger Zugabe von SiH$_4$ entstehen die Keime nur im Kontaktloch, während der sich anschließende Auffüllprozess die Wolframkeime selbst zur Dissoziation des WF$_6$ entsprechend der Gleichung

$$WF_6 + 3H_2 \xrightarrow{400°C} W + 6HF \qquad (8.4)$$

nutzt. Die Kombination der Prozesse (8.3) und (8.4) ermöglicht ein selektives Auffüllen der Kontaktöffnungen über einem flachen pn-Übergang, ohne diesen zu zerstören. Anschließend kann die nächste Metallebene aus Aluminium aufgebracht, strukturiert, planarisiert und kontaktiert werden.

Anstelle der selektiven Deposition ist nach dem Aufbringen einer Startschicht, abgeschieden entsprechend Gl. (8.3) bei höherer Silankonzentration, auch eine ganzflächige Beschichtung mit hoher Konformität nach Gl. (8.4) in einer Dicke entsprechend des halben Kontaktlochdurchmessers zum Auffüllen der Öffnungen möglich.

Infolge der hohen Konformität der WF$_6$-Abscheidung wächst die Öffnung von außen nach innen gleichmäßig zu. Nach dem Rückätzen der Wolframschicht von der Scheibenoberfläche oder einem Wolfram-CMP-Schritt steht dann eine weitgehend ebene Fläche zur weiteren Metallisierung zur Verfügung.

8.3   Zuverlässigkeit der Aluminium-Metallisierung

Die Zuverlässigkeit stellt einen Schwachpunkt in der Aluminium-Metallisierung dar, denn das Material korrodiert sehr schnell und ist auch elektrisch nur begrenzt belastbar. Es kommt zu folgenden Langzeitausfällen von Leiterbahnen und Verbindungen bei einer Aluminium-Metallisierung:

* Unterbrechungen von Leiterbahnen infolge eines Materialtransports bei hohen Stromdichten;
* Korrosion bedingt durch Umwelteinflüsse;
* Unterbrechung der Bond-Kontakte durch Ausbildung spröder Legierungen.

Unterbrechungen der Leiterbahnen können durch einen Materialtransport („Elektromigration") bei hohen Stromdichten verursacht werden. Die maximale zulässige Stromdichte beträgt bei Raumtemperatur etwa 100–200 kA/cm^2, eine stärkere Belastung bewirkt einen atomaren Materialtransport des Aluminiums in Richtung des Elektronenflusses, verursacht durch eine Art Reibungskraft, die infolge der Elektronenbewegung zum Energieübertrag auf die Aluminiumatome führt. Die Atome bewegen sich dabei entlang der Korngrenzen in den polykristallinen Leiterbahnen. Der Effekt der Elektromigration weist eine exponentielle Temperaturabhängigkeit auf und begrenzt die erlaubte Stromdichte speziell bei erhöhter Betriebstemperatur drastisch.

An Einschnürungen in Leiterbahnen ist die Stromdichte besonders hoch, sodass hier der Materialtransport zuerst einsetzt. Folglich nimmt der Leiterbahnquerschnitt während der elektrischen Belastung genau an diesen Stellen weiter ab, die Stromdichte aber entsprechend zu, wodurch sehr schnell eine Unterbrechung der elektrischen Verbindung auftritt. Dieser Effekt tritt insbesondere an Oberflächenstufen auf, weil hier die begrenzte Konformität der Beschichtungsverfahren geringere Leiterquerschnitte bewirkt.

Da sich das infolge der Elektromigration transportierte Material in Bereichen niedrigerer Stromdichte wieder anlagert, entstehen dort Hügel („Hillocks") auf den Leiterbahnen. Diese Hillocks können die zum Schutz der Schaltung aufgebrachte Oberflächenpassivierung durchbrechen, somit das Eindringen von Feuchtigkeit im aufgeplatzten Bereich begünstigen und folglich zu Korrosionsschäden führen. In der Mehrlagenverdrahtung kann ein Hillock-Wachstum durch Zerstören der dielektrischen Isolation zwischen den Metallebenen einen Kurzschluss bewirken (Abb. 8.6).

Als Gegenmaßnahme muss der Designer die Leiterbahnbreite an den geforderten Strom anpassen. Darüber hinaus erhöht ein geringer Kupferzusatz (max. 2 %) zum Aluminium die Lebensdauer der Leiterbahnen bei gleicher Stromdichte um mehr als eine Zehnerpotenz. Die Kupferatome lagern sich in den Korngrenzen des polykristallinen Aluminiums an und verstopfen damit die bevorzugten Kanäle für die Elektromigration. Allerdings erschwert dieser Kupferzusatz die Strukturierung der Leiterbahnen im RIE-Verfahren, da Kupfer keine leichtflüchtige Chlorverbindung bildet. Bei einer

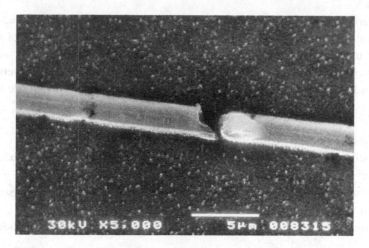

Abb. 8.6 Zerstörung einer Aluminium-Leiterbahn durch Elektromigration infolge einer hohen Strombelastung

Metallisierungsdicke von 1 μm Aluminium mit 4 % Cu entsteht nach der Strukturierung im RIE-Verfahren eine durchgehende leitfähige Kupferschicht auf der Scheibenoberfläche.

Zum Schutz der Leiterbahnen vor Korrosion wird im Anschluss an die Metallisierung eine Oberflächenpassivierung aus SiO_2, Si_3N_4 oder SiON aufgebracht. Um auch im Bereich der Bondflächen einen ausreichenden Schutz vor Umwelteinflüssen zu gewährleisten, sollten die Chips in hermetisch dichten Keramikgehäusen gekapselt werden. Kunststoffgehäuse bieten keinen optimalen Korrosionsschutz, weil sie im Bereich der Metalldurchführungen durchlässig für die Umgebungsfeuchtigkeit sind.

Bei der Verwendung von Golddraht zur Pad-Kontaktierung bildet sich bei hoher thermischer Belastung der Verbindungsstelle leicht eine spröde Al_2Au-Legierung aus. Sie wird als Zeichen für mangelnde Zuverlässigkeit der Verbindung angesehen und entsprechend ihrer Farbe als „Purpurpest" bezeichnet. Auch eine über längere Zeit einwirkende hohe Stromdichte kann die Legierungsbildung am Übergang Al-Au unterstützen.

8.4 Kupfermetallisierung

In komplexen Schaltungen wie Mikroprozessoren entfällt ein wesentlicher Anteil der Signallaufzeiten auf die Verdrahtungsebenen. Das RC-Produkt der Leiterbahnen aus Aluminium mit dem Siliziumdioxid als Dielektrikum zum Substrat und zu benachbarten Leiterbahnen begrenzt die maximal erreichbare Schaltgeschwindigkeit der integrierten Schaltungen, d. h. sowohl der Widerstand der Verdrahtungsebene als auch die parasitären Kapazitäten der Leiterbahn müssen verringert werden.

Einen geringeren spezifischen Widerstand als das reine Aluminium mit $\rho = 2{,}7\ \mu\Omega\text{cm}$ weisen nur die Elemente Gold ($2{,}2\ \mu\Omega\text{cm}$), Kupfer ($1{,}7\ \mu\Omega\text{cm}$) und Silber ($1{,}6\ \mu\Omega\text{cm}$) auf. Silber und Gold scheiden aus Kostengründen für eine Metallisierung aus, einzig Kupfer bietet sich als Ersatz für Aluminium an. Neben dem höheren Leitwert und der gesteigerten Elektromigrationsfestigkeit weist Kupfer jedoch vier gravierende Nachteile auf:

- Kupfer lässt sich nicht im Trockenätzverfahren strukturieren;
- Kupfer diffundiert bereits bei sehr geringer Temperatur im Siliziumdioxid und im Silizium;
- Kupfer wirkt als Generations-/Rekombinationszentrum für Ladungsträger im Silizium;
- Kupfer oxidiert schon bei Raumtemperatur unter dem Einfluss der Umgebungsluft.

Zwar oxidiert auch Aluminium an Luft, es bildet jedoch sofort ein für Sauerstoff undurchlässiges Oberflächenoxid. Das Oxid des Kupfers ist dagegen porös und für Sauerstoff durchlässig, sodass sich innerhalb kurzer Zeit die gesamte Leiterbahn in Kupferoxid umwandelt. Folglich muss die Oberfläche der Kupferleiterbahnen bereits während der Herstellung gegenüber Umwelteinflüssen passiviert werden. Gleichzeitig darf das Kupfer weder mit dem umgebenden Siliziumdioxid noch mit dem Silizium in Kontakt kommen, da es die Oxidqualität negativ beeinflusst und in pn-Übergängen überhöhte Leckströme durch Ladungsträgergeneration bewirkt.

Aus diesem Grund ist eine vollständige Kapselung der Metallisierung erforderlich. Geeignete leitfähige Diffusionsbarrieren für Sauerstoff und Kupfer sind Titannitrid, Tantal oder Tantalnitridschichten, jeweils von etwa 5–10 nm Dicke, abgeschieden im ALD-Verfahren. Als dielektrische Diffusionsbarriere eignet sich Siliziumnitrid.

Da die Kupferstrukturierung im Trockenätzverfahren ausscheidet und die „Lift-off"-Technik für feine Leiterbahnen nicht zuverlässig ist, wurde die Damascene-Technik entwickelt (Abb. 8.7). Zur Herstellung der Verdrahtung wird am Ort der Leiterbahnen möglichst anisotrop eine Vertiefung in das darunter liegende Oxid geätzt. Anschließend folgt die konforme Abscheidung der Barrierenschicht im ALD- oder CVD-Verfahren, um eine sichere Trennung des Kupfers vom Oxid und vom Silizium zu gewährleisten.

Es schließt das Aufsputtern bzw. die CVD-Abscheidung einer dünnen Startschicht zur Keimbildung für die Kupferdeposition an. Darauf wird ganzflächig elektrolytisch oder chemisch stromlos Kupfer von 1 μm Dicke abgeschieden; gesputterte Schichten weisen im Vergleich dazu einen höheren spezifischen Widerstand auf. Durch Abpolieren der Kupferschicht bis zur Oberkante der Oxidgräben (Cu-CMP) entsteht die strukturierte Metallisierungsebene. Um eine vollständige Kapselung des Kupfers zu erreichen, ist eine PECVD-Nitridabscheidung an der Oberfläche zur Vermeidung der Oxidation an Umgebungsluft erforderlich.

In der Mehrlagenverdrahtung wird diese Technik wiederholt zur Herstellung der einzelnen Metallebenen angewendet. Die bislang übliche Verbindung zwischen den

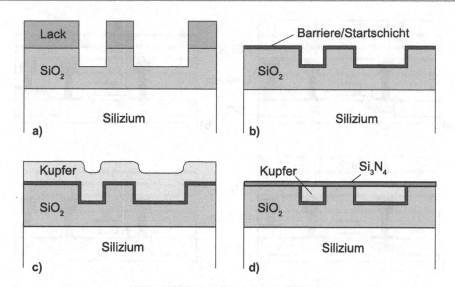

Abb. 8.7 Damascene-Technik zur Kupfermetallisierung: **a** Ätzen der Gräben, **b** Abscheidung der Diffusionsbarriere und der Keimschicht, **c** Kupferdeposition und **d** Kupfer-CMP und Oberflächenabdeckung mit Nitrid

Aluminiumebenen über Wolfram-Plugs lässt sich mit der Dual-Damascene-Technik (Abb. 8.8), bei der zusätzlich die Intermetallkontakte in die Oxidschicht geätzt werden, vollständig in Kupfer realisieren.

Dabei wird nach der ersten Metallisierung wiederholt eine Schichtfolge aus Si_3N_4 und SiO_2 abgeschieden. Die erste Fotolithografietechnik definiert die Intermetallkontakte, die im anisotropen RIE-Verfahren bis zum Nitrid als Ätzstopp übertragen werden. Die zweite Lackmaske legt die Position und Breite der Leiterbahnen in der folgenden Metallebene fest. Parallel zum Ätzen der Gräben für das Metall werden die Via-Öffnungen in das darunter liegende Oxid übertragen. Nach der Cu-Deposition folgt ein chemischmechanischer Polierschritt, der das Kupfer außerhalb der Gräben wieder von der Scheibenoberfläche entfernt.

Durch wiederholte Anwendung dieses Verfahrens werden zurzeit bis zu neun Metallebenen – großteils mit Kupfer als Leiterbahnen – auf hochintegrierte mikroelektronische Schaltungen aufgebracht. Abb. 8.9 verdeutlicht die Entwicklung der Metallisierungstechnik unter Anwendung des Dual-Damascene Verfahrens im Verlauf der fortschreitenden Miniaturisierung in der Mikroelektronik.

Zur weiteren Verbesserung der Verzögerungszeit infolge des RC-Produktes der Leiterbahnen über dem Substrat bzw. zur Verringerung der Kapazitäten zwischen benachbarten Leiterbahnen werden Dielektrika mit geringerer Dielektrizitätszahl verwendet. Fluorierte Oxide senken den Wert von $\varepsilon = 3{,}9$ für reines SiO_2 auf 3,5. Eine weitere Verringerung gelingt über wasserstoffhaltige Siloxene (~3,0) und poröse Xerogele (~2 ... 2,4), die als

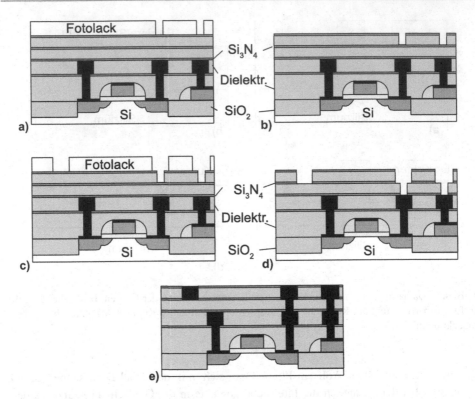

Abb. 8.8 Dual-Damascene-Technik zur Metallisierung und Intermetall-Kontaktlochherstellung: **a** Lithografie für die Kontakte, **b** Kontaktstrukturierung, **c** Lithografie für die nächste Metallebene, **d** Ätzen, Auffüllen mit Cu und CMP der Oberfläche

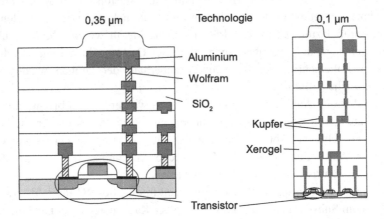

Abb. 8.9 Entwicklung der Metallisierungstechnik bei Skalierung der minimalen Linienweite von 0,35 μm auf 0,1 μm; im rechten Bild befinden sich bereits zwei Transistoren im Siliziumsubstrat

Spin-On-Dielektrika aufgeschleudert und ausgehärtet werden. Diese Stoffe werden in Mikroprozessoren mit Taktfrequenzen im Ghz-Bereich bereits eingesetzt, befinden sich aber zum Teil auch noch in der Entwicklungs- und Erprobungsphase.

Ein letzter Schritt zur Reduktion der Verzögerungszeit in der Verdrahtungsebene ist der gezielte Einbau von Hohlräumen zwischen eng benachbarten Leiterbahnen. Sie lassen sich durch Abscheidungen von Oxiden mit ungleichmäßiger Konformität erzeugen (vgl. Abb. 7.3c).

8.5   Aufgaben zur Metallisierung

Aufgabe 8.1
Kontaktieren Sie eine schwach n-dotierte Wanne im Siliziumkristall mit Aluminium. Welche Varianten der Kontaktierung sind möglich und welche Fehlermechanismen können auftreten?

Ist ein Kontakt zum p-leitenden Silizium vergleichbar aufwendig? Begründen Sie Ihre Antwort!

Aufgabe 8.2
Gegeben sind die folgenden Teststrukturen (Abb. 8.10) zur Bestimmung des Kontaktwiderstandes eines Kontaktloches zwischen der Metallisierung und dem hoch dotierten Silizium: a) Kelvin-Struktur, b) Tape-Bare Struktur und c) Kontaktlochkette.

Wie lässt sich mit diesen Strukturen der jeweilige Kontaktwiderstand bestimmen?

Aufgabe 8.3
Zwei Leiterbahnen von $1\,\mu m \times 1\,\mu m$ Querschnitt verlaufen im Abstand von $0{,}5\,\mu m$ über $100\,\mu m$ parallel zueinander. Sie sind über ein 700 nm dickes Dielektrikum vom

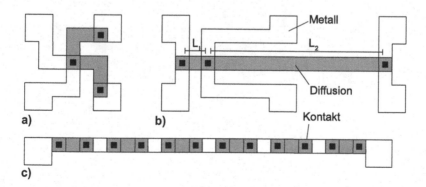

Abb. 8.10 Strukturen zur Bestimmung des Kontaktwiderstandes am Übergang vom Metall zum Halbleiter: **a** Kelvin-Struktur, **b** Tape-Bare Struktur, **c** Kontaktlochkette

Substrat isoliert. Berechnen Sie die RC-Konstante dieser Leiterbahn für eine Aluminium-verdrahtung über Oxid ($\varepsilon = 3{,}9$) unter Vernachlässigung der Randeffekte.

Vergleichen Sie das Ergebnis mit der RC-Konstanten für Kupfer über Xerogel ($\varepsilon = 2{,}2$).

Literatur

1. Köhler, M.: Etching in microsystem technology. Wiley-VCH, Weinheim (1999)
2. Ruge, I.: Halbleiter-Technologie, Reihe Halbleiter-Elektronik, Bd. 4. Springer, Berlin (1984)
3. Hilleringmann, U.: Mikrosystemtechnik auf Silizium. Teubner, Stuttgart (1995)
4. Tsujimura, M.: Processing tools for manufacturing. In: Li, Y. (Hrsg.) Microelectronic applications of chemical mechanical planarization, S. 57 ff. Wiley, Hoboken (2008)
5. Yoo, C.S.: Semiconductor manufacturing technology, S. 400 ff. World Scientific, Hackensack (2008)
6. Campbell, S.A.: The science and engineering of microelectronic fabrication, S. 333. Oxford University Press, New York (1996)

Scheibenreinigung

Die Produktion von integrierten Schaltungen mit mehreren Tausend bis zu einigen Milliarden Transistoren pro Chip erfordert absolute Sauberkeit, da jede Verunreinigung zu einer Veränderung der Struktur an der Scheibenoberfläche bzw. der Dotierungs- und Ladungsverhältnisse im Kristall führt. Diese wirken sich negativ auf die Ausbeute an funktionsfähigen Elementen sowie die Langzeitstabilität und Zuverlässigkeit der Schaltungen aus.

Aus diesem Grund findet die Bearbeitung der Siliziumscheiben ausschließlich in Reinräumen statt, die entsprechend der Anzahl und Größe der Partikel je Volumeneinheit Luft klassifiziert sind. Nach DIN EN ISO 14644 sind in einem Reinraum der Klasse n nicht mehr als 10^n Partikel mit einer Größe von mehr als $0,1 \ \mu m$ pro m^3 Luft erlaubt.

Die Klassenangabe nach US-Klassifikation bezieht sich dagegen auf die zulässige Anzahl der Partikel mit einem Durchmesser über $0,5 \ \mu m$. Folglich dürfen in einem Reinraum der US-Klasse 100 maximal 100 Partikel mit einer Größe über $0,5 \ \mu m$ Durchmesser je Kubikfuß Luft vorhanden sein. Feinere Partikel dürfen nur in einer geringen, festgelegten Maximalkonzentration vorhanden sein. Reinräume für die Mikroprozessor- oder Speicherherstellung entsprechen nach dem Stand von 2008 der US-Klasse 1 (Abb. 9.1). Dabei werden die Scheiben nicht mehr der umgebenden Atmosphäre ausgesetzt, sondern nur noch in Transportbehältern mit definiertem Interface (SMIF-Box, „*S*tandard *M*echanical *I*nter*F*ace") zwischen den vollständig automatisierten Anlagen transportiert.

Die Zuluft für moderne Reinräume wird über Feinstfilter aufbereitet und ganzflächig durch die Decke in den Raum geblasen. Die Absaugung erfolgt durch den als Sieb ausgelegten Fußboden, sodass im Raum eine laminare Strömung von der Decke zum Boden vorliegt. Eventuell vorhandene, im Raum schwebende Verunreinigungen werden infolge der Luftströmung mitgerissen und durch den Boden abgesaugt. Um eine hohe Luftumwälzung in Verbindung mit niedrigen Betriebskosten zu gewährleisten, wird die

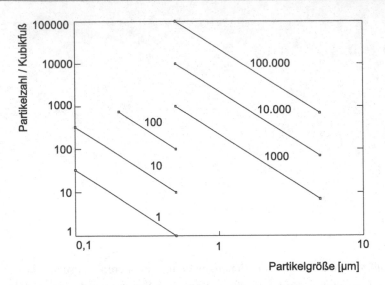

Abb. 9.1 Klassifizierung der Reinraumqualität nach Partikelgröße und Konzentration. (Nach [1])

abgesaugte Luft erneut gefiltert und dem Reinraum als Zuluft wieder zugeführt; nur etwa 10 % der Luftmenge werden durch Frischluft ersetzt.

Trotz der geringen Partikelanzahl in der umgebenden Luft treten bei der Bearbeitung der Siliziumscheiben in diesen Reinräumen Verunreinigungen auf, die sich auf vier Hauptschmutzquellen verteilen:

- mikroskopische Teilchen aus der Umgebungsluft einschließlich der aufgewirbelten Partikel;
- Verunreinigungen in den verwendeten Chemikalien (Gase, Lösungen);
- Abrieb und Schichtabplatzungen bzw. Ablagerungen aus den Bearbeitungsanlagen;
- Personal der Prozesslinien.

9.1 Verunreinigungen und ihre Auswirkungen

Die verschiedenen auftretenden Verunreinigungen lassen sich entsprechend ihrer Zusammensetzung wie folgend klassifizieren:

- mikroskopische Verunreinigungen, z. B. Staub aus der Umgebungsluft, abgeplatzte Beschichtungen aus Anlagen, Waschmittelreste aus der Kleidung oder Hautpartikel;
- molekulare Verunreinigungen, z. B. Kohlenwasserstoffketten aus Ölnebeln der Pumpsysteme der Bearbeitungsanlagen oder unzureichend entfernte Fotolacke;

- alkalische (ionische) Verunreinigungen, verursacht durch Salze aus ungenügend gereinigtem Wasser oder durch Hautkontakt der Siliziumwafer;
- atomare Verunreinigungen, z. B. Schwermetalle aus Ätzlösungen oder Abrieb aus den Bearbeitungsanlagen.

9.1.1   Mikroskopische Verunreinigungen

Die mikroskopischen Verunreinigungen resultieren aus Partikeln, die sich an der Scheibenoberfläche anlagern. Dazu zählen restliche Stäube aus der Umgebungsluft im Reinraum und Rückstände aus der Kleidung (Waschmittelrückstände!) bzw. den Haaren des Personals. Weitere Quellen sind Ablagerungen aus unzureichend gefilterten Flüssigkeiten wie Entwickler oder Ätz- und Reinigungslösungen sowie grober Abrieb von beweglichen Teilen der Bearbeitungsanlagen. Auch von den Wänden der Trockenätzanlagen abplatzende Ablagerungen von Ätzrückständen bzw. sich aus CVD-Anlagen ablösende Schichten verursachen beträchtliche mikroskopische Verunreinigungen in Form von Partikeln auf dem Wafer.

Die Wirkung der mikroskopischen Verunreinigungen liegt in Abschattungseffekten. In der Fotolithografie maskieren die Partikel zusätzliche Bereiche der Scheibenoberfläche, sodass der Fotolack darunter nicht belichtet wird und diese Gebiete vor Ätzangriffen oder Dotierungen geschützt sind. Auch die entgegengesetzte Wirkung ist möglich: werden die Partikel vom Entwickler abgetragen, so entstehen in maskierten Bereichen am Ort der Partikel Öffnungen im Fotolack, die dem Ätzprozess oder Dotierschritt zusätzlich ausgesetzt sind.

Folglich können die mikroskopischen Verunreinigungen sowohl Unterbrechungen als auch Kurzschlüsse in den Leiterbahnebenen und auch zwischen den dotierten Gebieten verursachen. Dies führt zu unterschiedlichen Fehlfunktionen der einzelnen Schaltungen und reduziert die Ausbeute an funktionsfähigen Chips.

Bei der Ionenimplantation bewirken die mikroskopischen Verunreinigungen lokale Abschattungen, sodass unerwünscht undotierte Gebiete entstehen. Sie können im Kontaktbereich von pn-Übergängen zu parasitären Strompfaden führen und damit die Sperreigenschaften der Dioden zerstören.

Eine weitere Auswirkung mikroskopischer Verunreinigungen resultiert aus der Zunahme der Oberflächenunebenheiten, die zur Lackansammlung in den Partikelkanten führt. In der Lithografietechnik kann diese starke Lackschicht nicht völlig durchbelichtet werden, wodurch eine zusätzliche Maskierung im Bereich des Partikels zurückbleibt.

Grobe Partikel bewirken Oberflächenunebenheiten, die speziell bei der Kontakt-Lithografie eine lokal mangelhafte Auflösung durch einen unzulässigen Abstand zwischen Maske und Wafer verursachen und zusätzlich die Fotomaske durch Zerkratzen irreparabel zerstören können.

9.1.2 Molekulare Verunreinigungen

Molekulare Verunreinigungen resultieren häufig aus Fotolackresten, die nicht vollständig von der Scheibenoberfläche entfernt wurden, aus Lösungsmittelresten sowie
aus Ölnebelablagerungen während der Wafer-Bearbeitung in Vakuumanlagen. Letztere
resultieren aus z. B. Diffusionspumpen, die Öle zur Vakuumerzeugung nutzen, aber auch
aus Drehschieberpumpen und – zwar nur im sehr geringen Maße – in Turbomolekular-
pumpen, in denen Öl bzw. Fett als Schmierstoff dient. Während des Trockenätzens –
speziell bei der Polysilizium- und Oxidstrukturierung – entstehen oft schwer lösliche
Polymere an den Fotolackflanken, die selbst im Remover oder im Sauerstoffplasma nur
unvollständig abzulösen sind.

Molekulare Verunreinigungen verschlechtern die Haftung zwischen den einzelnen,
im Verlauf der Scheibenbearbeitung aufzubringenden Schichten erheblich. Speziell die
Metallisierung erfordert eine ölnebelfreie Vakuumerzeugung, da bereits geringste Spuren
zum Abheben schmaler Leiterbahnen führen. Selbst eine nachfolgende Temperung kann
keine gute Haftung der Schicht auf molekular verunreinigten Oberflächen bewirken.

Bei der thermischen Oxidation lagern sich die molekularen Rückstände zum Teil in
das aufwachsende Oxid ein. Dies senkt durch die erhöhte Oxidladungsdichte die Qualität
der Schicht; gleichzeitig sinkt die elektrische Belastbarkeit des Oxides. Die während des
Trockenätzens entstehenden Polymere führen häufig zu Strukturveränderungen, z. B. zur
Reduktion des Kontaktlochquerschnitts, oder zu Abschattungseffekten nach der Gate-
Strukturierung.

Damit bewirken die molekularen Verunreinigungen unerwünschte Veränderungen in
den geometrischen Abmessungen und beeinträchtigen die Vollständigkeit der Strukturen
an der Scheibenoberfläche.

9.1.3 Alkalische und atomare Verunreinigungen

Alkali-Ionen wie Natrium und Kalium können durch unzureichend deionisiertes Wasser
an die Oberflächen der Siliziumscheiben gelangen. Die Hauptquelle für diese Verunreinigungen ist jedoch der Mensch, der über die Haut, zum Teil auch über die Atem-
luft, ständig Salze absondert. Deshalb muss ein Hautkontakt mit den Siliziumscheiben
unbedingt vermieden werden.

Ionische Verunreinigungen beeinflussen die Schwellenspannung in MOS-
Transistoren, da sie als positive Ladungen im Gate-Oxid zur Summe der Oxidladungen
beitragen. Wegen ihres hohen Diffusionskoeffizienten können sich Na^+ -Ionen bereits
bei der Betriebstemperatur der Schaltung umverteilen, sodass die Schwellenspannung
der Transistoren zeitlichen Änderungen unterworfen ist. Dies schränkt zumindest die
zulässigen Betriebsbedingungen einer Schaltung ein, kann aber auch bis zur Funktions-
untauglichkeit infolge von Parameteränderungen und Arbeitspunktverschiebungen
führen.

Verunreinigte Gate-Oxide weisen eine geringere elektrische Qualität auf. Die absolute Spannungsfestigkeit nimmt ab, die Schädigung durch Tunnelströme wächst, sodass die Lebensdauer dramatisch sinkt. Eine Langzeitstabilität der Schaltung ist bei Anwesenheit von ionischen Verunreinigungen wegen ihrer Mobilität nicht gesichert.

Schwermetalle sind z. B. herstellungsbedingt immer in Flusssäure enthalten, sodass ein nasschemischer Oxidätzschritt unvermeidlich zur Kontamination der Scheiben führt. Zusätzlich können die Implantations- und Plasma-Bearbeitungsanlagen metallische Verunreinigungen verursachen, falls die auftretenden energiereichen Ionen bei nicht-optimierter Strahlführung auf die Rezipientenwände oder auf interne Blenden stoßen und dort Material abschlagen. Diese Metallatome können sich an der Scheibenoberfläche anlagern und in nachfolgenden Temperaturschritten in den Kristall eindiffundieren.

Viele Schwermetalle wie Gold, Eisen oder Kupfer wirken als Generationszentren für Ladungsträger. Bei Anwesenheit der Elemente in pn-Übergängen verursachen sie hohe Diodenleckströme, wodurch die Leistungsaufnahme der Schaltungen erhöht wird. Wachsen die parasitären Leckströme zu stark an, so ist die Schaltungsfunktion nicht mehr gewährleistet. Des Weiteren nimmt die Latchup-Anfälligkeit in CMOS-Schaltungen infolge unzulässiger Substratströme zu.

Da die Metalle auch als Rekombinationszentren wirken können, sinkt bei metallisch verunreinigten Bipolartransistoren die Verstärkung durch Rekombination der Ladungs-träger innerhalb der Basis. In dynamischen Speicherzellen sind aufgrund der erhöhten Rekombinationsrate geringere Ladungsträgerlebensdauern für die gespeicherten Ladungen zu erwarten. Folglich werden kleinere Abstände zwischen den Refresh-Zyklen notwendig, da anderenfalls die gespeicherte Information verloren geht.

9.2 Reinigungstechniken

Obwohl die verschiedenen Verschmutzungen zu völlig unterschiedlichen Fehler-mechanismen führen, bewirken sie alle eine Verringerung der Ausbeute an funktions-fähigen, über einen langen Zeitraum stabil arbeitenden Schaltungen. Folglich ist eine sorgfältige, die Verunreinigungen möglichst vollständig beseitigende Scheibenreinigung für eine zuverlässige und kosteneffiziente Produktion zwingend erforderlich. Je nach Art der Verschmutzung sind unterschiedliche Verfahren anzuwenden, die im Folgenden erläutert werden.

Zum Entfernen grober mikroskopischer Verunreinigungen (Partikel, Staub) eignet sich die Trockenreinigung durch Abblasen der Scheibenoberfläche mit reinem Stickstoff. Infolge des hohen Drucks werden die Partikel vom N_2-Strom mitgerissen. Die Trocken-reinigung entfernt aber lediglich schwach an der Oberfläche haftende mikroskopische Verunreinigungen; gebundene bzw. stark anhaftende Partikel sowie molekulare und metallische Verbindungen werden nicht beseitigt.

Bei der Bürstenreinigung wird die Scheibenoberfläche mithilfe von rotierenden Bürsten und einer mit Netzmittel versehenen Reinigungsflüssigkeit von Verschmutzungen befreit. Von planaren Scheibenoberflächen lassen sich anhaftende mikroskopische Verunreinigungen mit diesem Verfahren vollständig entfernen. Ist die Oberfläche jedoch strukturiert, so findet zum Teil nur eine Umverteilung der Verunreinigungen statt. Sie lagern sich infolge der Bürstenrotation an Stufen und in mikroskopischen Öffnungen an, sodass keine vollständige Reinigung gewährleistet ist. Ein weiterer Nachteil dieses Verfahrens ist die mögliche mechanische Beschädigung des Wafers bei sehr feinen Strukturen infolge der rotierenden Bürsten. Beispielsweise können Polysiliziumbahnen mit einer Breite von unter 100 nm bei 250 nm Strukturhöhe aufgrund der mechanischen Belastung durch die Bürstenhaare leicht vom Untergrund abreißen.

Beim Ultraschallbad wird der Wafer in eine Flüssigkeit gegeben, die aus Wasser – versetzt mit einem speziellen Ultraschallreinigungs- und Netzmittel – besteht. Durch die Ultraschallanregung im MHz-Bereich lösen sich auch stärker haftende Partikel von der Oberfläche der Scheibe, während das Reinigungsmittel zum Teil auch Metalle bindet und molekulare Verunreinigungen angreift. Jedoch reicht die Ultraschallreinigung keinesfalls zum Entfernen sämtlicher organischer Substanzen und Schwermetalle aus.

Vergleichbare Reinigungsergebnisse lassen sich mit der Hochdruckreinigung erzielen. Hier wird eine erhitzte Reinigungslösung mit hohem Druck (bis zu 60 bar) auf den rotierenden Wafer gespritzt. Die Methode beseitigt mikroskopische und teilweise molekulare Verunreinigungen auch aus feinen Strukturen wie Kontaktöffnungen, entfernt jedoch kaum ionischen und metallischen Verunreinigungen. Allerdings werden bei hohem Druck auch feine Strukturen vom Untergrund abgerissen.

Ein wirkungsvoller Reinigungsschritt kann auch eine kurze thermische Oxidation der Scheibenoberfläche sein, die zur Einlagerung vieler Oberflächenverunreinigungen in das aufwachsende Siliziumdioxid führt. Nach dem Entfernen des gewachsenen Oxidfilms in verdünnter Flusssäure steht eine gereinigte Siliziumoberfläche zur Verfügung. Speziell vor der Gate-Oxidation sollte dieser Reinigungsschritt immer durchgeführt werden.

Weitere Reinigungsprozesse nutzen verschiedene Lösungsmittel, z. B. Aceton, Propanol und Ethanol, zum Entfernen von Fotolackresten oder molekularen Rückständen wie Fette und Öle. Dabei ist zu beachten, dass diese Lösungsmittel Kohlenstoffrückstände auf dem Wafer hinterlassen können, die das störungsfreie Aufwachsen weiterer Schichten negativ beeinflussen.

9.3 Ätzlösungen zur Scheibenreinigung

Um die organischen, atomaren und ionischen Verschmutzungen vollständig von den Siliziumscheiben abzulösen, reichen die oben genannten Verfahren nicht aus. Viele Verunreinigungen lassen sich nur mit aggressiven Ätzlösungen entfernen, indem organische Reste oxidiert, Metallionen durch Komplexbildung gebunden und Oberflächen gezielt schwach abgetragen werden. Die entstehenden Reaktionsprodukte gehen dabei jeweils in Lösung.

Organische Reste an der Scheibenoberfläche, z. B. Fotolackrückstände, lassen sich in heißer H_2SO_4/H_2O_2-Lösung (Caro-Ätzlösung, Piranha-Ätzlösung) bei ca. 80 °C durch Oxidation ablösen. Die Ätzlösung trägt auch dicke organische Schichten ab, lässt aber auf manchen Untergründen eine dünne organische Restschicht zurück, die auch bei langer Behandlungszeit nicht komplett entfernt wird. Silizium, SiO_2 und Si_3N_4 greift diese Lösung nicht an, die meisten Metallschichten dagegen werden innerhalb kurzer Zeit vollständig entfernt. Anstatt mit Wasserstoffperoxid kann die Lösung auch mit Ammoniumperoxodisulfat $((NH_4)_2S_2O_8)$ angesetzt werden, allerdings bleiben dann nach der Reinigung häufig Schlieren auf der Scheibenoberfläche zurück. Die Caro-Ätzlösung weist direkt nach dem Ansetzen die stärkste Reinigungswirkung auf, kann aber bis zu einigen Tagen genutzt werden.

Eine unter dem Namen „Standard Clean 1" (SC1) weit verbreitete Reinigungslösung zum Entfernen organischer Rückstände besteht aus einer Mischung aus NH_4OH/H_2O_2 und Wasser im Verhältnis 5:1:1. Sie beseitigt organische Substanzen restlos, kann jedoch keine dickeren Schichten wie Fotolacke in vertretbarer Zeit entfernen. Die Lösung bindet zusätzlich bestimmte Schwermetalle wie Au, Ag, Cu, Zn, Cr, Ni, Co und Cd. Zu beachten ist, dass diese Lösung nach vollständiger Zersetzung des Wasserstoffperoxids Silizium ätzt, d. h. die Lösung muss in kurzen Zeitabständen (täglich) erneuert werden.

In Wasser verdünnte Flusssäure dient bei der Reinigung zum Ätzen des natürlichen Oberflächenoxides (Lageroxid). Da die Flusssäure nicht frei von Schwermetallen hergestellt werden kann, lagern sich diese während des Ablösens zum Teil auf dem Wafer ab. Deshalb muss dem Ätzen mit HF ein Reinigungsschritt folgen, der die Metalle wieder von der Oberfläche abträgt.

Zum Entfernen von Schwermetallen und ionischen Verunreinigungen dient eine HCl/ H_2O_2/H_2O-Lösung im Verhältnis 1:1:6 bei ca. 80 °C. Sie bildet mit den Metallatomen wie Au, Cu und Fe lösliche Komplexe, gleichzeitig werden Natrium und Kalium in Form von Salzen in der Lösung gebunden.

Weitere oxidierende Reinigungslösungen, die in der Halbleitertechnologie gebräuchlich sind, basieren auf Mischungen aus Schwefelsäure/Ammoniumperoxodisulfat, Schwefelsäure/Salpetersäure oder rauchender Salpetersäure. Zum Lösen von Metallen ist auch eine Mischung aus Ameisensäure, Wasserstoffperoxid und Wasser geeignet, allerdings ist die Wirkung weniger ausgeprägt als bei der HCl-Lösung.

Trotz dieser aggressiven Säuren bleiben Polymere, die als Ablagerungen in Trockenätzschritten entstanden sind, häufig auf der Scheibenoberfläche zurück. Sie lassen sich mit speziell entwickelten Lösungsmittelmischungen, denen die Scheiben während einer Tauch- oder Sprühreinigung für einige Minuten ausgesetzt werden, entfernen. Die erhitzte Chemikalie greift die Polymere an und führt sie in flüssige Reaktionsprodukte über, sodass keine Partikel entstehen.

Zu beachten ist, dass die bisher genannten Ätzlösungen keinesfalls nach der Metallisierung der Scheiben angewendet werden dürfen, da sie Aluminium mit hoher Ätzrate von der Scheibenoberfläche abtragen. Für metallisierte Scheiben sind nur organische Lösungsmittel zulässig.

9.4   Beispiel einer Reinigungssequenz

Eine effiziente Scheibenreinigung beinhaltet eine Folge von Reinigungsschritten, um
sämtliche Verschmutzungen von der Oberfläche des Kristalls zu entfernen. Die Reihen-
folge der Schritte hat dabei einen wesentlichen Einfluss auf das Reinigungsergebnis, da
Abschattungseffekte bzw. Wechselwirkungen zwischen den verwendeten Lösungen und
Verfahren auftreten können, die dann ein unvollständiges Reinigungsergebnis bewirken.

Partikel führen nicht nur zu Störungen an der Scheibenoberfläche, sie verschmutzen
auch die Reinigungslösungen. Folglich muss die Scheibe zu Beginn der Reinigung von
Partikeln befreit werden, z. B. durch Abblasen mit Stickstoff. Stark haftende Partikel,
die einen Ätzangriff der Reinigungslösungen maskieren können, werden anschließend
durch Ultraschallreinigung entfernt. Die Reinigungsflüssigkeit wird in Reinstwasser
(deionisiertes, feinstgefiltertes, keimfreies Wasser) abgespült, um eine Lösungsdurch-
mischung zu verhindern.

Es folgen das Entfernen grober organischer Reste in H_2SO_4/H_2O_2-Lösung bei 80 °C
sowie ein erneuter Spülschritt in Reinstwasser. Zum restlosen Ablösen eventueller
organischer Rückstände werden die Scheiben in NH_4OH/H_2O_2-Lösung weiterbehandelt.
Eine Reinstwasserspülung entfernt die Laugenrückstände von der Scheibenoberfläche.
Damit sind alle möglichen, maskierend wirkenden Rückstände vollständig von der
Scheibenoberfläche entfernt. Die Ammoniaklösung hat zusätzlich bereits einige Schwermetalle abgetragen, jedoch ist zur Bindung sämtlicher ionischen und metallischen Verunreinigungen eine HCl-Behandlung sinnvoll.

Vor dem HCl-Bad wird – falls es der Prozess erfordert bzw. zulässt – das natürliche
Oberflächenoxid des Siliziums mit einer kurzzeitigen nasschemischen Ätzung in verdünnter Flusssäure entfernt. Dieser Schritt darf jedoch nicht angewendet werden, wenn
gewünschte Oxidschichten vorhanden sind. Während dieses Ätzvorgangs können sich
noch weitere Schwermetalle aus der Flusssäure an der Scheibenoberfläche anlagern.

Folglich ist nach dem Spülen in Reinstwasser ein Ätzschritt zur Beseitigung von
Schwermetallen und Alkali-Ionen in einer $HCl/H_2O_2/H_2O$-Lösung zwingend notwendig,
um diese Elemente zu binden und ein Eindringen in den Siliziumkristall zu verhindern.
Die erhitzte Lösung sollte 20 min auf die Scheibenoberfläche einwirken.

Zum Schluss der Reinigungssequenz folgen ein letzter Spülschritt in Reinstwasser
und das Trocknen der Scheiben unter Stickstoffatmosphäre in einer Trockenschleuder.
Anstelle des Abschleuderns der Wassertropfen ist ein Abblasen mit einem Stickstoff/
Isopropanol-Gasgemisch verbreitet, welches die Oberflächenspannung des Spülwassers
reduziert und zum Ablaufen des Wassers als Film von der Oberfläche führt. Der Wasser-
film transportiert eventuell noch vorhandene Verunreinigungen beim Abfließen vom
Wafer.

Die vorgestellte Sequenz kann in Abhängigkeit von den vorhergehenden
Bearbeitungsschritten verkürzt werden. Z. B. darf nach der Gate-Oxidation keine Fluss-
säureätzung erfolgen, da sie das dünne Gate-Oxid zu stark von der Scheibenoberfläche

abträgt. Liegt direkt nach der Reinigung eine nasschemische Ätzung an, kann das Trockenschleudern der Scheiben entfallen.

Im Anschluss an den Metallisierungsprozess verbietet sich der Einsatz der hier vorgestellten aggressiven Reinigung in Ätzlösungen. Nach der Partikelbeseitigung durch Abblasen und Ultraschallreinigung lassen sich nur entfettend wirkende organische Lösungsmittel wie Isopropanol, Aceton oder Alkohol zum Ablösen der Verunreinigungen einsetzen. Eine Entfernung der Polymere, die bei der Aluminium-Ätzung im Trockenätzverfahren entstehen können, mit speziellen Lösungsmittelmischungen ist empfehlenswert.

9.5   Aufgaben zur Scheibenreinigung

Aufgabe 9.1

Bei einer TEOS-Oxidabscheidung benetzt ein Staubpartikel aus 0,05 pg Bor ($\rho_{Bor} = 2{,}47$ g/cm^3) die Siliziumoberfläche auf 5 μm^2. Welche Dotierstoffkonzentration entsteht an der Scheibenoberfläche, falls der gesamte Borgehalt bei der nachfolgenden Diffusion von 1 h bei 960 °C senkrecht in den Kristall ($N_D = 2 \cdot 10^{14}$ cm^3) eindringt?

In welcher Tiefe liegt der pn-Übergang?

Aufgabe 9.2

Die Ausbeute funktionstüchtiger Schaltungen in einem MOS-Prozess mit 10 Maskenebenen beträgt aufgrund von Partikelablagerungen nur 30 % (Schaltungsfläche 100 mm^2/Chip) je Wafer. Berechnen Sie die mittlere Defektdichte je Maskenebene unter der Annahme einer statistischen Verteilung der Fehler auf der Scheibe und einer gleichmäßigen Verteilung der Partikel auf die einzelnen Maskenebenen!

Literatur

1. Schumicki, G., Seegebrecht, P.: Prozeßtechnologie, Reihe Mikroelektronik. Springer, Berlin (1991)

MOS-Technologien zur Schaltungsintegration

10

Seit ca. 1985 haben die MOS-Technologien die größte wirtschaftliche Bedeutung zur Herstellung digitaler und auch analoger integrierter Schaltungen erlangt, da sie die wesentlichen Forderungen nach hoher Packungsdichte, kleiner Verlustleistung und geringer Prozesskomplexität in positiver Weise miteinander verbinden. Innerhalb dieser Technologien besitzen heute die CMOS-Prozesse gegenüber den Einkanal-Technologien (N-/PMOS) die führende Rolle, denn sie weisen sowohl im statischen Zustand als auch im dynamischen Betrieb die geringste Leistungsaufnahme auf. Um die Entwicklung der Integrationstechniken verbunden mit der gewachsenen Prozesskomplexität zu verdeutlichen, werden in diesem Kapitel zunächst die Einkanal-MOS-Technologien erläutert:

- p-Kanal-Aluminium-Gate-Prozess auf n-Substrat;
- n-Kanal-Aluminium-Gate-Technik auf p-Substrat;
- n-Kanal-Silizium-Gate-Technologie auf p-Substrat.

Die Aluminium-Gate-Techniken zeichnen sich insbesondere durch ihre aus heutiger Sicht sehr einfache Prozessführung aus, während die Polysilizium-Gate-Technologie als grundlegende Verbesserung erstmalig eine Selbstjustierung der Drain-/Source-Anschlüsse zum Gate aufweist. Als komplexer Prozess wird dann eine Symbiose aus selbstjustierenden p- und n-Kanal-Transistoren in Form des n-Wannen Polysilizium-Gate CMOS-Prozesses vorgestellt, integriert in einem Substrat unter Anwendung der Planartechnik. Dieser Prozess verbindet die Forderungen nach geringer Verlustleistung, großer Schaltgeschwindigkeit und hoher Packungsdichte. Die in diesem Kapitel vorgestellte MOS-Prozessführung eignet sich für minimale Transistorkanallängen bis hinunter zu 3 μm für die Aluminium-Gate und bis ca. 1 μm für die Polysilizium-Gate Technologie. Ergänzungen für feinere Strukturen werden in den Kap. 11 und 12 behandelt.

© Springer Fachmedien Wiesbaden GmbH, ein Teil von Springer Nature 2023
U. Hilleringmann, *Silizium-Halbleitertechnologie*,
https://doi.org/10.1007/978-3-658-42378-0_10

10.1   Einkanal MOS-Techniken

10.1.1 Der PMOS Aluminium-Gate-Prozess

Die älteste MOS-Integrationstechnik nutzt n-leitendes Silizium als Substrat zur Herstellung von p-Kanal MOS-Transistoren mit einer Metall-Steuerelektrode. Kennzeichnend ist der sehr einfache Prozessablauf zur Schaltungsintegration mit nur vier Fotomasken und einem einzigen Dotierschritt per Diffusion entsprechend der Darstellung in Abb. 10.1.

Ausgangsmaterial für die Transistorintegration sind Siliziumscheiben mit einer (100)-Oberflächenorientierung und einer Donatorkonzentration um $1 \times 10^{15}\,\mathrm{cm^{-3}}$.

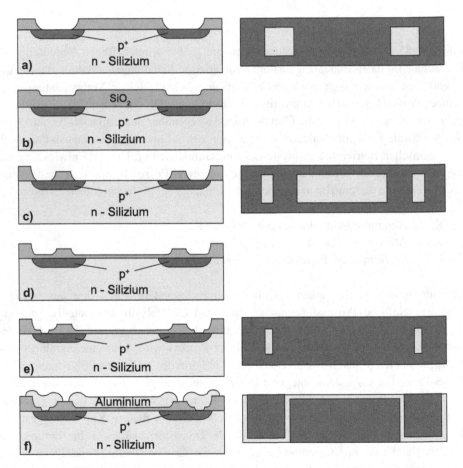

Abb. 10.1 Prozessablauf in der p-Kanal MOS-Technologie mit Aluminium-Steuerelektrode: **a** Maskieroxidation und Ätzen der Öffnungen für die Diffusionen einschließlich Bor-Diffusion, **b** Feldoxidation, **c** Öffnen der Kanal- und Kontaktbereiche, **d** Gate-Oxidation, **e** Öffnen der Kontakte, **f** Metallisierung und Strukturierung der Verdrahtungsebene. (Nach [1])

Während einer nassen thermischen Oxidation wächst ein Maskieroxid von etwa 0,5 μm Dicke auf, in dem über die erste Lithografietechnik die Diffusionsfenster festgelegt werden. Das Übertragen der Lacköffnungen in das Oxid erfolgt nasschemisch mit gepufferter Flusssäure, wobei der Ätzprozess endet, sobald das Substrat freiliegt.

Nach dem Ablösen des Fotolacks dringen während der folgenden Hochtemperaturdiffusion, z. B. mit der Flüssigquelle BBr_3, Boratome durch die Oxidfenster in den Kristall ein. Die entstehenden p-leitenden Bereiche werden Diffusionsgebiete genannt, sie sind aufgrund der lateralen Diffusion unter die Öffnungskanten deutlich größer als die Oxidfenster. Die Tiefe der Diffusionsgebiete beträgt ca. 300–500 nm.

Eine erneute nasse Oxidation lässt das Feldoxid auf ca. 1,5 μm Dicke anwachsen, sodass im Bereich außerhalb der aktiven Bauelemente, dem Feldbereich, beim späteren Betrieb der Schaltung unterhalb der Metallleiterbahnen keine parasitären leitfähigen Kanäle an der Siliziumoberfläche entstehen können. In dieses Feldoxid werden mit Hilfe einer zweiten Lithografietechnik nasschemisch die Gate-Bereiche hineingeätzt. Dabei muss eine Überlappung der Steuerelektroden mit den bereits eindiffundierten Drain- und Source-Gebieten der Transistoren durch eine Justiervorgabe für die Maske zur Gate-Öffnung sichergestellt sein, um mögliche Ungenauigkeiten in der Maskenausrichtung zu kompensieren. Durch diese Vorgabe ist gewährleistet, dass zwischen dem Kanalbereich unter dem Gate und den Diffusionen kein Bereich entsteht, der nicht über die Gate-Spannung gesteuert werden kann.

Dieser Ätzschritt für die Gate-Bereiche entfernt gleichzeitig das Feldoxid in den Kontaktgebieten über den Diffusionen. Hier ließe sich zwar auch später die gesamte Feldoxiddicke mit der Kontaktöffnungsmaske entfernen, jedoch erspart die gleichzeitige Ätzung Prozesszeit.

Um eine kontrollierte Gate-Oxiddicke einstellen zu können, wird das Feldoxid im Gate-Bereich zunächst vollständig bis zur Siliziumoberfläche abgetragen. Es ist nicht möglich, das Feldoxid lokal exakt auf die benötigte Gate-Oxiddicke zurück zu ätzen. Nur das restlose Entfernen und erneute Aufwachsen eines Oxides liefert ein elektrisch stabiles Gate-Oxid in reproduzierbarer Stärke.

Da das Gate-Oxid auch in den Kontaktöffnungen der Diffusionsgebiete aufwächst, ist eine fotolithografische Maske zum lokalen Freilegen der Siliziumoberfläche über den Diffusionen erforderlich. Das Oxid wird auch hier nasschemisch entfernt. Nach Ablösen des Fotolacks folgt die ganzflächige Aluminiumbedampfung zur Herstellung der Gate-Elektroden und der Leiterbahnen.

Zur Maskierung des nasschemischen Strukturierungsprozesses für die Metallisierungsebene ist eine vierte Fotolithografietechnik notwendig. Da das Aluminium den Gate-Oxidbereich und die Kontaktöffnungen auch bei einer geringen Fehljustierung der Lackebene sicher überlappen muss, ist erneut eine Vorgabe auf die Weite der Strukturen dieser Maske erforderlich. Dabei muss auch die Unterätzung der Lackmaske während der Metallätzung berücksichtigt werden. Der Prozess schließt mit einer Temperung in Schutzgasatmosphäre bei ca. 420 °C zur Legierung des Aluminiums mit dem Silizium im Kontaktbereich, um ohmsche Anschlüsse zu gewährleisten.

Bei dieser sehr einfachen Prozessführung ist keine Dotierung zur Einstellung der Transistorschwellenspannung vorgesehen. Infolge des „pile-up"-Effektes, verursacht durch die Dotierstoffsegregation bei der thermischen Oxidation des Siliziumsubstrats, wächst die Dichte der Donatoren an der Kristalloberfläche, der p-Kanal Transistor weist eine „natürliche" Schwellenspannung um -3 V auf. Im typischen Betriebsspannungsbereich von -12 bis -24 V wirkt sich dieser betragsmäßig recht hohe Wert jedoch nicht störend aus.

Leiterbahnkreuzungen lassen sich nur durch einen Übergang von der Metallverdrahtung auf die p-Diffusion und zurück zum Metall integrieren; diese sind infolge der Kontaktwiderstände und des Diffusionswiderstandes vergleichsweise hochohmig.

Der vorgestellte grundlegende PMOS-Prozess weist die folgenden gravierenden Nachteile auf:

- die fehlende Selbstjustierung der Gate-Elektroden zu den Diffusionsgebieten erfordert flächenintensive Justiervorgaben;
- die vorgabebedingte Überlappung der Gate-Elektroden mit den Source- und Drain-Gebieten bewirkt große parasitäre Kapazitäten;
- es resultiert eine geringe Schaltgeschwindigkeit aufgrund der geringen Beweglichkeit der Löcher als Ladungsträger im Transistorkanal;
- die großen Diffusionsgebiete infolge der lateralen Diffusion unter die Kanten der Maskieroxidfenster sind flächenintensiv und bewirken hohe Sperrschichtkapazitäten;
- die scharfen Kanten an den Rändern der Ätzfenster, resultierend aus der hohen Feldoxiddicke, können zu Leiterbahnabrissen führen;
- neben den p-leitenden Diffusionen steht nur eine Metallverdrahtungsebene für Leiterbahnen zur Verfügung.

10.1.2 Die n-Kanal Aluminium-Gate MOS-Technik

Die niedrige Schaltgeschwindigkeit aufgrund der geringen Ladungsträgerbeweglichkeit in den PMOS-Transistoren lässt sich durch einen Übergang zur n-Kanal-Technologie überwinden. Dazu ist ein zusätzlicher Dotierschritt zur Einstellung der Feld- und Transistorschwellenspannungen erforderlich, denn die Oberfläche des jetzt benötigten p-leitenden Siliziumsubstrats verarmt während der thermischen Oxidation an Dotierstoff infolge des Segregationseffektes („pile-down"). In Verbindung mit den stets vorhandenen positiven Oxidladungen liegt unvermeidbar eine Inversion der Halbleiteroberfläche vor, die sämtliche n-leitenden Bereiche elektrisch kurzschließt. Selbstsperrende NMOS-Transistoren lassen sich aber über eine den Prozess ergänzende, durch Ionenimplantation eingebrachte Bordotierung zum Ausgleich des Segregationseffektes herstellen.

Im Beispiel wird ein Inverter mit selbstsperrenden (Enhancement- oder Anreicherungs-) und selbstleitenden (Depletion- oder Verarmungs-) Transistoren in n-Kanal Aluminium-Gate-Technologie erläutert. Der Prozess benötigt sechs Fotolithografiemasken und – ergänzend zur Diffusion – zwei Ionenimplantationsschritte. Als Ausgangsmaterial dient (100)-orientiertes Silizium mit einer Bor-Dotierung von ca. $5 \times 10^{14} \, \text{cm}^{-3}$. Während einer nassen Oxidation wächst zunächst ein etwa $0,3 \, \mu\text{m}$ starkes Maskieroxid für die Erzeugung der Diffusionsgebiete auf, das mit Hilfe der ersten Fotolithografieebene nass-chemisch strukturiert wird. Zwar ist eine Trockenätzung des Oxids möglich, sie ist aber wegen der geringen Packungsdichte des Aluminium-Gate Prozesses an dieser Stelle nicht sinnvoll.

Im folgenden Diffusionsschritt dringt der Dotierstoff, z. B. Phosphor, in hoher Konzentration durch die geöffneten Oxidfenster in den Kristall ein. Die entstehenden n-leitenden Diffusionsgebiete weisen einen geringen Widerstand auf; sie dienen einer-seits als Drain- und Source-Gebiete, andererseits eignen sie sich auch als Verdrahtungs-ebene, z. B. an Kreuzungen von Leiterbahnen.

Während einer zweiten nassen Oxidation wächst das Feldoxid in einer Stärke von ca. 800 nm auf. Infolge des Segregationseffektes verarmt die Kristalloberfläche im Ver-lauf der Oxidation an Bor, sodass in Verbindung mit den stets positiven Oxidladungen an der Grenzfläche Oxid-Silizium die gesamte Kristalloberfläche invertiert ist und ent-sprechend intrinsischen bis leicht n-leitenden Charakter besitzt.

Zum Ausgleich der oxidationsbedingten Dotierstoffverarmung wird durch das Feld-oxid hindurch eine Ionenimplantation mit Bor bei hoher Teilchenenergie durchgeführt. Diese Dotierung hebt die Feldschwellenspannung auf ein für den Betrieb der Schaltung nicht relevantes Niveau an, sodass unterhalb der später aufgebrachten Leiterbahnen keine Inversion auftreten kann und Kurzschlüsse zwischen benachbarten Diffusionsgebieten vermieden werden.

Gleichzeitig stellt diese Dotierung die Transistorschwellenspannung der selbst-sperrenden Transistoren auf den gewünschten Wert, z. B. +1 V, ein. Da parallel zu den Transistoren vom Anreicherungstyp auch Schaltungselemente mit selbstleitendem Charakter integriert werden, muss diese Implantation im Kanalbereich der Verarmungs-typ-Transistoren über eine zweite Fotolithografietechnik mit Lack maskiert sein.

Die Gate-Bereiche erfordern auch in diesem Prozess eine Justiervorgabe zur sicheren Überlappung mit den Diffusionen. Sie werden mit der dritten Fotomaske definiert und mit gepufferter Flusssäurelösung in die Feldoxidschicht übertragen. Gleichzeitig erfolgt das Freilegen der Kontaktbereiche zu den n^+-Diffusionsgebieten. Es schließt sich eine thermische Oxidation zur Herstellung des Gate-Oxids an.

Der Depletion-Transistor erfordert eine eigene Schwellenspannungsimplantation als Kanaldotierung, um nicht nur eine negative Einsatzspannung aufzuweisen, sondern zusätzlich bereits bei 0 V Gate-Spannung einen ausreichend leitfähigen Kanal zu gewährleisten. Als Maskierung dient eine zur zweiten Feld- und Transistor-Schwellen-spannungsimplantationsmaske inverse Fotolithografietechnik. Die Implantation wird mit Phosphor oder Arsen durchgeführt, wobei die Bestrahlung mit niedriger Ionenenergie durch das Gate-Oxid hindurch erfolgt.

Zwar entstehen im Oxid geringe Strahlenschäden, diese heilen jedoch während einer anschließenden Temperaturbehandlung, z. B. bei 500 °C in Wasserstoff- oder

Formiergasatmosphäre, wieder aus. Eine zur Schwellenspannungsimplantation mit Bor äquivalente Dotierung vor der Gate-Oxidation durch das Feldoxid hindurch ist wegen der schwereren Ionen bzw. geringeren Ionenreichweite hier nicht möglich.

Vergleichbar zum PMOS-Prozess folgen das Öffnen der Kontaktlöcher mit Hilfe der fünften Lackmaske, die Metallisierung durch Aluminiumbedampfung und das nass-chemische Strukturieren der Verdrahtungsebene unter Anwendung einer letzten Foto-lithografietechnik (Abb. 10.2).

Obwohl dieser Prozess den Nachteil der geringen Ladungsträgerbeweglichkeit der p-Kanal Technologie beseitigt, weist er noch immer hohe, die erreichbare Schalt-

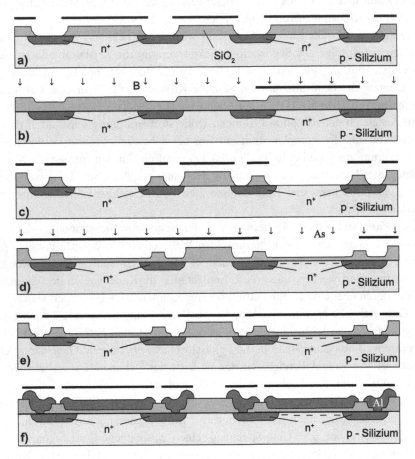

Abb. 10.2 Schematischer Ablauf des n-Kanal Enhancement/Depletion-Prozesses mit Aluminium-Gate-Elektroden: **a** Maskieroxidation und Öffnen der Diffusionsfenster einschl. Phosphor-Diffusion, **b** Feldoxidation und lokal maskierte Bor-Dotierung zur Schwellenspannungs-einstellung, **c** Öffnen der Gate- und Kontaktfenster, **d** Gate-Oxidation und lokale As-Dotierung zur Einstellung der Schwellenspannung des Depletion-Transistors, **e** Öffnen der Kontakte, **f** Metallisierung und Metallstrukturierung. (Nach [2])

geschwindigkeit begrenzende parasitäre Überlappungskapazitäten auf. Wegen der unvermeidbaren Justierfehler müssen auch hier im Herstellungsprozess zwischen den einzelnen Fotomasken große Justiertoleranzen vorgehalten werden, die in den Aluminium-Gate Techniken zu Überlappungskapazitäten zwischen Gate und Drain bzw. Source führen. Auch die laterale Diffusion unter das Maskieroxid wirkt sich störend auf den Flächenbedarf dieser Transistoren aus, sodass die Packungsdichte stark eingeschränkt ist.

Als Verdrahtungsebenen stehen die Aluminiummetallisierung und die stark n-leitenden Diffusionsgebiete zur Verfügung. Leiterbahnkreuzungen lassen sich – wie in der PMOS-Al-Gate Technik – durch den Übergang vom Aluminium über einen Kontakt zur Diffusion und zurück über einen zweiten Kontakt zum Aluminium realisieren. Sie verursachen jedoch immer unerwünschte zusätzliche Leiterbahnwiderstände und vergrößern die Sperrschichtkapazitäten zum Substrat.

10.1.3 Die n-Kanal Silizium-Gate MOS-Technologie

Die parasitären Überlappungskapazitäten (Abb. 10.3) des Gates zum Drain und Source des Transistors lassen sich nur durch Einführung einer Selbstjustierung der Diffusionsgebiete zur Gate-Elektrode vermeiden. Dazu muss sich die Gate-Elektrode bereits vor dem Einbringen der Dotierstoffe auf der Scheibenoberfläche befinden und als Maskierung mit genutzt werden. Aluminium eignet sich in diesem Fall nicht als Elektrodenmaterial, da es einerseits wegen seiner mangelnden Temperaturstabilität (Schmelztemperatur 660 °C) einem Diffusionsprozess nicht widerstehen kann, andererseits auch keine thermische Dotierstoffaktivierung nach der Ionenimplantation erlaubt.

Besonders geeignet ist eine Gate-Elektrode aus polykristallinem Silizium („Polysilizium"). Dieses arteigene Material lässt sich im LPCVD-Verfahren bei relativ

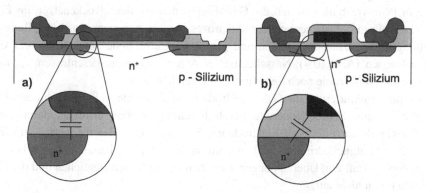

Abb. 10.3 Vergleich der Überlappungskapazitäten beim **a** Aluminium-Gate- und **b** Silizium-Gate-Prozess

niedriger Temperatur auf den Scheiben abscheiden, außerdem kann es durch Dotierung hochleitend hergestellt und im Trockenätzverfahren exakt strukturiert werden. Es ist thermisch stark belastbar und weist den gleichen Expansionskoeffizienten wie das kristalline Silizium auf. Folglich wirken keine mechanischen Spannungen auf das Gate-Oxid, welches zwischen dem Polysilizium und dem kristallinen Substrat eingebettet ist.

Weil die Drain- und Source-Dotierungen im Gegensatz zur Aluminium-Gate-Technik erst nach der Strukturierung der Gate-Elektrode hergestellt werden, ist eine stark veränderte Prozessführung erforderlich. Der n-Kanal Polysilizium-Gate MOS-Prozess startet mit der thermisch nassen Feldoxidation einer p-leitenden Siliziumscheibe, gefolgt von der ganzflächig durchgeführten Ionenimplantation mit Bor zum Ausgleich der Segregation bzw. zur Einstellung der Feld- und Transistorschwellenspannungen. Auch hier dringen die Bor-Ionen durch das Feldoxid hindurch in die Kristalloberfläche ein. Sind gleichzeitig Depletion-Transistoren zur gemeinsamen Integration mit den selbstsperrenden MOS-Transistoren vorgesehen, so schützt eine erste Fotolithografieebene als Fotolackmaske ihre Kanalbereiche vor dieser Bordotierung.

Mit Hilfe der zweiten Fototechnik wird aus den Aktivgebieten – der Summe aus den Diffusions- und Gate-Bereichen – nasschemisch das Feldoxid entfernt. Es folgt die Gate-Oxidation auf eine typische Oxiddicke von 40 nm. Durch das Gate-Oxid hindurch wird Arsen in den Kanalbereich des selbstleitenden Transistors implantiert, um auch ohne anliegende Gate-Spannung einen gut leitfähigen Kanal zu erreichen. Eine entsprechende Lackmaske schützt die selbstsperrenden Transistoren während dieser Dotierung.

An der Oberfläche der Siliziumscheibe wird nun eine ganzflächige Polysiliziumabscheidung von 300–500 nm Dicke im LPCVD-Verfahren bei ca. 625 °C vorgenommen. Zur Einstellung der Leitfähigkeit des Polysiliziums erfolgt eine $POCl_3$-Belegung mit anschließender Diffusion. Alternativ kann während der Abscheidung auch direkt Phosphin in das LPCVD-System geleitet werden („in situ"-Dotierung), um niederohmiges n-leitendes Polysilizium zu erhalten.

Die Fotolithografietechnik zur Strukturierung der Polysiliziumebene erfordert besondere Sorgfalt, da sie die Kanallänge der MOS-Transistoren bestimmt. Die Lackmaske in Positivtechnik maskiert die Gate-Elektroden vor dem Trockenätzen im Fluor- oder Chlorplasma. Der verwendete Ätzprozess muss zur genauen Einstellung der Kanallänge unterätzungsfrei wirken und gleichzeitig eine hohe Selektivität zum Gate-Oxid aufweisen (Abb. 10.4). Nasschemisches Ätzen ist hier ausgeschlossen, da weder ausreichende Anisotropie noch Selektivität zu erreichen sind.

Nach der Strukturierung der Gate-Elektrode kann ohne eine weitere fotolithografische Maske die Drain-/Source-Dotierung durch Ionenimplantation erfolgen, denn sowohl das Feldoxid als auch die Gate-Elektrode aus Polysilizium bilden die Maske zu diesem Dotierschritt. Folglich dringen die Ionen im Verlauf der Implantation nur neben dem Gate in den Kristall ein, Überlappungen zwischen den dotierten Bereichen und der Gate-Elektrode treten nicht auf.

Die implantierten Dotierstoffe sind jedoch zu diesem Zeitpunkt nicht elektrisch aktiv, sie benötigen noch einen Temperaturschritt von über 900 °C zum Einbau in das

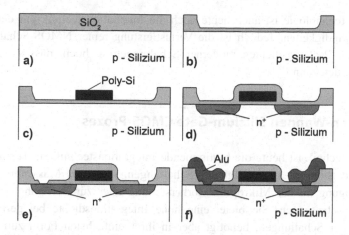

Abb. 10.4 Selbstjustierender NMOS Silizium-Gate-Prozess: **a** Feldoxidation und Bor-Schwellenspannungsimplantation, **b** Definition der Aktivgebiete und Gate-Oxidation, **c** Polysilizium-Abscheidung und Ätzung, **d** Drain-/Source-Implantation und PSG-Abscheidung, **e** Kontaktlochstrukturierung und **f** Metallisierung. (Nach [2])

Kristallgitter. Während dieser Temperung tritt eine geringe Diffusion der Dotierstoffe auf, sodass sich die Drain- und Source-Gebiete bis zu einigen 10 nm unter die Steuerelektrode erstrecken. Damit entstehen erneut Überlappkapazitäten, die aber im Vergleich zur Aluminium-Gate Technologie erheblich geringer ausfallen.

Zur Isolation der Polysiliziumebene von der Metallisierung ist eine Oxidabscheidung notwendig. Hier bietet sich ein mit Phosphor dotiertes Oxid aus der Silan-/Sauerstoff-Pyrolyse bei Atmosphärendruck an, das unter Zugabe von Phosphin in einer Dicke von 0,7 μm aufgebracht und anschließend in einem Temperaturschritt von z. B. 975 °C für 10 min zur Einebnung der Scheibenoberfläche aufgeschmolzen wird („PSG-Reflow"). Parallel zum Reflow findet dabei die Aktivierung der implantierten Dotierstoffe statt. Mit der vorletzten Fototechnik werden in dieses Zwischenoxid die Kontaktlöcher zu den implantierten Drain-/Source-Dotierungen, die auch heute noch häufig als Diffusionen bezeichnet werden, und zur Gate-Elektrode geätzt, bevor die Metallisierung und die Metallstrukturierung erfolgen.

Gegenüber der Aluminium-Gate-Technologie bietet die Polysilizium-Gate-Integrationstechnik entscheidende Vorteile:

- eine hohe Packungsdichte durch Vermeidung von Justiervorgaben;
- die weitgehende Vermeidung von parasitären Kapazitäten durch die Selbstjustierung der Diffusionsgebiete zur Gate-Elektrode;
- ein hoch dotiertes Polysilizium als ergänzende Verdrahtungsebene zum Aluminium und den hochdotierten Drain-/Source-Dotierungen;
- die Herstellung hochohmiger Widerstände aus Polysilizium;
- eine sehr gute Homogenität und Reproduzierbarkeit der Bauelementeigenschaften durch den Übergang von der Dotierstoff-Diffusion zur Implantation.

Die NMOS-Technologie ist auch heute noch die Integrationstechnik mit den höchsten Schaltgeschwindigkeiten. Jedoch ist die Verlustleistung reiner NMOS-Schaltungen bei den typischen Packungsdichten moderner Schaltungen so hoch, dass sie nicht mehr abgeführt werden kann.

10.2   Der n-Wannen Silizium-Gate CMOS-Prozess

Die CMOS-Technik ist heute die bestimmende Integrationstechnik zur Herstellung von digitalen und gemischt analog/digitalen Schaltungen, sei es als Massenprodukt in der Speicherfertigung, in der Mikroprozessorherstellung oder zur Fertigung anwendungs-spezifischer Schaltungen. Sie bietet eine hohe Integrationsdichte bei geringster Verlustleistung der Schaltungen, benötigt aber in ihrer einfachsten Form zumindest acht Fotolithografieebenen und vier Implantationen zur lokal unterschiedlichen Dotierung des Halbleiters. Im Vergleich zu den Einkanaltechnologien steigt die Prozesskomplexität deutlich an, und auch die Anforderungen an die Fehlerfreiheit in den einzelnen Masken-ebenen und den individuellen Prozessschritten wachsen, um weiterhin eine hohe Aus-beute an funktionsfähigen Strukturen zu erhalten.

Gegenüber dem vorgestellten Polysilizium-Gate NMOS-Prozess ergeben sich erneut grundlegende Änderungen im Prozessablauf. Zur gemeinsamen Integration der p- und n-Kanal Transistoren auf einer Siliziumscheibe muss der bislang homogen dotierte Ausgangswafer lokal in seinem Leitungstyp verändert werden, um auch für die komplementären Transistoren ein geeignetes Substrat zur Verfügung zu stellen.

Des Weiteren müssen die Drain- und Source-Bereiche der PMOS bzw. NMOS-Transistoren während der Bor- und Arsen-Implantationen gegeneinander maskiert werden. Das Feld- und das Gate-Oxid sowie die Steuerelektrode und die Metallisierung lassen sich – vergleichbar zur Polysilizium-Gate NMOS-Technik – weitgehend unver-ändert in den einfachen CMOS-Prozess einbauen.

Im Folgenden werden die wichtigsten Prozessschritte dieser einfachen CMOS-Silizium-Gate-Technologie mit n-dotierter Wanne am Beispiel eines CMOS-Inverters aufgezeigt. Ausgangspunkt des Prozesses ist erneut die p-leitende (100)-orientierte Siliziumscheibe mit einer homogenen Grunddotierung von ca. $5 \times 10^{14}/cm^3$. Sie wird zunächst thermisch bis zu einer Dicke von 70 nm als Wannenoxid aufoxidiert und mit einer Fotolackschicht versehen, die im ersten Lithografieschritt mit den Wannen-öffnungen versehen wird. Dieser Lack dient als Maskierung zum Einbringen der Dotier-stoffe für die schwach n-leitenden Bereiche, den sogenannten n-Wannen. Sie maskiert sämtliche Bereiche der n-Kanal MOS-Transistoren auf der Scheibe. Nur die Gebiete, in denen PMOS-Schaltungselemente entstehen sollen, sind freigelegt.

Mit dem Fotolack als Maske folgt als Wannendotierung eine oberflächennahe Phosphor-Ionenimplantation durch das Wannenoxid hindurch. Die Bestrahlungsdosis wird so gewählt, dass sich in Verbindung mit dem später folgenden Diffusionsschritt eine Oberflächenkonzentration von ca. 2×10^{16} cm^{-3} in der Wanne einstellt. Im Beispielprozess kann eine Implantation von $5 \times 10^{12}\,\text{cm}^{-2}$ Phosphor bei 150 keV gewählt werden.

Vor dem Ablösen des Fotolacks muss das Wannenoxid nasschemisch aus den Lacköffnungen entfernt werden, damit eine Orientierung auf der Scheibe möglich ist. Wird der Lack direkt im Anschluss an die Implantation abgelöst, so sind die n-leitenden Bereiche der Siliziumscheibe nicht wiederzufinden, d. h. nachfolgende Masken ließen sich nicht zu der bereits eingebrachten Wannendotierung justieren (vgl. Abb. 10.5). Optisch verändert sich die Siliziumoberfläche durch das Einbringen der Dotierung nicht, einzig durch den fehlenden Braunton des Oxids im implantierten Bereich sind die n-Wannen auffindbar.

Die Phosphor-Implantation führt nur zu einer sehr oberflächennahen Dotierung. Als Substrat für die PMOS-Transistoren ist für den hier vorgestellten Prozess zumindest eine Wannentiefe von 3 µm erforderlich, sodass der eingebrachte Dotierstoff nach dem Ablösen des Fotolackes durch einen Diffusionsschritt in den Kristall eingetrieben werden muss. Zur Vermeidung der Ausdiffusion des Phosphors aus dem Kristall in die Diffusionsatmosphäre des Ofens ist zuvor eine weitere thermische Oxidation auf eine Dicke von 100 nm notwendig. Erst dann führt die anschließende Diffusion zur gewünschten Wannentiefe mit definierter und reproduzierbarer Oberflächenkonzentration. Typisch für die Wannendiffusion ist eine Temperatur von 1200 °C, der die Scheiben für z. B. 12 h in N_2-Atmosphäre ausgesetzt sind.

Damit stehen auf der Siliziumoberfläche gleichzeitig n- und p-leitende Bereiche mit geringer Dotierstoffkonzentration zur Transistorintegration zur Verfügung, deren Lage durch das Wannenoxid gekennzeichnet ist. Während der anschließenden Feldoxidation durch feuchte Oxidation wächst das Oxid an der Scheibenoberfläche ganzflächig auf ca. 800 nm Dicke. Trotz der Stärke des Oxides sind die n-leitenden Bereiche noch wegen des strukturierten Wannenoxides als Farbänderung zu erkennen, sodass die nächste Fotomaske justiert werden kann.

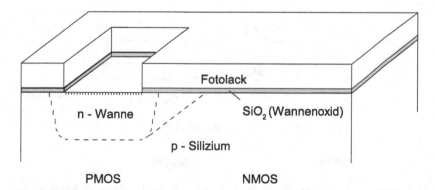

Abb. 10.5 Querschnitt durch eine Siliziumscheibe nach der Wannenimplantation mit Phosphor; angedeutet ist die n-Wannenausdehnung nach der Eindiffusion

Sie maskiert die Bor-Dotierung zum Ausgleich der segregationsbedingten Dotierstoff-verarmung, d. h. sie gibt sämtliche Bereiche außerhalb der n-Wanne zur Implantation frei. Gleichzeitig legt diese Maske aber auch den späteren Kanalbereich der PMOS-Transistoren in der Wanne frei, um dort eine Absenkung der effektiven Dotierung zu ermöglichen. Somit stellen die nachfolgend implantierten Bor-Ionen nicht nur die Schwellenspannung der parasitären Feldoxid- und der n-Kanal Transistoren ein, sondern sie bestimmen gemeinsam mit der Oberflächenkonzentration der n-Wanne auch die Schwellenspannung der PMOS-Transistoren. Die Implantation wird mit hoher Energie (ca. 350 keV) bei einer Dosis um $1,5 \times 10^{12}$ cm^{-3} mit Bor durchgeführt.

Die dritte Fotomaske dient zum Freilegen der Aktivgebiete im Feldoxid (Abb. 10.6). Das Oxid wird nasschemisch bis zum Silizium entfernt, um ein definiertes Aufwachsen des Gate-Oxides zu gewährleisten. Eine Trockenätzung im RIE-Verfahren scheidet hier aus, denn die entstehenden Kristallschäden lassen kein ungestörtes Oxidwachstum zu. Auch ist es nicht möglich, das Feldoxid gezielt bis zur gewünschten Gate-Oxiddicke abzutragen, da selbst leichte Schwankungen der Feldoxiddicke und Inhomogenitäten im Ätzprozess zu erheblichen Ungleichmäßigkeiten in der Gate-Oxidstärke führen.

Auf der freigelegten Siliziumoberfläche wächst anschließend in einer trockenen Oxidation ein elektrisch stabiles Gate-Oxid von 40 nm, in fortschrittlicheren Prozessen von 25 nm bis hinunter zu 10 nm Dicke auf. Zur Reduktion der Oxidladungsdichte an der Grenzfläche zum Silizium wird dem Oxidationsvorgang häufig Chlor in Form von HCl oder Trichlorethan (TCA) zugegeben. Anstelle der trockenen Oxidation ist auch eine Oxidation mit H_2O_2-Verbrennung verbreitet, um die Temperaturbelastung der Scheiben möglichst gering zu halten. Offene Bindungen im Siliziumdioxid lassen sich durch eine anschließende Temperung in Wasserstoffatmosphäre bei 500 °C absättigen.

Direkt anschließend folgt das ganzflächige Abscheiden von LPCVD-Polysilizium bei 625 °C durch Silanpyrolyse. Es wird mit einer POCl$_3$-Belegung bei ca. 975 °C dotiert, sodass der Schichtwiderstand auf etwa 30 Ω/□ sinkt. Da die POCl$_3$-Belegung oxidierend

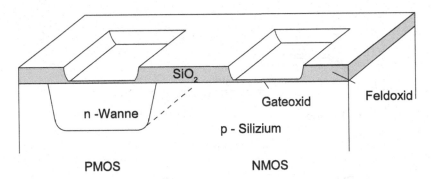

Abb. 10.6 Querschnitt durch die Siliziumscheibe nach der Feldoxidation, Schwellenspannungs-implantation (*schwache Dotierung,* hier nicht eingezeichnet), Oxidstrukturierung und Gate-Oxidation

wirkt, entsteht auf dem Polysilizium ein hoch dotiertes Phosphorglas. Dieses muss nach dem Temperaturschritt in Flusssäurelösung entfernt werden, denn es begrenzt wegen seiner Neigung zur Feuchtigkeitsaufnahme die Lackhaftung.

In der folgenden Fotolithografietechnik werden die Leiterbahnen und Gate-Elektroden in der Polysiliziumebene mit Fotolack abgedeckt und durch anisotropes reaktives Ionenätzen strukturiert. Da die Scheibenoberfläche umlaufend um die Aktivgebiete Stufen zum Feldoxid aufweist, ist bei der anisotropen Strukturierung eine ausgeprägte Überätzung zum restlosen Entfernen des Polysiliziums aus den Kanten notwendig. Obwohl auch fluorhaltige Gase das Polysilizium angreifen, haben sich wegen der höheren Selektivität zum Gate-Oxid und der besseren Anisotropie des Ätzvorganges die Gasmischungen aus $SiCl_4/N_2$ oder BCl_3/CCl_4 bzw. BCl_3/Cl_2 durchgesetzt.

Während des Trockenätzens härtet der Fotolack auf dem Polysilizium stark aus, sodass er nicht mehr von der Entwicklerlösung abgetragen werden kann. Dieser Effekt lässt sich ausnutzen, um die n-leitenden Polysiliziumbahnen gegen die Bor-Implantation zur starken p-Dotierung der PMOS Drain-/Source-Gebiete zu maskieren, denn diese Implantation reduziert ohne diese Maskierung die Leitfähigkeit des Polysiliziums. Im Prozess wird der Wafer direkt nach der Strukturierung der Gate-Elektroden mit einer weiteren Fotolackschicht versehen und über die Maske für die p^+-Diffusionen belichtet. Während des Entwickelns dieser zweiten Lackschicht bleibt die gehärtete Lackmaskierung auf dem Polysilizium unangetastet. Das beschriebene Verfahren nennt sich Doppellacktechnik.

Es folgt die Dotierung der Drain/Source-Gebiete für die p-Kanal-Transistoren mit einer niederenergetischen Bor-Ionenimplantation (z. B. 1×10^{15} cm^{-2} bei 30 keV). Der infolge der hohen Ionendosis stark ausgehärtete Fotolack lässt sich nur im Sauerstoffplasma oder Remover vollständig von der Scheibenoberfläche entfernen, dabei löst sich auch die Lackschicht aus dem vorhergehenden Prozessschritt zur Polysiliziumstrukturierung auf.

Zur Dotierung der n-Kanal Transistoren müssen nun die p^+-Bereiche maskiert sein, d. h. zur n-Dotierung sind die p-Kanal Transistoren vollständig mit Fotolack abgedeckt. Die Polysiliziumleiterbahnen dagegen sind teilweise dem Implantationsschritt ausgesetzt, er bewirkt hier eine erhöhte Leitfähigkeit des Materials. Für die Dotierung des NMOS-Transistors eignet sich das Element Arsen (5×10^{15} cm^{-2} bei 150 keV), denn es verbindet eine hohe Löslichkeit im Silizium mit einem geringen Diffusionskoeffizienten. Abb. 10.7 verdeutlicht die Lage der stark dotierten Drain-/Source-Gebiete zu den Gate-Elektroden.

Damit sind sämtliche benötigten Dotierungen in den Kristall eingebracht; Hochtemperaturschritte müssen im weiteren Prozessverlauf zur Unterdrückung von Diffusionsvorgängen möglichst vermieden werden. Jedoch sind die implantierten Dotierstoffe bisher noch nicht elektrisch aktiviert, sodass zumindest noch eine kurzzeitige Temperung oberhalb von 900 °C zwingend erforderlich ist.

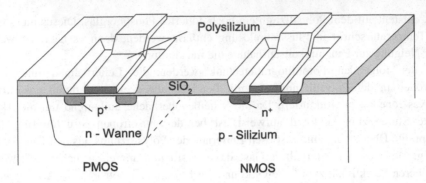

Abb. 10.7 Querschnitt durch die Siliziumscheibe nach der Polysiliziumabscheidung und -Strukturierung sowie den Drain-/Source-Implantationen

Zur elektrischen Isolation der Polysiliziumebene von der im Folgenden aufgebrachten Aluminiumverdrahtung ist ein Zwischenoxid als Dielektrikum notwendig, das als Phosphorglas auf verschiedene Arten abgeschieden werden kann:

- durch Silan/Sauerstoff-Pyrolyse bei 425 °C unter Beimischung von Phosphin im APCVD-Verfahren;
- als PECVD-Oxid bei ca. 300–350 °C unter Verwendung der gleichen Gase;
- als TEOS-Oxid unter Zugabe von Trimethylphosphat oder Phosphin bei 675 °C im LPCVD-Verfahren.

Zusätzlich kann der Abscheidung unabhängig vom Verfahren Diboran oder Trimethylborat zur ergänzenden Bor-Dotierung der Gläser (BPSG) zugefügt werden, damit der Schmelzpunkt der Oxidschicht weiter sinkt. Die Schichtdicke des ganzflächig und möglichst konform abgeschiedenen Glases beträgt ca. 700 nm. Um Leiterbahnabrisse an Kanten zu vermeiden, ist ein Aufschmelzen des Glases bei möglichst geringer Temperatur erforderlich. Bei BPSG beträgt die notwendige Temperatur zur Einebnung der Oberfläche durch Aufschmelzen und Verfließen des Oxids ca. 900 °C, bei PSG ca. 950–975 °C. Diese Temperaturbehandlung bewirkt parallel zur Kantenabrundung und Abflachung der Schrägen auf der Scheibenoberfläche die elektrische Aktivierung der implantierten Dotierstoffe.

Die siebte Fotolackebene dient zum Öffnen der Kontaktgebiete auf den Polysiliziumbahnen und den Diffusionsgebieten. Zur besseren Stufenbedeckung bei der Aluminiumbeschichtung sollten die Kontaktlöcher abgeschrägte Kanten aufweisen. Dies lässt sich durch starkes Ausheizen des Fotolackes in Verbindung mit einer Trockenätzung des Oxids in sauerstoffhaltiger Atmosphäre erreichen. Infolge der thermischen Behandlung zieht sich der Fotolack an der Oberfläche zusammen, sodass die Lackflanken abflachen. Im reaktiven Ionenätzverfahren mit CHF_3/O_2 lässt sich nun über die Sauerstoffkonzentration im Plasma der Böschungswinkel der Ätzöffnungen einstellen, da die Lackmaske gemeinsam mit der Oxidschicht zurückgeätzt wird (Abb. 10.8).

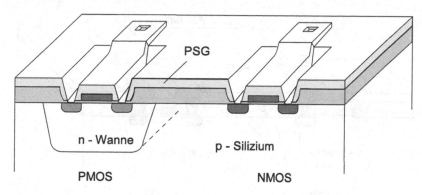

Abb. 10.8 Querschnitt der CMOS-Strukturen nach der Zwischenoxidabscheidung und dem Öffnen der Kontaktlöcher

Weil diese Ätztechnik jedoch nur eine geringe Selektivität zum Silizium aufweist, sollte das Trockenätzen vor Erreichen der Siliziumoberfläche abgebrochen und die restliche Oxidschicht nasschemisch entfernt werden. Einerseits gewährleistet das nasschemische Ätzen eine hochselektive Ätzung, andererseits entfällt die Strahlenschädigung im Kontaktbereich infolge der hochenergetischen Ionen des reaktiven Ionenätzens.

Zur Verbindung der einzelnen Schaltungskomponenten ist eine Silizid-Kontaktierung mit Barrierenschicht und Aluminiumleiterbahnen geeignet. Jedoch befindet sich vor der Metallisierung wieder eine natürliche Oxidschicht im Kontaktloch auf der Siliziumoberfläche, da nach der Kontaktlochätzung zunächst der Fotolack entfernt und die Scheiben einer Reinigung unterzogen werden. Dieses natürliche Oxid behindert die Silizidierung einer aufgebrachten Metallschicht erheblich. Folglich ist eine kurzzeitige Überätzung der Scheibenoberfläche ohne jegliche Maskierung in stark verdünnter Flusssäure notwendig, bevor die Wafer direkt in das Hochvakuum der Sputteranlage eingebracht werden.

Als Kontaktmaterial wird zum Beispiel eine dünne Titanschicht von 40 nm Dicke aufgebracht und im RTA-Verfahren („Rapid Thermal Annealing") im Kontaktbereich in ein Silizid umgewandelt. Zur Haftungsverbesserung erfolgt das Sputtern einer weiteren Titanschicht von ca. 20 nm Stärke; diese wird mit dem reaktiv gesputterten Barrierenmaterial Titannitrid (100 nm) abgedeckt. Darüber folgt die Aluminiumabscheidung durch Magnetron-Sputtern (1 µm).

Die achte Fotolithografietechnik erzeugt die Lackmaskierung für das reaktive Ionenätzen der Verdrahtungsebene im Chlor-Plasma ($SiCl_4/Cl_2$ oder $BCl_3/CCl_4/Cl_2$). Diese Ätzgase tragen nicht nur die Aluminiumschicht ab, sondern auch die darunter liegende Titannitridbarriere und die Titanschicht. Da die Scheibenoberfläche nicht völlig planar ist, treten an Stufen Schwankungen in der Dicke der Metallschicht auf, sodass ein zeitlich verlängerter Ätzprozess erforderlich ist. Eventuelle Metallreste lassen sich in einer nasschemischen Ätzlösung aus $NH_4OH/H_2O_2/H_2O$ entfernen (Abb. 10.9).

Die Rückseite der Scheibe erfährt im Verlauf der Prozessierung Beschichtungen mit unterschiedlichen Materialien – Oxide, Polysilizium, BPSG – und befindet sich

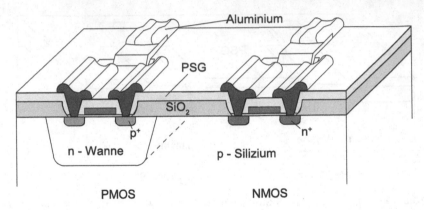

Abb. 10.9 Querschnitt der p- und n-Kanal Transistoren nach dem Aufbringen der Verdrahtungs-ebene

in einem weitgehend undefinierten Zustand. Zur gesicherten Schaltungsfunktion ist aber ein niederohmiger Substratkontakt erforderlich, sodass die mit Lack an der Oberfläche geschützte Scheibe einer Rückseitenätzung unterzogen werden muss. Sämtliche sich auf der Rückseite befindenden Materialien werden vollständig nasschemisch oder im Trockenätzverfahren entfernt, um auf dem freiliegenden Substrat eine Rückseitenmetallisierung aufzudampfen. Im Fall des hier vorliegenden p-leitenden Substrats ist eine Aluminiumschicht geeignet, bei n-dotierten Substraten muss vergleichbar zu den Schaltungskontakten eine Zwischenschicht aufgebracht werden.

Der gesamte CMOS-Prozess endet mit einer Legierungstemperung in Wasserstoff/Stickstoff-Atmosphäre bei 440 °C. Dabei legiert das Aluminium mit der Oberfläche der Titannitridbarriere, auch verbessert sich die Haftung des Titans auf dem Zwischenoxid. Parallel dazu heilen im Ätzprozess erzeugte Strahlenschäden aus.

Nach der Legierungstemperung ist erstmalig ein elektrischer Test der integrierten Strukturen möglich. Während im Verlauf der Herstellung lediglich Schichtdicken und Strukturweiten bestimmt werden, lassen sich nun auch die Funktion der pn-Übergänge und die Stabilität der Dielektrika erfassen. Fehlerhaft eingebrachte Dotierungen sind erst an dieser Stelle des gesamten Herstellungsprozesses für integrierte Schaltungen mit einfachen Mitteln nachweisbar.

Zum Schutz der Scheibenoberfläche vor mechanischer und chemischer Beanspruchung sowie zur Abschirmung vor ionischen Verunreinigungen wird noch eine Oberflächenpassivierung im PECVD-Verfahren auf die Scheibenoberfläche aufgebracht. Siliziumdioxid bietet einen Schutz vor mechanischen Beschädigungen der Metallisierungsebene, ist jedoch durchlässig für Alkali-Ionen. Siliziumnitrid dagegen bietet eine umfassende Oberflächenpassivierung, weist aber starke mechanische Spannungen zum Untergrund auf. Diese können zur Beschädigung der Leiterbahnebene führen. Besonders geeignet ist ein Siliziumoxinitrid-Film (SiON) von ca. 1 μm Dicke, der einerseits sehr hart ist und zum anderen als Diffusionsbarriere gegen Natrium wirkt. SiON lässt sich spannungsfrei im PECVD-Verfahren abscheiden.

Die Passivierung muss zur späteren Kontaktierung der Schaltungselemente mit Bonddrähten oder Nadeln selektiv zum Aluminium von den Anschlussflecken („Pads") wieder entfernt werden. Eine letzte Fotolackmaske gibt diese Pads frei; der Oxinitridfilm wird im Trockenätzverfahren mit Fluor-Chemie (CHF_3/O_2) abgetragen. Danach stehen die integrierten CMOS-Schaltungen zum Einbau in ein Gehäuse zur Verfügung.

Eine Übersicht der beschriebenen Silizium-Gate-CMOS-Technik zeigt Abb. 10.10. Am Beispiel eines CMOS-Inverters werden in dem zugehörigen Layout die wichtigsten Ebenen und der Querschnitt durch die integrierte Schaltung dargestellt.

Die folgende Aufstellung gibt einen Überblick über die typischen Dicken und die jeweilige Funktion bzw. Aufgabe der verschiedenen Schichten im Rahmen des beschriebenen CMOS-Prozesses (Tab. 10.1):

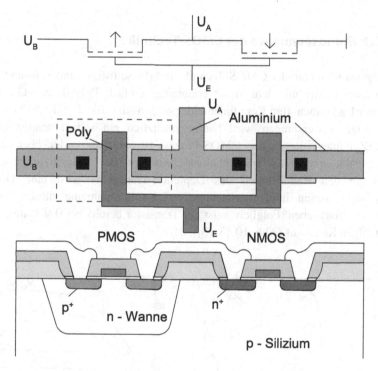

Abb. 10.10 Transistorschaltung, Layout und schematischer Querschnitt des CMOS-Inverters in Silizium-Gate-Technik

Tab. 10.1 Typische Schichtdicken im beschriebenen CMOS-Prozess

Schichtbezeichnung	Dicke (nm)	Aufgabe im Prozess
Wannenoxid	70	Verankerung von Justiermarken zur Ausrichtung der folgenden Maskenebenen
Diffusionsoxid	100	Verhinderung der Ausdiffusion des Phosphors bei der Nachdiffusion
Feldoxid	800	Einstellung einer hohen Schwellenspannung unterhalb der Leiterbahnen außerhalb der aktiven Gebiete
Gate-Oxid	4025	Isolation der Gate-Elektrode vom Substrat
Polysilizium	400	Gate-Elektroden und Leiterbahnen
Zwischenoxid	700	Isolation der Polysilizium-Leiterbahnen von der Aluminiumebene
Aluminium	1000	Leiterbahnen
Schutzoxid	700	Passivierung der Oberfläche

10.2.1 Schaltungselemente der CMOS-Technik

Die wichtigsten Elemente der CMOS-Technik sind die selbstsperrenden n- und p-Kanal MOS-Transistoren, die mit dem zuvor erläuterten einfach Polysilizium-Gate-Prozess integriert werden können. Ihre Kennlinienfelder sind in Abb. 10.11 und 10.12 dargestellt.

Für analoge Anwendungen wird häufig zusätzlich ein selbstleitender Transistor eingesetzt. Zur Integration in den CMOS-Prozess ist ein ergänzender, über eine Foto-lithografietechnik maskierter Implantationsschritt vor der Polysiliziumabscheidung notwendig. In den Kanalbereich des Depletion-Transistors wird eine Dosis von ca. 1×10^{12} cm^{-2} Arsen implantiert, um die Schwellenspannung dieses Transistors auf $-2{,}5$ V zu verschieben. Folglich weist der Transistor bereits bei 0 V Gate-Spannung einen leitfähigen Kanal auf (Abb. 10.13, [3]).

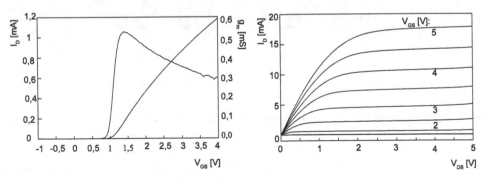

Abb. 10.11 Ein- und Ausgangskennlinien eines n-Kanal MOS-Transistors mit W/L $= 100\ \mu$m/1,5 μm, t$_{ox} = 25$ nm, hergestellt im CMOS-Prozess

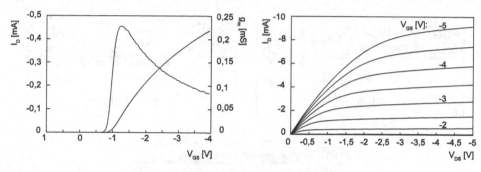

Abb. 10.12 Ein- und Ausgangskennlinien eines p-Kanal MOS-Transistors mit W/L = 100 μm/1 μm, t_{ox} = 25 nm, hergestellt im CMOS-Prozess

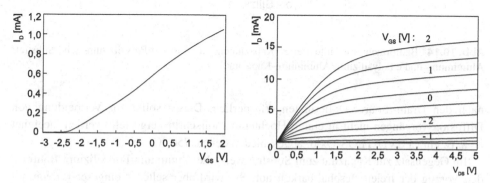

Abb. 10.13 Ein- und Ausgangskennlinien eines n-Kanal Depletion-MOS-Transistors mit W/L = 150 μm/3,5 μm, t_{ox} = 40 nm

Als passive Elemente stehen im CMOS-Prozess Widerstände in Form von Diffusions-gebieten und Polysiliziumleiterbahnen sowie Kapazitäten als Substrat/Polysilizium-, Substrat/Aluminium- oder Polysilizium/Aluminium-Bauformen zur Schaltungs-integration zur Verfügung. Die Widerstände sind äußerst flächenintensiv, da die ver-wendeten p^+- und n^+-Diffusionsgebiete niederohmig sind. Auch die Polysiliziumebene weist einen geringen Bahnwiderstand auf, sodass lange Leiterbahnen zur Realisierung hochohmiger Lasten erforderlich sind. Aus diesem Grund werden in der Schaltungs-technik anstelle von Widerständen hauptsächlich Transistoren eingesetzt, die als Last-elemente geschaltet werden.

Die Polysilizium/Substrat-Kapazität weist eine starke Spannungsabhängigkeit auf, da die Weite der Raumladungszone im schwach dotierten Silizium vom anliegenden Potenzial bestimmt wird. Günstiger sind die Bauformen mit einer Aluminiumelektrode gegenüber einem n^+- (oder p^+-) Diffusionsgebiet (Abb. 10.14). Wegen der hohen Dotierung des Substrats ist hier die Weite der Raumladungszone im Silizium ver-nachlässigbar gering, eine starke Spannungsabhängigkeit der Kapazität liegt folglich nicht vor. Zur Integration ist lediglich die Herstellung eines elektrisch stabilen Oxides

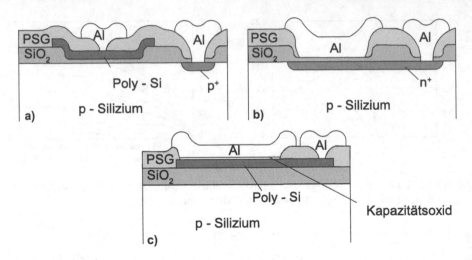

Abb. 10.14 Bauformen für integrierte Kapazitäten: **a** Substrat/Polysilizium-, **b** Substrat/Aluminium- und **c** Polysilizium/Aluminium-Kapazität

nach den Drain-/Source-Dotierungen erforderlich. Dieses sollte zur Vermeidung von Diffusionsvorgängen nicht in einem Hochtemperaturschritt hergestellt werden; geeignet ist z. B. ein LPCVD-TEOS-Oxid, abgeschieden bei ca. 750 °C.

Im Gegensatz zur Kapazität zum Substrat weist die Aluminium/Polysilizium-Bauform den Vorzug der freien Beschaltbarkeit auf. Sie wird aber seltener eingesetzt, denn auf der rauen Polysiliziumoberfläche lässt sich nur mit erheblichem Aufwand ein elektrisch stabiles Oxid aufbringen. Für diesen Bautyp sind spezielle elektrisch belastbare Schichtfolgen aus Oxid/Nitrid/Oxid als Dielektrikum entwickelt worden.

Dioden und Fotodioden sind als vollständig isolierte Schaltungselemente in Form einer p^+n-Diode mit der Wanne als Kathode und der Drain-/Source-Dotierung des PMOS-Transistors als Anode integrierbar. Zum Substrat hin lassen sich n^+p–Dioden und spannungsfeste np–Dioden integrieren, indem die Drain-/Source-Dotierung bzw. die Wannendotierung gegenüber dem auf Massepotenzial befindlichen Substrat genutzt wird. Eine Anwendung finden diese Elemente in Schutzstrukturen an den Eingängen der Schaltungen zur Vermeidung von Schäden durch elektrostatische Entladungen.

Eine ergänzende, über eine Fotolackmaske lokal in den Kristall implantierte Ionendosis nach der Feldoxidation ermöglicht die Integration einer Zenerdiode in den Prozessablauf. Der Durchbruch eines abrupten pn-Überganges wird von der Dotierstoffkonzentration des schwächer dotierten Gebietes bestimmt. Durch Implantation einer relativ hohen Phosphordosis im direkten Kontakt mit der Drain-/Source-Dotierung der PMOS-Transistoren ergibt sich eine Zenerdiode zwischen dem p^+- und dem n-leitenden Bereich entsprechend Abb. 10.15, deren Durchbruchspannung über die Implantationsdosis zwischen ca. 25 V für geringe Dotierungen und 6 V für eine hohe Ionendosis eingestellt werden kann.

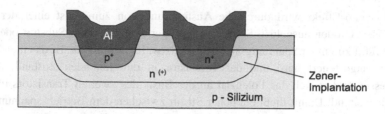

Abb. 10.15 Schematischer Querschnitt einer frei beschaltbaren, integrierten Zenerdiode

10.2.2 Latchup-Effekt

Ein unerwünschter Effekt in der CMOS-Technik resultiert aus der Dotierschichtfolge benachbarter komplementärer MOS-Transistoren. Zwischen der positiven Betriebsspannung am Source-Anschluss des p-Kanal Transistors und dem Masseanschluss am Source des NMOS-Transistors liegt die Schichtenfolge p^+npn^+ vor. Sie bildet einen parasitären Thyristor, der aus zwei miteinander verschalteten Bipolartransistoren besteht.

Ausgehend vom Source-Gebiet des p-Kanal Transistors als Emitter liegt ein vertikaler pnp-Bipolartransistor mit der n-Wanne als Basis und dem Substrat als Kollektor vor. Der laterale npn-Transistor nutzt die Source-Dotierung des NMOS-Transistors als Emitter und das Substrat als Basis, während der Kollektor aus der n-Wanne besteht.

Die Bipolartransistoren sind über die n-Wanne und das Substrat derart miteinander verschaltet, dass das Einschalten des einen Transistors aufgrund der Rückkopplungszweige (Kollektor-Basis über R_{cn} und R_{cp}) zwangsläufig zum Einschalten des anderen führen muss. Dieses Zünden des Thyristors wird als Latchup bezeichnet, es kann zur Zerstörung der Schaltung durch Kurzschluss führen. Die ebenfalls in Abb. 10.16 eingezeichneten Widerstände zwischen Emitter und Basis der parasitären Transistoren ergeben sich zwangsläufig aus der Dotierung des Substratmaterials (R_S) und aus der Höhe der Wannendotierung (R_W).

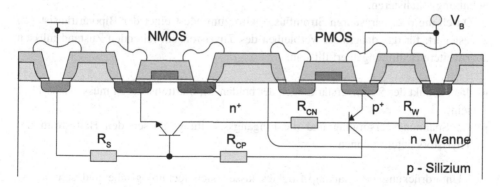

Abb. 10.16 Parasitäre Bipolartransistoren in einer n-Wannen CMOS-Struktur mit Substrat-, Wannen- und Anschlusswiderständen

Der Latchup-Effekt wird durch die Ansteuerung von zumindest einer der beiden Emitter-Basis-Dioden ausgelöst. Schon ein geringer Stromfluss im Substrat oder in der n-Wanne führt zu einem Spannungsabfall an R_S bzw. R_W, sodass die Basis eines Bipolartransistors angesteuert wird und der Transistor in den leitenden Zustand übergeht. Infolgedessen ändert sich das Potenzial an der Basis des zweiten Transistors und auch dieser wird leitend. Damit fließt ein hoher Strom zwischen dem Betriebsspannungs- und dem Massekontakt, der zur Zerstörung der Schaltung führen kann.

Ursache für den Stromfluss zur Ansteuerung der parasitären Bipolartransistoren kann eine Ladungsträgerinjektion in das Substrat durch in Flussrichtung geschaltete Dioden sein. Dieser Effekt tritt bei Signalüberschwingern infolge steiler Schaltflanken auf. Auch fließt innerhalb der n-Wanne, die bei Standardanwendungen auf dem Potenzial der Betriebsspannung liegt, im Moment des Einschaltens der Versorgungsspannung ein Verschiebestrom zum Aufladen der Sperrschichtkapazität zwischen der n-Wanne und dem p-Substrat. Der resultierende Spannungsabfall kann zum Zünden des Latchup ausreichen.

Weitere Ursachen für einen Substratstrom können Ladungsträger sein, die infolge von Stoßionisation entstehen. In MOS-Transistoren kurzer Kanallänge erreicht die Feldstärke am drainseitigen Kanalende Werte, die zur Lawinenmultiplikation der Ladungsträger führen. Ein Teil der Ladungsträger fließt über das Substrat zum Massekontakt, sodass die Basis des parasitären npn-Bipolartransistors angesteuert wird. Eine vergleichbare Auswirkung hat die Bestrahlung der Schaltung mit ionisierender Strahlung bzw. mit Licht. Die einfallenden Photonen generieren z. B. Ladungsträger im Halbleitermaterial, die im Substrat und in der n-Wanne einen Spannungsabfall bewirken und damit zum Zünden der p^+npn^+-Struktur führen.

Dieser zuletzt beschriebene Zündmechanismus wird gezielt bei der Untersuchung der Latchup-Empfindlichkeit von CMOS-Strukturen eingesetzt. Ein fokussierter Laserstrahl erzeugt hierbei im zu untersuchenden Bereich Elektronen-Loch-Paare und ruft somit einen lichtinduzierten Strom hervor. Wird der Strom in Abhängigkeit vom Bestrahlungsort aufgezeichnet, so lassen sich die besonders vom Latchup gefährdeten Bereiche einer Schaltung lokalisieren.

Durch die o. a. parasitären Stromflüsse wird zumindest einer der Bipolartransistoren angesteuert, für das dauerhafte Verbleiben des Thyristors im leitenden Zustand müssen aber weitere Bedingungen erfüllt sein:

- das Produkt der Stromverstärkungen der beiden Bipolartransistoren muss größer als 1 sein;
- die Spannungsversorgung und die Eingangsschaltung müssen den Haltestrom des Thyristors liefern können.

Zur Unterdrückung des Latchup-Effektes lassen sich technologische und schaltungstechnische Maßnahmen ergreifen. Eine Verringerung des Wannenwiderstandes führt zu einem geringeren Spannungsabfall innerhalb der n-Wanne. Die erforderliche höhere

Dotierung senkt gleichzeitig den Verstärkungsfaktor des pnp-Transistors, sodass ein Latchup erschwert wird. Außerhalb der Wanne lässt sich der Substratwiderstand durch Verwendung von Epitaxiescheiben, bestehend aus hochleitenden Siliziumsubstraten mit einer 10–20 µm dicken, schwächer dotierten und den Anforderungen des CMOS-Prozesses angepassten Epitaxieschicht, drastisch reduzieren. Der Schaltungsdesigner kann die Latchup-Anfälligkeit der Schaltungen weiter senken, indem er

- durch eine geschickte Platzierung und große Zahl von Wannen- und Substrat-kontakten den Spannungsabfall in der Wanne und im Substrat verringert;
- den Source/Source-Abstand der Transistoren innerhalb der Wanne zu denen außerhalb möglichst groß hält;
- zur Vermeidung der Ladungsträgermultiplikation in MOS-Transistoren die Kanal-längen nicht zu gering wält.

Eine weitere Maßnahme zur Unterdrückung des Latchup-Effektes ist die Verwendung von „Guard"-Ringen als Schutzstrukturen entsprechend der Darstellung in Abb. 10.17. Die n-leitende Wanne wird mit einem hoch dotierten n-leitenden Ring umgeben, während um den MOS-Transistor im Substrat ein p-leitender Substratkontakt gezogen wird. Einerseits sinken damit die parasitären Widerstände, andererseits werden vagabundierende Ladungsträger von den Guard-Ringen abgefangen, sodass eine Ansteuerung der parasitären Bipolartransistoren vermieden wird.

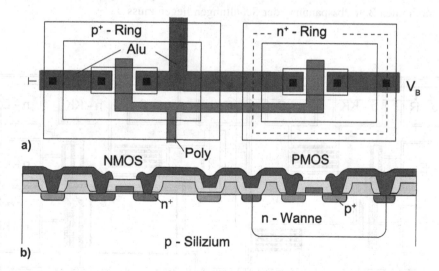

Abb. 10.17 Guard-Ringe zwischen der Wanne und den Aktivgebieten zur Unterdrückung des Latchup-Effektes: **a** Layout und **b** Querschnitt durch die Siliziumscheibe

10.3   Funktionstest und Parametererfassung

Im Anschluss an den Herstellungsprozess ist ein Funktionstest der Einzelelemente auf Scheibenebene erforderlich. Dieser gibt Aufschluss über die generelle Funktion der Schaltungselemente, gleichzeitig lassen sich wichtige Parameter der Transistoren, Widerstände und Kondensatoren erfassen. Die notwendigen Messungen werden jedoch nicht an den integrierten Schaltungen selbst durchgeführt, sondern an speziellen Teststrukturen, die sich gemeinsam mit der Schaltung auf jedem einzelnen Chip oder – platzsparend – zwischen den Chips im Ritzrahmen befinden.

Abb. 10.18 zeigt ein Beispiel für eine Teststruktur zur Parametererfassung an den Schaltungselementen eines CMOS-Prozesses auf Wafer-Ebene. Innerhalb des Anschlussrahmens sind – symmetrisch für die p- und n-leitenden Bereiche – jeweils ein Transistor minimaler Kanallänge und ein deutlich längerer Transistor mit gemeinsamen Gate- (Po-G) und Source-Kontakten (n-C, p-C) untergebracht. Diese dienen zum Funktionstest und zur Bestimmung der Schwellenspannungen, Leitwerte und Leckströme einschließlich der Kurzkanaleffekte. Sind Transistoren vom Verarmungstyp mit integriert worden, so lassen sich deren Parameter am zusätzlichen n-Kanal Transistor (n-D) erfassen. Da die Wanne n-leitenden Charakter aufweist, ist der Wannenkontakt mit dem Source der n-Kanal Transistoren zusammengeführt worden.

Die Feldschwellenspannung lässt sich an Transistoren mit dem Feldoxid als Gate-Dielektrikum sowohl im Wannenbereich (p-F) als auch über dem p-Substrat (n-F) bestimmen. Dabei interessiert nur die jeweilige Einsatzspannung, die deutlich oberhalb der maximalen Betriebsspannung der Schaltungen liegen muss.

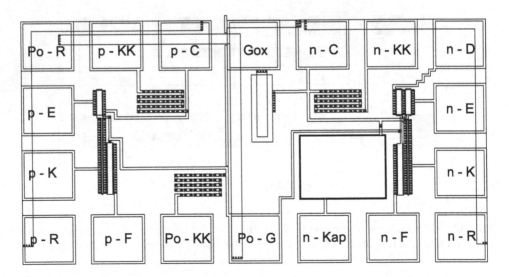

Abb. 10.18 Struktur zur Parametererfassung der gefertigten Schaltungselemente

Gleichzeitig befinden sich jeweils ein Polysilizium-, ein p$^+$- und ein n$^+$-Diffusionswiderstand (Po-R, p-R, n-R) zur Messung der Schichtwiderstände sowie Kontaktlochketten zur Überprüfung der Metall/Halbleiter- bzw. Metall/Polysilizium-Kontaktübergänge (p-KK, n-KK, Po-KK) in der Teststruktur. Hier werden über Strom-/Spannungsmessungen die absoluten Werte der Widerstände ermittelt. Die Festigkeit und Dicke des Kapazitätsoxids lässt sich am relativ großflächigen Kondensator bestimmen (n-Kap), die Belastbarkeit des Gate-Oxides wird an einer speziellen, von den anderen Kontaktpads getrennten Struktur erfasst (Gox).

Die Messungen zur Parameterbestimmung werden mit einem automatischen Erfassungssystem durchgeführt. Eine Nadelkarte dient zur gleichzeitigen Kontaktierung aller Anschlussflecken der Teststruktur, wobei eine rechnergesteuerte Schaltmatrix die Verbindungen zwischen den Spannungsquellen bzw. Messgeräten und den Nadeln kontrolliert.

Mit Hilfe dieser automatischen Parametererfassungssysteme werden die Daten sämtlicher Teststrukturen eines Wafers gemessen und statistisch ausgewertet, sodass konkrete Aussagen über die absoluten Werte einschließlich der Standardabweichungen sowie mögliche systematische lokale Veränderungen der Bauelementedaten auf der Scheibe vorliegen. Des Weiteren lassen sich durch den Vergleich dieser Parameter über mehrere Chargen bzw. einen längeren Zeitraum Rückschlüsse auf die aktuell zu beurteilenden Wafer ziehen, wobei die zeitliche Entwicklung der Bauelementeparameter auch Aussagen über die Stabilität des Prozesses zur Schaltungsintegration zulässt.

Sind die erfassten Werte im Rahmen der Toleranz, so folgt der erste komplette elektrische Test der integrierten Schaltungen über eine Nadelkarte. Erst bei positiver Bewertung der Schaltungsfunktion schließt sich die Montagetechnik zur Kapselung des Bauelementes an.

10.4   Aufgaben zur MOS-Technik

Aufgabe 10.1
Welche Dotierungsschritte müssen im Prozess zur Herstellung einer CMOS-Schaltung durchgeführt werden? Nennen Sie die jeweils verwendeten Dotierungsverfahren und den Dotierstoff!

Aufgabe 10.2
Bei Vernachlässigung von Kurzkanaleffekten lässt sich der Drain-Strom eines MOS-Transistors mit den folgenden Gleichungen berechnen:

$$I_D = \beta[U_{GS} - U_t]U_{DS} - \frac{1}{2}U_{DS}^2 \qquad U_{GS} - U_t > U_{DS} \qquad (10.1)$$

und

$$I_D = \frac{\beta}{2}[U_{GS} - U_t]^2 \qquad U_{GS} - U_t \leq U_{DS} \qquad (10.2)$$

mit.

$$\beta = \frac{\mu_{n,p}\varepsilon_0\varepsilon_r}{t_{ox}} \frac{W}{L} \tag{10.3}$$

Berechnen Sie den Querstrom durch einen MOS-Inverter mit einer Widerstandslast von 10 kΩ und einem n- (p-) Kanal-Transistor mit $W/L = 10\ \mu m/2\ \mu m$ und $t_{ox} = 40$ nm bei 5 V Betriebs- und Eingangsspannung.

$$\mu_{0n} = 600\ cm^2/Vs, \quad \mu_{0p} = 400\ cm^2/Vs, \quad \varepsilon_{ox} = 3,9, \quad U_t = +(-)1\ V$$

Aufgabe 10.3

Aus dem topografischen Layout (Abb. 10.19) einer Schaltung soll ihr elektrisches Verhalten bestimmt werden.

Zeichnen Sie den Technologiequerschnitt von A nach A′. Welcher Herstellungsprozess liegt dem Layout zugrunde? Zeichnen Sie das Schaltbild und bestimmen Sie die Größe des Widerstandes und die Designgrößen des Transistors aus dem Layout!

Berechnen Sie den maximalen Querstrom durch die Schaltung (quasistatischer Betrieb). Wie groß ist die Restspannung U_A? Berechnen Sie die Oxiddicke der Kapazität und die Gate-Oxiddicke des Transistors! Welche Größe der Schaltung begrenzt bei der angegebenen Kapazität die Schaltzeit?

$$R_{ndiff} = 40\Omega/\square, U_{tn} = 1\ V, \beta = 50\ \mu A/V^2, C_L = 1\ pF, \mu_n = 600\ cm^2/Vs$$

Aufgabe 10.4

Bestimmen Sie die Schwellenspannungen und die Oberflächenbeweglichkeiten der jeweiligen Ladungsträger aus den Kennlinien der n- und p-Kanal MOS-Transistoren,

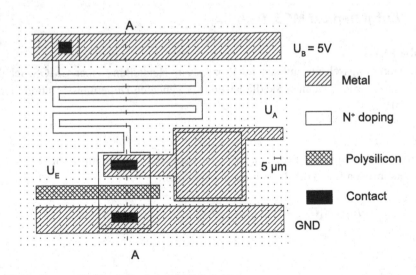

Abb. 10.19 Layout für eine integrierte MOS-Schaltung

Abb. 10.20 Foto eines
MOS-Transistors mit 3 μm
Kanallänge

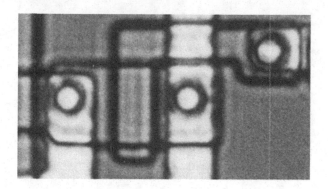

dargestellt in den Abb. 10.11 und 10.12, mit Hilfe der Gleichungen aus Aufgabe 10.2 und $\varepsilon_{ox} = 3{,}9$.

Aufgabe 10.5
Beschriften Sie die einzelnen Technologieebenen des Transistors in Abb. 10.20!

Literatur

1. Höfflinger, W.B.: Großintegration. Oldenbourg, München (1978)
2. Zimmer, G.: CMOS-Technologie. Oldenbourg, München (1982)
3. Chen, W.-K.: The VLSI Handbook. CRC Press LLC, Florida (2000)

Erweiterungen zur Höchstintegration 11

Die in Kap. 10 behandelte Integrationstechnik für CMOS-Schaltungen ist für minimale Transistorkanallängen bis ca. 1,5 µm geeignet. Eine weitere Miniaturisierung scheidet bei der vorgestellten Prozessführung infolge der begrenzten Auflösung der einfachen Fotolithografie, der eingeschränkten Spannungsfestigkeit der MOS-Bauelemente und der wachsenden Bahnwiderstände im Polysilizium aus. Aus diesem Grund sind umfangreiche Änderungen im Prozessablauf erforderlich, um höhere Packungsdichten und schnellere Schaltungen durch Verwendung feinerer Strukturen herstellen zu können. Einige grundlegende Techniken werden im Folgenden behandelt.

11.1 Lokale Oxidation von Silizium (LOCOS)

In der bisher behandelten Planartechnik wächst das Feldoxid ganzflächig auf der Siliziumoberfläche auf. Anschließend werden die Stellen, an denen Diffusionen bzw. Implantationen erfolgen sollen, durch nasschemisches Ätzen freigelegt. Die entstehenden Stufen zwischen der Oberfläche des Feldoxides und dem freigeätzten Siliziumsubstrat führen während der Fotolackbeschichtung zu Lackansammlungen und begrenzen damit die Auflösung der Fotolithografietechnik.

Zusätzlich schränkt die laterale Unterätzung der Lackmaske infolge der isotropen Ätzcharakteristik der Ätzlösung zur Feldoxidstrukturierung die minimal erreichbare Strukturgröße ein, denn sie erfordert eine Maskenvorgabe zum Ausgleich des Ätzfehlers. Des Weiteren weist die Metallisierung an den Feldoxidstufen nur eine begrenzte Konformität auf, sodass lokale Einschnürungen der Leiterbahnen in den Kanten auftreten und damit aufgrund der erhöhten Stromdichte eine vorzeitige Alterung der Verdrahtung durch Elektromigration auftritt.

Zur Integration mikroelektronischer Schaltungen mit hoher Packungsdichte bzw. feinsten Strukturabmessungen müssen folglich die Stufen und Unebenheiten an der Scheibenoberfläche durch eine spezielle Prozessführung deutlich verringert oder vollständig unterdrückt werden, z. B. durch Anwendung einer Lokalen Oxidationstechnik für Silizium (LOCOS = *LOC*al *O*xidation of *S*ilicon).

11.1.1 Die einfache Lokale Oxidation von Silizium

Die LOCOS-Technik nutzt die unterschiedlichen Oxidationsraten von Silizium und Siliziumnitrid zur lokalen Maskierung der Scheibenoberfläche während der thermischen Oxidation zum Aufwachsen des Feldoxides (Abb. 11.1). Als Maske ist dabei nur LPCVD-Nitrid geeignet, denn PECVD-Nitride sind in der Regel durchlässig für Sauerstoff.

Bei der LOCOS-Technik dient eine auf der Scheibenoberfläche abgeschiedene und über die Fotolithografie- und Trockenätztechnik strukturierte Siliziumnitridschicht als lokale Diffusionssperre für Sauerstoff, sie wirkt somit als Oxidationsbarriere für das unter dem Nitrid liegende Silizium. Ein Feldoxid kann folglich nur auf der freiliegenden Siliziumoberfläche aufwachsen.

Da das mechanisch sehr harte Siliziumnitrid einen höheren thermischen Expansionskoeffizienten als Silizium aufweist, entstehen bei einem direkten Kontakt zwischen den Materialien aufgrund der hohen Temperaturbelastung während der Oxidation

Abb. 11.1 Vergleich der gewachsenen Oxiddicken auf Silizium *(obere Kurven)* und Siliziumnitrid in Abhängigkeit von der Oxidationszeit. (Nach [1])

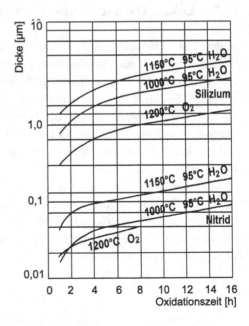

mechanische Spannungen, die zu Gitter- bzw. Kristallfehlern im Siliziumsubstrat führen. Diese lassen sich durch einen dünnen Siliziumdioxidfilm als Pufferschicht, Padoxid genannt, zwischen der Nitridmaske und dem Siliziumsubstrat zum Ausgleich dieser temperaturbedingten mechanischen Spannungen vermeiden.

Während der thermischen Oxidation bedingt das Padoxid jedoch eine unerwünschte laterale Sauerstoffdiffusion unter die Nitridmaske und damit ein geringes Oxidwachstum im Kantenbereich unterhalb der Maskierung. Der dabei entstehende Oxidausläufer wächst deutlich unter die Nitridmaske; er hat die Form eines Vogelschnabels ("Birds Beak") (vgl. Abb. 11.2).

Seine Länge hängt von der Padoxid- und der Nitriddicke sowie von den Oxidationsparametern ab: je dünner das Padoxid bzw. je dicker das Maskiernitrid und je höher die Oxidationstemperatur, desto schwächer bildet sich der Vogelschnabel aus [2]. Dieser Vogelschnabel verringert – je nach Feldoxiddicke – die Größe der Aktivgebiete um bis zu 1 μm je Kante, sodass eine ausgleichende Maskenvorgabe erforderlich ist.

Bei Anwendung der feuchten Oxidation, die zur Erzeugung des Feldoxides als Standard gilt, tritt zusätzlich der „White Ribbon"- oder „Kooi"-Effekt auf [3]. Im Bereich der Spitze des Vogelschnabels bildet sich während der Oxidation eine dünne Nitridschicht zwischen dem Padoxid und der Siliziumoberfläche auf den Aktivgebieten (Abb. 11.3).

Verursacht wird dieser störende Nitridstreifen durch die geringfügige thermische Oxidation des Maskiernitrids auf der Padoxidseite infolge der Unterdiffusion von OH^--Gruppen. Dabei entsteht in Verbindung mit dem bei der feuchten Oxidation vorhandenen Wasserstoff Ammoniak (NH_3), das zur Oberfläche des Siliziums diffundiert und dort zu einer thermischen Nitridation der Aktivgebiete führt.

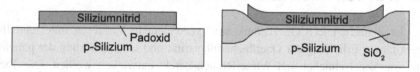

Abb. 11.2 Maskierung und Form des gewachsenen Oxids bei der einfachen LOCOS-Technik mit Padoxid und Nitridmaske

Abb. 11.3 White-Ribbon-Effekte: Entstehung des Nitrids an der Siliziumoberfläche infolge der Ammoniakbildung an der Grenzfläche zwischen der Nitridmaske und dem Padoxid

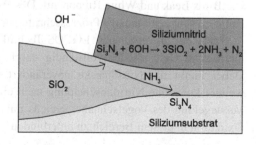

Dieser Effekt wirkt sich nur an der Spitze des Vogelschnabels aus, da die Diffusions-geschwindigkeit des NH_3 größer als die des Sauerstoffes ist und somit die Oxidations-rate des Siliziums an dieser Stelle gering ist. Der unerwünschte Nitridstreifen muss vor der Gate-Oxidation entfernt werden, weil anderenfalls in diesem Bereich wegen der maskierenden Wirkung des Siliziumnitrids kein stabiles Gate-Oxid aufwachsen kann.

Trotz der genannten parasitären Effekte ist die Technik der einfachen Lokalen Oxidation ein geeignetes Verfahren zur Schaltungsintegration, da die Vorteile gegen-über der Planartechnik erheblich sind. Der Übergang vom Aktivgebiet zum Feldbereich erfolgt nicht abrupt, sondern geschwungen mit mäßiger Neigung, sodass hier weder Lackdickenschwankungen noch Leiterbahnabrisse auftreten können.

Die Höhe der Oberflächenunebenheiten nach der Feldoxidation verringert sich von 100 % der Oxiddicke auf ca. 55 %, außerdem lassen sich Strukturen mit minimalen Aktivgebietweiten von ca. 1 µm erzeugen. Durch nasschemisches Ätzen des Feldoxides lässt sich diese geringe Aktivgebietweite nicht erreichen, da eine Maskenvorgabe zum Ausgleich der Unterätzung im Oxid notwendig ist.

Nach der Feldoxidation erfolgt das Ablösen des Nitrids in heißer Phosphorsäure (156 °C) oder im Trockenätzverfahren mit CHF_3/O_2. Eine weitere Einebnung der Ober-fläche lässt sich nun durch gezieltes nasschemisches Zurückätzen der gesamten Oxid-oberfläche um 100–200 nm erreichen („fully recessed LOCOS"). Zwar geht dabei ein Teil des gewachsenen Feldoxids wieder verloren, dafür nimmt die Ausdehnung des Vogelschnabels in das Aktivgebiet hinein ab. Gleichzeitig verringert sich die Stufe zwischen der Oxidoberfläche und dem aktiven Silizium entsprechend der Differenz aus der geätzten Schichtdicke und der Padoxidstärke.

11.1.2 SPOT-Technik zur Lokalen Oxidation

Neben der einfachen LOCOS-Technik sind verschiedene Verfahren unterschiedlicher Komplexität zur Erhöhung der Oberflächenplanarität und Unterdrückung der parasitären Effekte wie Vogelschnabel und White-Ribbon-Effekt entwickelt worden. Die Technik der Lokalen Oxidation mit doppelter Feldoxidation und Nitridabscheidung (SPOT-Technik = Super Planar Oxidation Technology, Abb. 11.4) liefert eine hervorragende stufenlose Oberfläche [4], jedoch ist die Strukturtreue bei der Übertragung der Maske in das Silizium schlecht. Auch treten weiterhin die bereits genannten parasitären Effekte wie Birds Beak und White Ribbon auf. Des Weiteren sind bei dieser Technik zusätzliche, zum Teil sehr zeitintensive Prozessschritte zur Herstellung des Feldoxides erforderlich.

Nach der in einfacher LOCOS-Technik erfolgten Feldoxidation wird hier das thermische Oxid wieder vollständig durch isotropes nasschemisches Ätzen entfernt. Dabei bleibt die Nitridmaske unverändert an der Scheibenoberfläche zurück. Eine weitere konforme Nitridabscheidung nach einer zweiten kurzen Padoxidation dient zur Versiegelung des Vogelschnabelbereichs unterhalb der Nitridmaske, um die thermische Oxidation in diesem Bereich zu unterbinden.

Abb. 11.4 SPOT-Technik der Lokalen Oxidation mit doppelter Feldoxidation und Nitriddeposition zur Optimierung der Oberflächenplanarität. **a** Querschnitt nach der ersten Feldoxidation, **b** nasschemische Oxidrückätzung, zweite Padoxidation, konforme Nitridabscheidung und anisotrope Nitridätzung sowie **c** Querschnitt nach der zweiten Feldoxidation

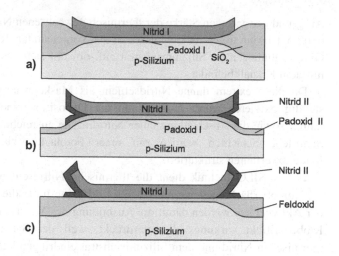

Mithilfe des anisotropen reaktiven Ionenätzens, z. B. im CHF_3/O_2-Plasma, lässt sich exakt die zuletzt abgeschiedene Nitriddicke wieder abtragen, sodass diese zweite Maskierschicht nur unterhalb des ersten Nitrids sowie an den senkrechten Kanten der Schicht zurückbleibt. Eine weitere feuchte thermische Oxidation liefert anschließend die gewünschte Feldoxidschichtdicke, wobei der unter dem zweiten Nitrid entstehende Vogelschnabel zu einem stufenlosen Übergang vom Feldbereich zum aktiven Silizium führt.

Damit steht nun eine nahezu vollkommen planare Scheibenoberfläche zur Verfügung, jedoch sind große Abweichungen zwischen dem Strukturmaß der Maskenvorlage und dem der Aktivgebiete im Silizium unvermeidlich. Die zum Ausgleich dieser Differenz erforderliche Maskenvorgabe und die komplexe Prozessführung in Verbindung mit dem erheblichen Zeitaufwand zur wiederholten Feldoxidation verhindern den Einsatz dieses Verfahrens der Lokalen Oxidation in der modernen CMOS-Technologie. Angewendet wird die SPOT-Technik in der Mikrosystemtechnik, z. B. bei der Integration von Lichtwellenleitern auf Siliziumsubstrat.

11.1.3 Die SILO-Technik

Alternativ zu den bisher vorgestellten Verfahren zeichnet sich die SILO-Technik (SILO = *S*ealed *I*nterface *L*ocal *O*xidation) durch gezielte Unterdrückung des Vogelschnabels und des White-Ribbon-Effektes aus [5]. Die Oberfläche der Siliziumscheibe wird in diesem Fall – vergleichbar zur thermischen Oxidation – zunächst bei ca. 1200 °C in NH_3-Atmosphäre thermisch nitridiert.

$$3Si + 4NH_3 \xrightarrow{1200\,°C} Si_3N_4 + 6H_2 \tag{11.1}$$

Aufgrund der geringen Stärke der thermisch gewachsenen Nitridschicht von ca. 4 nm bis maximal 10 nm treten im Gegensatz zu den vorgenannten Techniken keine signifikanten Gitterspannungen im Siliziumsubstrat auf, obwohl sich das Si_3N_4 im direkten Kontakt mit dem Kristall befindet.

Da diese extrem dünne Nitridschicht als Maske während der Feldoxidation vollständig oxidieren würde, folgen nun die Deposition eines Padoxides im CVD-Verfahren sowie die Abscheidung einer Nitridmaske ausreichender Dicke (vgl. Abb. 11.5). Sämtliche Schichten werden mit einer Fotolackmaske gemeinsam im reaktiven Ionenätzverfahren strukturiert.

In der SILO-Technik dient die thermische Nitridschicht nur zur Versiegelung der Siliziumoberfläche gegen eine Sauerstoffdiffusion unter die Strukturkanten. Im Bereich der Aktivgebiete werden damit die Ausbildung des Vogelschnabels und auch der White-Ribbon-Effekt wirkungsvoll unterdrückt, weil der Sauerstoff nicht zwischen dem thermischen Nitrid und dem Siliziumsubstrat eindringen kann. Ein LPCVD-Nitrid kann die thermische Nitridschicht nicht ersetzen, da sich zwischen der Siliziumoberfläche und dem Nitrid unvermeidlich ein natürliches Oxid als Padoxid befindet.

Die Anwendung der SILO-Technik zur Schaltungsintegration ist recht aufwendig, denn es sind außer der Nitridabscheidung zusätzliche Prozessschritte – eine thermische Nitridation als Hochtemperaturschritt und eine CVD-Oxiddeposition – erforderlich. Sie liefert aber gute Ergebnisse bei der Unterdrückung der parasitären Effekte der einfachen LOCOS-Technik. Die Oberflächenplanarität entspricht den Resultaten der einfachen LOCOS-Technik, d. h. es bleibt nach Ablösen der Nitridmaskierung eine Stufe von ca. 55 % der Feldoxiddicke an den Aktivgebietgrenzen zurück.

11.1.4 Poly-buffered LOCOS

Eine weitere Alternative zur Verminderung der o. a. parasitären Effekte ist die über eine Polysiliziumschicht gepufferte LOCOS-Technik („Poly-buffered" LOCOS). Zwischen dem Padoxid und der Nitridmaske wird hier ein Polysiliziumfilm von 20–50 nm Dicke eingefügt, der die Ausdehnung des Vogelschnabels unter die Maskenkante begrenzt und

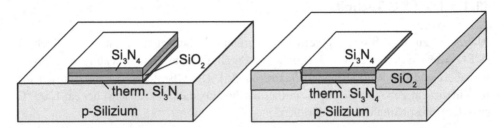

Abb. 11.5 Aufbau der Maskierung und Oxidwachstum bei Anwendung der SILO-Technik zur Lokalen Oxidation von Silizium

das Auftreten des White-Ribbon-Effekts auf dem Siliziumsubstrat wirkungsvoll unter-drückt (Abb. 11.6).

Der während der Oxidation unter die Nitridmaske diffundierende Sauerstoff oxidiert vornehmlich das Polysilizium, weniger das Silizium des Substrats; somit wirkt sich die Pufferschicht positiv auf die Strukturtreue aus. Eine lokale Nitridation der Siliziumober-fläche unter dem Padoxid findet nicht statt, da die erforderlichen NH_3-Moleküle infolge fehlender Rückseitenoxidation des Nitrides gar nicht erst entstehen.

Aufgrund der geringen Ausweitung des Herstellungsprozesses gegenüber der ein-fachen Technik der Lokalen Oxidation – nur die Polysiliziumabscheidung ergänzt den Standard-LOCOS-Prozess – hat sich diese fortgeschrittene Technik in der Industrie etabliert, obwohl die Stufe vom Feldoxid zum Aktivgebiet nach Ablösen der Maskier-schichten auch hier ca. 55 % der Oxiddicke beträgt. Da der Vogelschnabel als Oxid-ausläufer unter die Maske nicht vollständig unterdrückt wird, ist jedoch keine absolute Strukturtreue gegeben.

Optimieren lässt sich die Poly-buffered LOCOS-Technik durch einen Rückätzschritt für Siliziumdioxid nach der Prozessfolge aus thermischer Feldoxidation und Entfernen der Nitrid- und Polysiliziumschichten. Neben dem Padoxid trägt der Ätzvorgang auch einen Teil des Birds Beaks und des Feldoxides ab, folglich reduziert sich die Stufe vom Feldoxid zum Aktivgebiet. Diese Art der Feldoxidation ist unter dem Namen „Fully recessed poly-buffered LOCOS" ebenfalls weit verbreitet.

11.1.5 Die SWAMI-LOCOS-Technik

Die Ergebnisse der zuvor erläuterten LOCOS-Techniken zeigen, dass die Stufenhöhe an der Scheibenoberfläche nach der lokalen Feldoxidation noch 55 % der erzeugten Oxid-dicke beträgt. Um eine völlig planare Oberfläche bei möglichst hoher Strukturtreue zu erreichen, muss das Siliziumsubstrat in den Bereichen des Oxidwachstums vor der thermischen Oxidation um etwa 55 % der gewünschten Oxiddicke zurückgeätzt werden, weil das Volumen des Siliziumdioxides entsprechend größer ist als das des während der Oxidation verbrauchten Siliziums.

Sowohl in der einfachen LOCOS-Technik als auch in der SILO- und der Poly-Buffered-LOCOS-Technik liegen dann die Oberflächen der Feld- und Aktivgebiete

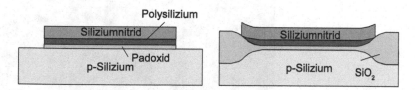

Abb. 11.6 Schichtfolge der Substratmaskierung und Oxidwachstum in der Poly-buffered LOCOS Technik

nach der thermischen Oxidation auf gleichem Niveau. Jedoch entsteht durch die laterale Oxidation des Siliziums unterhalb der Kante der Nitridmaske umlaufend um die Aktivgebiete eine Erhebung mit einer Höhe, die etwa der aufgewachsenen Oxiddicke entspricht (Abb. 11.7). Diese Struktur wird Vogelkopf („Birds Head") in Anlehnung an den zuvor erläuterten Vogelschnabel genannt.

Um eine vollständig ebene Substratoberfläche in Verbindung mit einer exakten Strukturgröße der Aktivgebiete zu erhalten, wird die SWAMI-LOCOS-Technik (SWAMI-LOCOS = Side WAll Mask Isolated LOCal Oxidation of Silicon) angewandt, bei der ebenfalls im Feldbereich eine Strukturierung des Siliziums zum Ausgleich der oxidationsbedingten Volumenexpansion erfolgt [6].

Entsprechend der einfachen LOCOS-Technik wird zunächst das Padoxid thermisch auf dem Silizium aufgebracht, die Oberfläche mit Nitrid beschichtet und mit der Maske zur Definition der Aktivgebiete versehen. Die Fotolackmaske lässt im Gegensatz zur Planartechnik die Feldbereiche der zu integrierenden Strukturen frei, hier werden der Nitridfilm und das Padoxid in CHF_3/O_2- bzw. in CHF_3/Ar-Atmosphäre im RIE-Verfahren entfernt. Es folgt ein weiterer anisotroper Ätzschritt zum Abtragen des Siliziumsubstrates in einer Dicke von etwa 55 % der später gewünschten Oxiddicke, ausgeführt ebenfalls im reaktiven Ionenätzverfahren, aber mit BCl_3, $SiCl_4$, SF_6 oder $CBrF_3$ als Reaktionsgas. Die Ätztiefe entspricht der Volumenzunahme des Siliziums durch Oxidation zum Siliziumdioxides.

Vor der Feldoxidation ist eine Passivierung der vertikalen Aktivgebietflanken gegenüber der Sauerstoffatmosphäre notwendig. Dazu wird ein weiteres Padoxid bei 900 °C thermisch erzeugt und durch eine zweite konforme Nitridabscheidung abgedeckt. Diese Nitridschicht lässt sich anschließend im anisotropen Trockenätzverfahren direkt wieder zurückätzen. Es verbleiben nur die an den vertikalen Flanken abgeschiedenen Schichten sowie das erste Nitrid auf dem Silizium (Abb. 11.8). Folglich ist das gesamte spätere

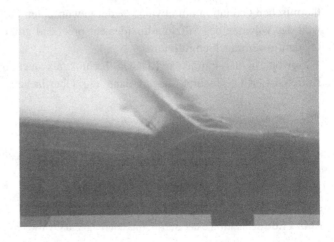

Abb. 11.7 REM-Aufnahme eines Vogelkopfes („Birds Head") bei Anwendung der einfachen LOCOS-Technik mit Strukturierung des Substrates (Maßstab = 1 µm)

Abb. 11.8 Maskierung und Prozessfolge in der SWAMI-LOCOS-Technik zur Erzeugung einer planaren Scheibenoberfläche. **a** Maskierung und Strukturierung des Substrates, **b** Passivierung der vertikalen Inselflanken und **c** Struktur und Oberfläche nach der thermischen Feldoxidation

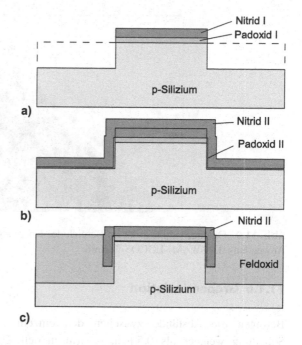

Aktivgebiet sowohl an der Oberfläche als auch an den Aktivgebietflanken mit Nitrid vor der Oxidation maskiert.

Während der anschließenden thermischen Oxidation wächst das Feldoxid außerhalb der Aktivgebiete auf, bis am Ende dieses Prozessschrittes eine planare Oberfläche erreicht ist. Lediglich direkt an der Grenzfläche des SiO_2 zum Aktivgebiet entsteht eine enge Einschnürung, die teils aus der maskierungsbedingten Verarmung an zu oxidierendem Silizium resultiert, teils auch vom entfernten zweiten Maskierungsnitrid freigegeben wird (Abb. 11.9).

Ein wesentlicher Vorteil der o. a. Technik ist, dass zum Aufbringen des Feldoxides keinerlei Maskenvorgabe erforderlich ist, d. h. es entsteht eine planare Scheibenoberfläche in Verbindung mit einer strukturgetreuen Übertragung des Maskenmaßes in das Siliziumsubstrat. Des Weiteren werden der in der einfachen LOCOS-Technik auftretende Vogelschnabel, der White-Ribbon-Effekt und auch der mögliche Vogelkopf wirkungsvoll unterdrückt. Negativ ist dagegen die Einschnürung umlaufend um das Aktivgebiet; an dieser Flanke können sich parasitäre Strompfade im Silizium ausbilden. Zur Optimierung ist deshalb eine konforme Oxidabscheidung mit anschließendem Rückätzen der abgeschiedenen Schicht zum Auffüllen der Vertiefung sinnvoll.

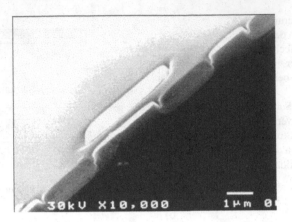

Abb. 11.9 Oberflächenplanarität im Bereich des Überganges vom Feldoxid zum Aktivgebiet bei Anwendung der SWAMI-LOCOS-Technik

11.1.6 Graben-Isolation

Betragen die Abstände zwischen den einzelnen Aktivgebieten einer integrierten Schaltung weniger als 0,5 μm, so tritt in den Zwischenräumen aufgrund der seitlichen Verarmung an oxidierbarem Silizium nur ein eingeschränktes Oxidwachstum auf. Abhilfe bietet die Grabenisolation („Shallow Trench"-Isolation, STI), die auch bei Abmessungen unter 50 nm eine ausreichende Isolation bewirkt.

Anstelle einer thermischen Feldoxidation wird zwischen den Aktivgebieten ein schmaler Graben mit der gewünschten Feldoxiddicke als Tiefe anisotrop in das Substrat hinein geätzt. Nach einer kurzen thermischen Oxidation folgt eine konforme Oxidabscheidung zum Auffüllen des Grabens, sodass die einzelnen Transistoren lateral durch ein vollständig im Silizium liegendes Oxid voneinander isoliert sind. Anschließend wird die Oberfläche des Kristalls durch Rückätzen der abgeschiedenen Schicht oder durch chemisch-mechanisches Polieren bis zum Siliziumsubstrat wieder freigelegt.

Um in Bor-dotierten Siliziumscheiben einen parasitären Strompfad infolge einer Oberflächeninversion des Siliziums durch vorhandene Oxidladungen zu unterbinden, erfolgt in diesem Fall vor dem Auffüllen der Gräben mit Oxid eine Bor-Ionenimplantation als „Channel stop". Dies kann direkt nach dem Ätzen erfolgen, wobei die Fotolackätzmaske auch zur Maskierung der Ionenimplantation dient (Abb. 11.10). Allerdings müssen die Gräben in den n-leitenden Bereichen vor der Implantation mit Bor geschützt werden.

Das STI-Verfahren eignet sich für die Herstellung von Feldoxiden in feinsten Zwischenräumen mit weniger als 100 nm Breite. Für grobe Abmessungen im Mikrometerbereich ist es jedoch völlig ungeeignet, sodass in Schaltungen eine Kombination von STI und LOCOS-Technik einzusetzen ist.

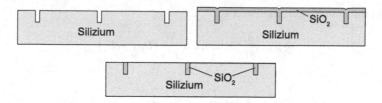

Abb. 11.10 Shallow Trench Isolation durch Trenchätzung mit Bor-Bodendotierung, Auffüllen und Rückätzen von Siliziumdioxid

11.2 MOS-Transistoren für die Höchstintegration

Die Reduktionen der Transistorgeometrien, speziell der Kanallängen und der Gate-Oxiddicken, führen zur Verbesserung der Steilheiten der n- und p-Kanal-Transistoren. Resultierend aus den höheren Kanalleitfähigkeiten wachsen trotz der gestiegenen Gate/Substrat-Kapazitäten auch die Schaltgeschwindigkeiten der integrierten Bauelemente, wobei als Nebeneffekte noch die parasitären Drain/Substrat- und Source/Substrat-Kapazitäten und die benötigte Schaltungsfläche abnehmen. Eine einfache Betrachtung des MOS-Transistors als Zweitor zur Berechnung der Transitfrequenz erfolgt entsprechend des Ersatzschaltbildes in Abb. 11.11.

Für den kurzgeschlossenen Ausgang gilt bei der Transitfrequenz f_T:

$$\left|H_{21}\right| = \left|\frac{i_a}{i_e}\right| = 1 \tag{11.2}$$

Daraus folgt für den Betrieb in Sättigung unter Vernachlässigung der Gate/Drain-Kapazität ($C_{GD}=0$):

$$f_T = \frac{g_m}{2\pi\,(C_{GS} + C_{GB})} \tag{11.3}$$

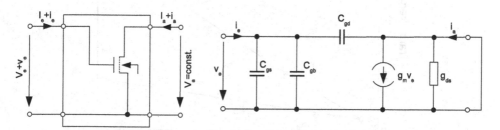

Abb. 11.11 Zweitorbeschaltung und einfaches Kleinsignal-Ersatzschaltbild zur Bestimmung der Transitfrequenz eines MOS-Transistors

Dies ergibt mit dem Eingangsleitwert g_m

$$g_m = \frac{\partial I_{DS}}{\partial U_{GS}} = \mu C_{ox} \frac{W}{L_{eff}} (U_{GS} - U_t) \tag{11.4}$$

und

$$C_{GS} + C_{GB} = C_{oc} W L_{eff} \tag{11.5}$$

für die Transitfrequenz f_T

$$f_T = \frac{\mu(U_{GS} - U_t)}{2\pi L_{eff}^2} \tag{11.6}$$

d. h. die Grenzfrequenz eines MOS-Transistors wird direkt von der effektiven Kanallänge mitbestimmt. Obwohl die in Abb. 11.12 dargestellten experimentellen Ergebnisse deutlich von den theoretischen, auf sehr einfachen Modellgleichungen beruhenden Werten abweichen, wird die reziproke quadratische Abhängigkeit zwischen f_T und L_{eff} bestätigt. Ein Entwicklungsziel ist also die Minimierung der Transistorkanallänge zur Steigerung der Grenzfrequenzen integrierter MOS-Schaltungen. Stand der Technik (2023) sind MOS-Transistoren mit einer Kanallänge von 8 nm bis hinunter zu 3,5 nm effektiver elektrischer Kanallänge [7].

Zur Anwendung dieser Transistoren mit geometrischen bzw. elektrischen Kanallängen deutlich unterhalb der Wellenlänge des sichtbaren Lichtes ist eine äußerst genaue Strukturdefinition und -übertragung notwendig, denn Abweichungen von nur wenigen Nanometern in der Kanallänge bedeuten Fehler von über 20 % in den Geometrien dieser

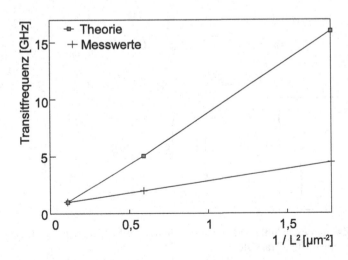

Abb. 11.12 Transitfrequenz der MOS-Transistoren in Abhängigkeit von dem Quadrat der inversen effektiven Kanallänge

Submikrometertransistoren. Sie wirken sich entsprechend stark auf die Transistorparameter aus und sind somit in einer Serienproduktion mikroelektronischer Schaltungen nicht tolerierbar. Der zuvor beschriebene einfache CMOS-Prozess ist für diese Strukturabmessungen auch nach Einführung einer Lokalen Oxidationstechnik nicht geeignet. Neben der Unterdrückung von elektrischen Durchbruchmechanismen aufgrund zu hoher Feldstärken sind eine Reduktion der Widerstände im Polysilizium und in den Kontakten notwendig.

11.2.1 Durchbruchmechanismen in MOS-Transistoren

Die Miniaturisierung der MOS-Transistoren stellt im Submikrometerbereich nicht nur hohe Anforderungen an die fotolithografische und ätztechnische Strukturübertragung, mit sinkender Transistorkanallänge und Gate-Oxiddicke wachsen auch die Feldstärken im MOS-Transistor stark an, sodass der Skalierung der Geometrien auch elektrische Grenzen gesetzt sind. Die Ladungsträgergeneration durch Stoßionisation (Avalanche- oder Lawinen-Durchbruch), die Ausdehnungen der Raumladungszonen und der Tunneleffekt bei dünnen Gate-Oxiden beschränken die elektrisch minimal zulässigen Bauelementabmessungen.

Diese physikalischen Skalierungsbegrenzungen lassen sich aber durch eine geeignete Prozessführung, z. B. durch die Wahl der Dotierungen im Kanal- und Drain-Bereich in Verbindung mit der Spacer-Technik, zu feineren Strukturmaßen hin verschieben.

11.2.1.1 Kanallängenmodulation

Während bei Transistoren mit einigen Mikrometern Kanallänge die spannungsabhängige Ausdehnung der drainseitigen Raumladungszone im Vergleich zur gesamten Kanallänge vernachlässigbar ist, steigt der Einfluss der Kanallängenmodulation bei Kurzkanal-Transistoren an. Der Ausgangsleitwert nimmt stark zu, d. h. der Drain-Strom des Transistors wächst im Sättigungsbetrieb mit steigender Drain-Spannung.

Ursache ist die drainseitige Raumladungszone, die sich aufgrund des Dotierungsverhältnisses Kanal/Drain mit zunehmender Drain-Spannung hauptsächlich in den Kanalbereich hinein ausdehnt und somit die elektrisch wirksame effektive Kanallänge der Transistoren mit wachsender Drain-Spannung verkürzt. Der Ausgangsleitwert wächst folglich an.

Zur Kompensation dieses Kurzkanaleffektes ist eine höhere Dotierung des Kanalbereiches oder eine schwächere Drain-Dotierung erforderlich, um die Weite der Raumladungszone insgesamt zu verringern bzw. ihre Ausdehnung zu einem großen Teil aus dem Kanal in das Drain-Gebiet hinein zu verlagern. Wirkungsvoll ist auch eine möglichst flache Drain-/Source-Dotierung, damit der Einfluss des vom Drain ausgehenden elektrischen Felds auf den Kanal gering ist. Eine schwächere und sehr flache Drain-/Source-Dotierung erhöht jedoch unerwünscht den Anschlusswiderstand des Transistors.

11.2.1.2 Drain-Durchgriff (Punch-Through)

Bei einer niedrigen Substratdotierung dehnt sich die Raumladungszone des Drain-Gebietes mit zunehmender Spannung in das Substrat hinein aus. Für Transistoren mit kleiner Kanallänge kann diese Raumladungszone schon vor Erreichen der maximalen Betriebsspannung bis zum Source-Gebiet des Transistors reichen. In diesem Fall fließt bereits unterhalb der Schwellenspannung des Transistors ein hoher Drain-Strom, der nur schwach von der Gate-Elektrode kontrolliert werden kann, d. h. der Transistor sperrt bei hoher Betriebsspannung nicht. Dieser Punch-Through genannte Raumladungszonen-durchgriff lässt sich durch eine erhöhte Dotierstoffkonzentration zwischen dem Drain und dem Source des Transistors unterdrücken.

Da im n-Kanal Transistor die Oberflächendotierung bereits durch die Schwellen-spannungs-Implantation erhöht ist, breitet sich die Raumladungszone im Wesentlichen unterhalb des Kanals aus. Zur Unterdrückung des Effektes ist folglich eine Dotierungs-anhebung zwischen den Drain- und Source-Anschlüssen in der Tiefe der pn-Übergänge Drain/Substrat bzw. Source/Substrat notwendig.

Im PMOS-Transistor ist dagegen die Oberflächendotierung infolge der Schwellen-spannungseinstellung durch Gegendotierung mit Bor sehr niedrig, sie steigt aber mit zunehmender Tiefe an. Folglich tritt der Punch-Through direkt an der Grenzfläche zum Oxid auf. Aufgrund der geringen Nettodotierung der Wannenoberfläche wirkt das vom Drain ausgehende elektrische Feld stark auf den Transistorkanal.

Die zunehmende Ausdehnung der Raumladungszone in den Kanalbereich hinein bewirkt bei Bauelementen mit geringer Kanallänge unabhängig vom Leitungstyp des Transistors auch eine betragsmäßige Abnahme der Schwellenspannung mit wachsender Drain-Spannung (DIBL = „*D*rain *I*nduced *B*arrier *L*owering"). Reicht die Raumladungs-zone bis in die Nähe des Source-Gebietes, so verarmt der Kanalbereich an Majori-tätsladungsträger. Im Vergleich zu langen Transistoren tritt bereits bei betragsmäßig geringerer Gate-Spannung eine Inversion auf, d. h. die Schwellenspannung ist bei gegebener Drain-Spannung eine Funktion der Kanallänge.

11.2.1.3 Drain-Substrat Durchbruch (Snap-Back)

Drain, Source und Substrat bilden einen parasitären lateralen npn-Bipolartransistor, dessen Basisweite der Kanallänge entspricht (Abb. 11.13). Setzt aufgrund der anliegenden Betriebsspannungen bereits die Stoßionisation ein, so fließt im n-Kanal

Abb. 11.13 Drain-Substrat Durchbruch infolge von Ladungsträgergeneration im Kanal (Snap-Back)

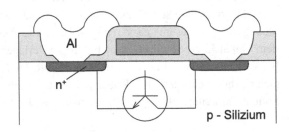

Transistor ein Teil der generierten Löcher zum Substrat, der andere Teil zum Source hin ab. Die zum Source gelangenden Löcher wirken vergleichbar zu einem extern eingespeisten Basisstrom.

Dieser Löcherstrom erniedrigt die Potenzialbarriere und führt vom Source-Gebiet aus zu einer verstärkten Elektroneninjektion, die vom Drain als Kollektor abgesaugt werden. Die beschleunigten Elektronen unterstützen wiederum die Stoßionisation und damit einen weiter erhöhten Löcherstrom. Der parasitäre Bipolartransistor geht bereits unterhalb der Durchbruchspannung der Drain-/Substrat-Diode in den leitfähigen Zustand über.

11.2.1.4 Transistoralterung durch heiße Elektronen

Aufgrund der hohen Feldstärke im Drain-Bereich der n-Kanal Transistoren werden Elektronen sehr stark beschleunigt, sodass sie ausreichend Energie aufnehmen, um eine Stoßionisation auszulösen oder um die Potenzialbarriere zum Gate-Oxid zu überwinden. Dies führt einerseits zu einem Substratstrom und damit zum möglichen Latchup in integrierten Schaltungen, andererseits entsteht auch ein Gate-Strom. Beide Effekte erhöhen den Leistungsbedarf der Schaltung.

Von besonderer Problematik ist aber die Veränderung des Gate-Oxids infolge der Stöße mit den energiereichen Elektronen. An Störstellen im Oxid können sich Elektronen anlagern und als geladene Störstellen durch Ladungsträgerstreuung den maximalen Transistorleitwert herabsetzen. Zusätzlich altert das Gate-Oxid, denn nach einer starken Beanspruchung durch injizierte Elektronen sinkt die Durchbruchspannung des Oxids.

Zur Vermeidung der heißen Ladungsträger ist eine Reduktion der maximalen Feldstärke im Transistor erforderlich, indem Feldstärkespitzen am drainseitigen Kanalende durch schwache Dotierungsgradienten unterdrückt werden. Alternativ bietet sich auch eine Senkung der Betriebsspannung an.

Grundsätzlich setzt der „Hot-Electron"-Effekt auch in p-Kanal Transistoren bei hohen Spannungen ein, jedoch tritt die erforderliche Feldstärke zur Erzeugung heißer Löcher aufgrund ihrer geringeren Beweglichkeit in der Regel erst deutlich oberhalb der üblichen Betriebsspannung auf. Damit bleiben p-Kanal MOS-Transistoren von diesem Alterungseffekt weitgehend verschont.

11.2.2 Die Spacer-Technik zur Dotierungsoptimierung

11.2.2.1 LDD n-Kanal MOS-Transistoren

Zur Reduktion der Feldstärke am drainseitigen Kanalende – notwendig zur Unterdrückung des „Hot-Electron"-Effektes und des Avalanche-Durchbruchs – ist eine Abschwächung des Dotierungsgradienten am pn-Übergang des Drains zum Kanal erforderlich. Dazu eignet sich ein „Lightly Doped Drain" (LDD)-Dotierungsprofil, das üblicherweise mithilfe von Abstandshaltern in Form von „Side-Wall Spacer"-Strukturen hergestellt wird. LDD-Dotierungen wirken sich durch ihre geringe Tiefe im Kristall zusätzlich positiv auf den unerwünschten Schwellenspannungsabfall mit sinkender Kanallänge bzw. steigender Drain-Spannung und den wachsenden Ausgangsleitwert bei Kurzkanal-Transistoren aus.

Die Integration der LDD-Strukturen in den Prozessablauf erfordert zusätzliche Herstellungsschritte, die direkt nach der Strukturierung der Polysilizium-Gate-Elektroden eingefügt werden. Sie basiert auf einer äußerst flachen Implantation der Drain-/Source-Gebiete mit geringer Dosis, einer konformen Oxidabscheidung in Verbindung mit einer anschließenden anisotropen Rückätzung sowie der üblichen Drain-/Source-Dotierung.

Die niedrige Dosis der Phosphor- oder Arsen-LDD-Implantation erzeugt ein oberflächennahes, relativ schwach dotiertes n-leitendes Gebiet als Drain und Source der Transistoren. Es weist nur eine mäßige Leitfähigkeit auf und ermöglicht auch keine niederohmige Kontaktierung, reduziert aber den Dotierungsgradienten zum Kanal. Die Dotierstoffkonzentration sollte vergleichbar zur Konzentration im Kanalbereich sein, um die Feldstärke am pn-Übergang minimal zu halten.

Um selbstjustierend eine weitere Implantation einzubringen, die das Drain- bzw. Source-Gebiet im definierten Abstand zum Gate höher dotiert, aber in Gate-Nähe die schwache LDD-Dotierstoffkonzentration nicht verändert, ist eine Abscheide- und Rückätztechnik erforderlich. Zunächst wird bei einer Temperatur unterhalb des Einsetzens der Dotierstoffdiffusion (ca. 750 °C) ganzflächig eine Oxidschicht, z. B. als LPCVD-TEOS-Oxid, konform aufgebracht, direkt gefolgt von einem Rückätzschritt (Abb. 11.14).

Dabei wird das gerade aufgebrachte Oxid im reaktiven Ionenätzverfahren anisotrop entsprechend der abgeschiedenen Dicke abgetragen. An den senkrechten Kanten des

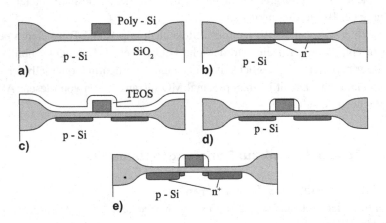

Abb. 11.14 Spacer-Technik zur Erzeugung von LDD-Dotierungsprofilen. **a** Ausgangsstruktur, **b** LDD-Dotierung, **c** konforme Oxidabscheidung, **d** anisotropes Ätzen der Oxidschicht zur Spacerbildung, **e** Querschnitt der Gesamtstruktur nach der Drain-/Source-Dotierung mit hoher Dosis

Gates ist die Dicke der Oxidschicht senkrecht zur Scheibenoberfläche größer als an den lateralen Oberflächen, folglich bleibt hier nach dem Ätzen an jeder Seite der Elektrode ein Oxidspacer zurück. Dieser dient als Abstandshalter gemeinsam mit der Gate-Elektrode als Maske für die Arsen-Implantation mit hoher Dosis zur Herstellung der niederohmigen, gut kontaktierbaren Drain- und Source-Gebiete.

Um die Feldstärke im Transistor möglichst weit zu reduzieren, gleichzeitig aber den Innenwiderstand dieses Schaltungselementes gering zu halten, müssen die Parameter Spacerweite und LDD-Dotierung optimiert werden. In Abb. 11.15 ist die berechnete maximale Feldstärke im NMOS-LDD-Transistor, normiert auf den Wert eines Standard-n-Kanal Schaltungselements, gegen die Spacer-Breite für verschiedene Implantations-dosen dargestellt.

Ein Optimum in der Feldreduktion ergibt sich bei der in diesem Fall verwendeten Prozessführung für eine LDD-Dotierung mit der Phosphorionendosis von $5 \times 10^{12}\,\text{cm}^{-2}$ bei einer Energie von 80 keV und einer Spacer-Breite von ca. 250 nm. Eine weitere Ver-breiterung der Spacer bewirkt keine wesentliche Verringerung der Feldstärke, sondern führt nur zu einer unerwünschten Erhöhung des Transistor-Innenwiderstands.

Um die Ausdehnung der Raumladungszone des Drains einzuschränken, d. h. den Punch-Through zu unterdrücken, ist eine Dotierungserhöhung unterhalb des Kanals zwischen den Drain- und Source-Gebieten notwendig. Der Kanal selbst weist aufgrund der Schwellenspannungsimplantation bereits eine gegenüber dem Substrat deutlich erhöhte Dotierung auf, sodass sich die Raumladungszone nur in die Tiefe zum Source hin ausdehnen kann. Hier lassen sich vor der Abscheidung der Gate-Elektrode Bor-Ionen mit ca. 200 keV Teilchenenergie implantieren, sie heben die Dotierstoffkonzentration in

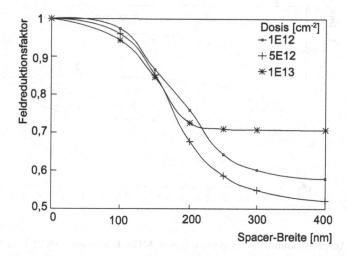

Abb. 11.15 Simulation der Feldstärke im LDD-n-Kanal Transistor, normiert auf den Wert des Standard-Transistors, in Abhängigkeit von der Spacerbreite mit der LDD-Implantationsdosis als Parameter

diesem Bereich lokal an. Ihre Eindringtiefe reicht bis unter das Drain-Gebiet beeinflusst aber kaum die Transistor-Schwellenspannung.

Abb. 11.16 zeigt das Ausgangskennlinienfeld eines LDD-n-Kanal-Transistors (W/L = 80 μm/0,6 μm) mit einer Spacerbreite von 250 nm und 25 nm Gate-Oxiddicke. Erst bei einer Drain-Spannung von 7 V setzt der Avalanche-Durchbruch ein; ein Durchgreifen der Raumladungszone des Drain-Gebietes tritt selbst bei dieser Spannung noch nicht auf.

11.2.2.2 P-Kanal Offset-Transistoren

Sowohl die n- als auch die p-Kanal Transistoren werden im einfachen CMOS-Prozess mit einer phosphordotierten Gate-Elektrode hergestellt. Infolge der Austrittsarbeitsdifferenz n^+-Polysilizium zum n-Silizium der Wanne bildet sich aber im PMOS-Transistor beim Erreichen der Schwellenspannung unter dem Gate-Oxid ein im Silizium vergrabener Kanal aus.

Während beim NMOS-Transistor der Avalanche-Effekt den maximal zulässigen Betriebsspannungsbereich des Bauelementes festlegt, tritt beim p-Kanal MOS-Transistor wegen der geringeren Ladungsträgerbeweglichkeit in Verbindung mit der Absenkung der Nettodotierung an der Scheibenoberfläche durch die Schwellenspannungsimplantation der Raumladungszonendurchgriff als begrenzender Durchbruchmechanismus auf. Simulationen zeigen im Bereich unterhalb des Kanals von der Drain-Seite ausgehend den einsetzenden Punch-Through, während die Feldstärke noch weit unter dem Einsatzpunkt der Avalanche-Ladungsträgermultiplikation liegt.

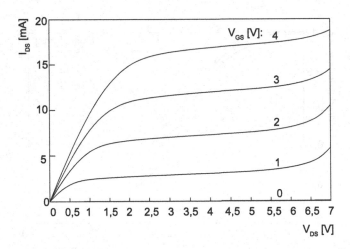

Abb. 11.16 Ausgangskennlinienfeld eines n-Kanal MOS-Transistors mit 250 nm Spacerbreite und einer effektiven Kanallänge von 0,6 μm (W = 80 μm), mit einer Phosphor-LDD-Implantationsdosis von $5 \times 1012\ cm^{-2}$ bei 80 keV

Auch dieser Effekt lässt sich durch eine zusätzliche Dotierung in Verbindung mit der Side-Wall-Spacer-Technik verhindern, indem eine lokale Erhöhung der Wannendotierung unterhalb des Kanals die starke Ausbreitung der drainseitigen Raumladungszone unter die Gate-Elektrode einschränkt und den drainseitigen Kanal zur Oberfläche drängt. Im Prozess erfolgt dazu vor der Spacer-Deposition eine selbstjustierende Arsen-Implantation mit einer Dosis von ca. $3 \times 10^{12}\,\text{cm}^{-2}$ bei der relativ hohen Bestrahlungsenergie von 320 keV. Sie dringt im Bereich der Aktivgebiete ausreichend tief in den Kristall ein, wobei die Polysilizium Gate-Elektrode als Maske dient.

Anschließend erfolgen die Spacer-Herstellung in der durch den NMOS-Transistor vorgegebenen Breite und die Drain-/Source-Implantation mit Bor. Bei dieser Dotierung dienen die Spacer erneut als Abstandshalter zum Gate, um die Bor-Diffusion während der folgenden Aktivierungstemperung auszugleichen. Die Arsen-Dotierung befindet sich dann seitlich des Gates unterhalb des Überganges vom Kanalbereich zum Drain der PMOS-Transistoren (Abb. 11.17).

Im Gegensatz zum NMOS-Transistor ist hier jedoch kein LDD-Profil entstanden. Aus der lokalen Dotierungserhöhung in der Wanne resultiert eine Einschränkung der Ausbreitungsmöglichkeit der Raumladungszone im drainnahen Kanalbereich, sodass der Durchgriff auf den Sourcebereich verhindert wird. Weitere Maßnahmen zur Verbesserung des Kurzkanalverhaltens sind beim p-Kanal MOS-Transistor nicht erforderlich; die Durchbruchfestigkeit reicht für die bei diesen Kanallängen übliche Betriebsspannung von 5 V aus.

Aufgrund der nachfolgenden Temperaturschritte zur Aktivierung der Dotierstoffe diffundiert das implantierte Bor seitlich unter die Spacer. Im optimierten Prozess wird

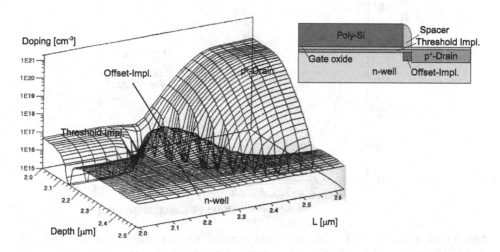

Abb. 11.17 Simulation des Dotierungsprofiles im PMOS-Kurzkanal Transistor mit zusätzlicher Arsen-Implantation im Bereich der Spacer zur Unterdrückung des Punch-Through-Effektes. (Ausschnitt von der Kanalmitte bis zum Drain)

die Zeit dieser Temperung so gewählt, dass die Boratome exakt die Kante der Gate-elektrode erreichen. Folglich bewirken die Spacer des PMOS-Transistors eine Ver-ringerung der parasitären Gate/Drain- und Gate/Source-Kapazitäten, wobei die effektive Kanallänge des Transistors infolge der fehlenden Unterdiffusion sehr genau der strukturierten Gatelänge entspricht. Die zusätzliche Arsen-Implantation verhindert den Punch-Through durch eine lokale oberflächennahe Dotierungserhöhung, sie mildert gleichzeitig den Schwellenspannungsabfall mit sinkender Transistor-Kanallänge.

Die Abb. 11.18 zeigt einen Vergleich des Leckstromverhaltens des oben beschriebenen „Offset-Transistors" mit Arsen-Implantation gegenüber einem vergleich-baren Standard-p-Kanal-Transistor in Abhängigkeit von der effektiven Kanallänge. Auf-grund der Offset-Implantation sinkt der Leckstrom um mehr als zwei Größenordnungen (Abb. 11.19).

Damit ermöglicht die Spacer-Technik die reproduzierbare Fertigung von p- und n-Kanal MOS-Transistoren mit minimalen Kanallängen von weniger als 0,5 μm, wobei die Begrenzung einzig durch die vorhandene Fotolithografietechnik gegeben ist. Erst durch die Anwendung der LOCOS-Technik ist es jedoch möglich, diese feinen Strukturen noch mit optischer Lithografie in eine Lackmaske zu übertragen, denn sie verhindert die Lackdickenschwankungen in den Unebenheiten der Scheibenoberfläche. Weitere Verbesserungen schafft die STI-Isolationstechnik durch eine völlige Einebnung, sodass heutigen integrierten Schaltungen MOS-Strukturen mit 12 nm Kanallänge mög-lich sind.

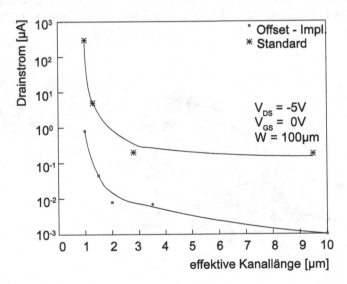

Abb. 11.18 Messung des Leckstroms in Abhängigkeit von der Transistorkanallänge für die Standard-Fertigung und die Offset-Transistoren mit zusätzlicher Arsen-Implantation

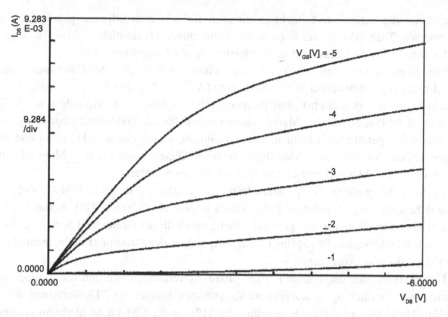

Abb. 11.19 Ausgangskennlinienfeld eines p-Kanal Offset-Transistors mit zusätzlicher tiefer Arsen-Implantation zur Unterdrückung des Raumladungszonendurchgriffs und zur Milderung der Kurzkanaleffekte (W/L = 100 µm/0,6 µm)

11.2.3 Selbstjustierende Kontakte

Die Herstellung selbstjustierender Kontakte erfolgt im CMOS-Prozess nach der Spacer-Strukturierung bzw. den Ionenimplantationen zur Dotierung der Drain-/Source-Gebiete. Das Verfahren ermöglicht eine drastische Reduktion der parasitären Bahnwiderstände der Gateelektroden und Leiterbahnen aus Polysilizium sowie eine selbstjustierende, niederohmige Kontaktierung der Drain- und Source-Gebiete. Es entfallen die bislang erforderlichen Sicherheitsabstände von der Kontaktöffnung zum Diffusionsrand; auch die Fläche der Kontakte lässt sich reduzieren.

Als Kontaktmaterialien dienen Metalle, die ganzflächig auf die Scheibenoberfläche aufgesputtert und während eines Temperaturschritts an den Berührungsstellen mit dem Silizium in ein hochleitendes Silizid überführt werden. Die Silizidierung erfolgt jedoch nur selektiv auf dem Silizium, nicht auf Siliziumdioxid. Folglich entstehen die Metall-silizide nur auf den freiliegenden Drain- und Source-Gebieten sowie auf den Poly-silizium-Gate-Elektroden und -Leiterbahnen.

Als Materialien für die Silizidierung werden hauptsächlich Titan, Kobalt, Palladium, Platin und Nickel eingesetzt, wobei Titan und Kobalt die weiteste Verbreitung aufweisen. Vor dem ganzflächigen Aufsputtern des Metalls ist ein Ätzschritt zur Beseitigung des restlichen Oxids auf den Drain-/Source-Gebieten und den Polysiliziumbahnen erforderlich, damit die gesputterte Schicht in direkten Kontakt zum Silizium gelangt. Einige Metalle wie Titan oder Nickel können zwar eine dünne Oxidschicht reduzieren, jedoch findet ohne diesen Oxidätzschritt keine gleichmäßige Silizidbildung statt.

Die Kontaktierung mit Titan erfordert einen zweistufigen Silizidierungsprozess zur Erzeugung selbstjustierender Kontakte (Abb. 11.20). Nach der ganzflächigen Beschichtung erfolgt zunächst eine Temperung bei ca. 650 °C zur Bildung einer $TiSi_2$-Schicht (C49-Phase) an der Metall/Silizium-Grenzfläche. Oxidoberflächen reagieren bei dieser Temperatur noch nicht mit dem Titanfilm, sodass auf dem Feldoxid und den Spacern weiterhin ein reiner Metallfilm vorliegt. Dieses überschüssige Material wird selektiv zum Silizid nasschemisch mit Ammoniakwasser entfernt.

Es folgt ein weiterer Temperaturschritt bei ca. 750 °C, der das $TiSi_2$ sowohl im Kontaktbereich als auch auf dem Polysilizium in eine hochleitende $TiSi_2$-Schicht (C54-Phase) überführt. Damit ist die gesamte Fläche oberhalb der Drain- und Source-Gebiete über den hochleitenden $TiSi_2$-Film kontaktiert, sodass der Strompfad nicht mehr durch die Kontaktlochlage vorgegeben ist.

Um Einflüsse der umgebenden Atmosphäre zu vermeiden, werden die Temperaturschritte zur Silizidierung als kurzzeitige Vakuumtemperungen im RTA-Verfahren durchgeführt. Dabei ist eine direkte Erzeugung des $TiSi_2$ in der C54-Phase in einem einzigen Temperaturschritt nicht möglich, weil bei 750 °C bereits eine Reaktion des Titans mit dem Feldoxid bzw. den Spacern einsetzt, die das Entfernen des überschüssigen Titans verhindert und damit die Transistoren über Silizide auf den Oxiden kurzschließt (Tab. 11.1).

Des Weiteren führen im Fall des Titans zu lang gewählte Temperzeiten zur Diffusion des Siliziums aus dem Substrat in die Metallschicht auf den Spacern, sodass sich auch hier ein Silizid bildet. Dieses lässt sich nicht mehr selektiv entfernen, es tritt ein Kurzschluss durch Brückenbildung („Bridge-Effekt") zwischen Drain bzw. Source und dem Gate auf. Bei Kobalt und Nickel diffundiert jeweils das Metall in das Silizium, die Brückenbildung tritt damit gar nicht oder erst bei langer Temperzeit auf.

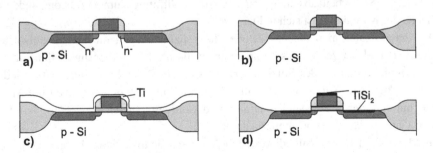

Abb. 11.20 Herstellung selbstjustierender Kontakte mit Titan. **a** Transistorstruktur mit Spacer, **b** Freiätzen der Diffusionsgebiete, **c** Titan-Beschichtung und Silizidierung durch Temperung, **d** selektives Ätzen des reinen Metalles und $TiSi_2$-Bildung

Tab. 11.1 Silizide für selbstjustierende Kontakte in der Halbleitertechnologie mit ihre Eigenschaften [8]

	Titan		Kobalt		Nickel	
Silizid	$TiSi_2$ C49	$TiSi_2$ C54	CoSi	$CoSi_2$	NiSi	$NiSi_2$
Temperatur (°C)	550	750	400	550	350	750
Spez. Widers. ($\mu\Omega cm$)	65	13–16	80	10–18	20	40
Sel. Ätzlösung	NH_4OH/H_2O_2		HNO_3		H_2SO_4/H_2O_2	
Oxidreduktion	Ja		Nein		Ja	
Segregation	Stark		Schwach		Schwach	

Titansilizide sind im Gegensatz zu anderen Metallsiliziden (Pt-, Co-Silizide) nicht resistent gegen Flusssäurelösungen, folglich dürfen Kontaktöffnungen im Zwischenoxid nur im Trockenätzverfahren, z. B. mit CHF_3/Ar als Reaktionsgas, hergestellt werden.

Die erforderliche Temperatur zur Silizidierung der Metallschicht ist ab einer Dotierstoffkonzentration um 1×10^{18} cm^{-3} abhängig vom verwendeten Dotierstoff. Während Bordotierungen die Silizidierung nur schwach beeinflussen, benötigt die Metallsilizidformierung auf Silizium mit hoher Phosphor- oder Arsenkonzentration eine erheblich höhere Prozesstemperatur. Störend wirkt sich auch das natürliche Oberflächenoxid aus. Kobalt erfordert eine völlig oxidfreie Siliziumoberfläche, um ein hochleitendes Silizid zu bilden. Bei Titan und Nickel steigt zumindest die erforderliche Reaktionstemperatur, außerdem sind die entstehenden Silizidschichtdicken ungleichmäßig.

Da das Verfahren der selbstjustierenden Kontakte Silizium aus dem Wafer verbraucht, kann die Silizidkontaktierung flacher pn-Übergänge zum Kurzschluss mit dem Substrat führen. Je Nanometer aufgebrachtes Metall werden für $TiSi_2$ 2,27 nm, für $CoSi_2$ 3,52 nm Silizium umgewandelt. Reicht das Silizid bis zum pn-Übergang, so ist das Bauelement zerstört.

Die Silizidbildung von Titan auf Polysiliziumleiterbahnen unterhalb von 0,35 μm Breite neigt zu Agglomerationseffekten. Es bildet sich kein durchgehender hochleitender Silizidfilm, sondern es entstehen aneinander gereihte, stetig unterbrochene hochleitende Abschnitte in der Leiterbahn. Dieser Effekt tritt weder bei Nickel noch bei Kobalt auf, da hier im Gegensatz zum Titan das Metall während der Silizidierung diffundiert, nicht jedoch das Silizium.

Auch bei der Silizidierung tritt der Segregationseffekt auf. Die Dotierstoffe lösen sich je nach verwendetem Metall verstärkt im Metallsilizid, sodass die hochdotierten Drain- und Source-Gebiete an Dotieratomen verarmen. Der Effekt hängt sowohl von der Silizidierungstemperatur und -dauer als auch vom Dotierstoff ab.

Bei sorgfältiger Durchführung der Silizidierung stehen als Ergebnis dieser Integrationstechnik mit selbstjustierenden Kontakten niederohmige Metall-Halbleiterübergänge und hochleitende Polysiliziumleiterbahnen zur Verfügung, die einerseits für höchste Schaltgeschwindigkeiten, andererseits zur Reduktion der Kontaktlochabmessungen und damit der Chipfläche erforderlich sind.

11.3   SOI-Techniken

Das zentrale Problem konventioneller integrierter Schaltungen ist die stetige Ver-
schlechterung der elektrischen Eigenschaften der MOS-Transistoren bei zunehmender
Strukturfeinheit durch den Schwellenspannungsabfall, den Punch-Through und den
Latchup-Effekt, sowie den in Relation zur reziproken Transistorgröße überproportional
gewachsenen parasitären Kapazitäten zwischen den Drain-/Source-Gebieten und
dem Substrat. Die SOI-Technik (SOI = Silicon on Insulator) stellt eine Lösung dieses
Problems dar, indem jedes einzelne Bauelement in einer dünnen, vollständig isolierten
Siliziuminsel hergestellt wird. Infolge der fehlenden Verbindungen zwischen den Inseln
kann kein Latchup auftreten, und da die aktive Funktion der Transistoren auf den dünnen
Siliziumfilm beschränkt ist, mildern sich die Kurzkanaleffekte.

Ein weiterer Vorteil liegt in den geringen Leckströmen der pn-Übergänge Source/
Substrat bzw. Drain/Substrat. Wegen der im Vergleich zum Standardsubstrat sehr kleinen
Fläche der pn-Übergänge sind höhere Sperrstromstärken zulässig, sodass Anwendungen
von CMOS-Schaltungen bei erhöhten Betriebstemperaturen bis zumindest 250 °C möglich sind.

11.3.1 SOI-Substrate

Grundsätzlich lassen sich die SOI-Techniken in kristallbasierte Techniken und in
Rekristallisationsverfahren unterteilen. Die kristallbasierten SOI-Techniken nutzen
die einkristalline Siliziumscheibe als Filmmaterial, indem unterhalb der Scheibenoberfläche ein vergrabener Isolator erzeugt wird. Dagegen verwenden die Rekristallisationsverfahren i. A. Oxidschichten als Isolatoren, auf denen amorphe oder polykristalline
Siliziumschichten abgeschieden, durch Zufuhr von Energie aufgeschmolzen und in
kristalline Filme umgewandelt werden.

11.3.1.1 FIPOS – Full Isolation by Porous Oxidized Silicon

Die FIPOS-Technologie nutzt die hohe Oxidationsrate poröser Siliziumschichten zur
Erzeugung von einkristallinen Siliziuminseln in einem Oxidisolator. Da nur p-leitendes
Silizium ausreichend porös geätzt werden kann, muss ein schwach Bor-dotiertes Substrat
als Ausgangsmaterial vorliegen. Zur Erzeugung der SOI-Struktur werden die Wafer mit
Siliziumnitrid beschichtet, die Nitridstrukturierung erfolgt über eine Fototechnik im
Trockenätzverfahren. Dabei bleiben die späteren Siliziuminseln mit Nitrid abgedeckt,
auch der Fotolack wird nach dem Ätzen nicht abgelöst. Außerhalb dieser maskierten
Bereiche folgt eine tiefe Bor-Implantation hoher Dosis, um die Oberflächendotierung im
Feldbereich neben den Nitridabdeckungen stark anzuheben (Abb. 11.21).

Das schwach p-leitende Silizium unterhalb der Nitridschicht muss vor dem
elektrochemischen Ätzen zur Umwandlung des einkristallinen Materials in poröses
Silizium geschützt werden, indem es durch eine Wasserstoffionen- bzw. Protonen-

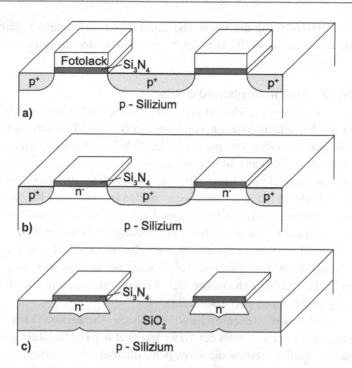

Abb. 11.21 Prozessfolge der FIPOS-Technik zur Erzeugung von SOI-Schichten aus einkristallinen Wafern. **a** Fotolackmaskierung zur Inseldefinition und p^+-Implantation, **b** ganzflächige Protonen-Implantation zur lokalen Dotierungsinvertierung, **c** thermische Oxidation des porös geätzten Siliziums zur dielektrischen Isolation der Inseln

Implantation geringer Dosis in einen n-leitenden Zustand überführt wird. Dabei darf keine Dotierungsumkehr in den p^+-Gebieten auftreten. Im folgenden anodischen Ätzschritt in verdünnter Flusssäure wandelt sich das p-leitende Silizium – unabhängig von der Höhe der Dotierstoffkonzentration – einige Mikrometer tief in ein poröses Material um; n-leitendes Silizium verändert sich dagegen nicht. Der Ätzprozess führt auch unterhalb der Inseln zu porösem Silizium, sodass die n-leitenden Bereiche vollständig vom Substrat getrennt sind [9].

Wegen der hohen Porendichte lässt sich das porös geätzte Material sehr schnell thermisch oxidieren; es bildet eine elektrische Isolation aus Siliziumdioxid, in der die Siliziuminseln eingebettet sind. Parallel zur Oxidation diffundiert infolge der hohen Prozesstemperatur der implantierte Wasserstoff aus den Inseln, sie gehen wieder in den p-leitenden Zustand über und stehen dann als SOI-Material zur Schaltungsintegration zur Verfügung.

Der Nachteil dieser Technik ist der auftretende Scheibenverzug, verursacht durch die unterschiedlichen thermischen Ausdehnungskoeffizienten der entstehenden dicken Oxidschicht und dem Silizium als Trägermaterial. Außerdem ist die Größe der Siliziuminseln durch die laterale Unterätzung der Inseln und damit durch die Weite der Unteroxidation eingeschränkt. Die erreichbare Packungsdichte ist infolge der lateralen Oxidation der Inseln äußerst gering.

11.3.1.2 SIMOX – Silicon Implanted Oxide

Ein erfolgreiches Verfahren zur Herstellung einkristalliner SOI-Filme von hoher Qualität beruht auf der Hochdosis-Ionenimplantation von Sauerstoff in schwach dotierte n- oder p-leitende Siliziumwafer, um unterhalb der Scheibenoberfläche eine vergrabene, elektrisch isolierende Schicht aus SiO_2 zu erzeugen.

Die mittlere Eindringtiefe der Ionen muss ca. 200 nm betragen, damit eine genügend dicke Siliziumdeckschicht auf einem elektrisch stabilen Isolator entsteht. Zur Einstellung des benötigten stöchiometrischen Verhältnisses Si:O ist eine Sauerstoff-Ionendosis um $1{,}5 \times 10^{18}$ cm^{-2} (atomarer Sauerstoff) bei Teilchenenergien zwischen 150 und 200 keV erforderlich. Dabei führt der Energieübertrag der Ionen an den Kristall zu extremen thermischen Belastungen der Siliziumscheibe während der Implantation, zusätzlich tritt eine erhebliche Strahlenschädigung des Kristalls bis hin zur oberflächennahen Amorphisierung des Substrats ein (Abb. 11.22).

Um die durch den Ionenbeschuss erzeugten Strahlenschäden bzw. die Amorphisierung zu vermeiden, muss der Wafer während der Implantation auf zumindest 400 °C aufgeheizt werden, sodass die erzeugten Gitterdefekte instantan ausheilen und der kristalline Zustand des Siliziumfilms über der Isolationsschicht erhalten bleibt.

Die einkristalline Deckschicht weist jedoch eine hohe Versetzungsdichte auf, denn die Hochdosisimplantation führt trotz der Substraterwärmung zu einer Schädigung des Kristallgitters. Des Weiteren bewirken die in der kristallinen Deckschicht verbliebenen Sauerstoffatome Bindungsstörungen, die gemeinsam mit den anderen Defekten zur Verringerung der Ladungsträgerbeweglichkeit im Substrat führen.

Unterhalb der Siliziumdeckschicht sind die implantierten Ionen zunächst nicht stöchiometrisch zum Silizium verteilt, es ergibt sich eine atomare Sauerstoffverteilung mit einem Konzentrationsmaximum in der Tiefe der projizierten Reichweite der Ionen. Somit kann sich nicht unmittelbar eine homogene, elektrisch stabile Isolationsschicht in der Siliziumscheibe ausbilden.

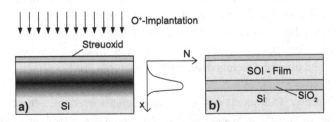

Abb. 11.22 Erzeugung eines SOI-Substrates durch Implantation von Sauerstoffionen. **a** wie implantiert und **b** nach der Temperung

Eine Qualitätssteigerung der SOI-Struktur ist durch eine Temperung bei hoher Temperatur in Schutzgasatmosphäre zu erreichen. Bei 1300 °C heilt ein großer Teil der Kristalldefekte aus, des Weiteren verdichtet sich die vergrabene Oxidschicht unter Einbau von Sauerstoffatomen aus der Siliziumdeckschicht zu einem elektrisch belastbaren, homogenen Isolator, der den Anforderungen der Halbleitertechnologie genügt.

Ein großer Nachteil der SIMOX-Technik ist im aufwendigen Herstellungsprozess aufgrund der Hochdosis-Ionenimplantation zu sehen, denn auch eine moderne Hochstrom-Implantationsanlage benötigt über eine Stunde Bestrahlungszeit zur Implantation einer Scheibe mit 150 mm Durchmesser. Auch die Gleichmäßigkeit des Siliziumfilms und des vergrabenen Isolators ist infolge von Inhomogenitäten in der Ionenverteilung während der Implantation begrenzt. Trotzdem nutzt die Industrie diese SOI-Substrate für einige Spezialanwendungen, z. B. um thermisch belastete oder mit hoher elektrischer Spannung betriebene Teile einer integrierten Schaltung von den Standard-Bauelementen auf dem gleichen Chip dielektrisch zu isolieren.

11.3.1.3 Wafer-Bonding

Ausgangspunkt sind zwei polierte thermisch oxidierte Siliziumscheiben, an deren Oberflächen durch eine Behandlung in H_2SO_4/H_2O_2-Lösung OH-Gruppen angelagert wurden. Durch Aneinanderlegen der Scheiben unter Anwendung eines leichten Druckes gehen sie eine deutliche Haftung ein, die durch anodisches Bonden oder in einem reinen Temperaturschritt in eine mechanisch feste Verbindung überführt werden kann. Ein anschließendes Abätzen einer der beiden Scheiben auf wenige Mikrometer Dicke führt zu einer kristallinen Siliziumschicht auf einem SiO_2-Isolator.

Die Verbindung der Scheiben kann feldunterstützt durch Anlegen einer Spannung (ca. 500 V) an die Wafer bei einer relativ geringen Temperatur von ca. 500 °C über anodisches Bonden durchgeführt werden, sie erfolgt aber auch durch eine thermische Oxidation in reiner Sauerstoffatmosphäre bei 1000 °C [10]. Wichtig ist eine ganzflächige störungsfreie Verbindung der beiden Scheiben, denn lokale Unterbrechungen können im Verlauf der Bearbeitung zum Abplatzen der SOI-Schicht führen.

Nach dem Verbinden der beiden Siliziumscheiben dient ein Wafer als Trägermaterial, der andere wird elektrochemisch oder rein nasschemisch zurückgeätzt. Dabei wirken sich Schwankungen in der Scheibendicke negativ aus, weil ein gleichmäßiger Siliziumfilm auf dem Oxid zurückbleiben muss. Dies lässt sich erreichen, indem vor dem Bonden ein pn-Übergang im abzuätzenden Wafer erzeugt wird, sodass der Abtragprozess selektiv beim Erreichen der Raumladungszone endet (Abb. 11.23).

Alternativ bietet sich die Implantation einer Dosis von $1 \times 10^{16}\,cm^{-2}$ Wasserstoffionen in eine der beiden zu verbindenden Scheiben an. Anschließend erfolgt der Bondprozess durch thermische Oxidation. Während eines nachfolgenden Temperaturschritts platzt die implantierte Scheibe im Bereich der Reichweite der Wasserstoffionen infolge innerer Spannungen ab. Es bleibt ein dünner homogener Siliziumfilm auf dem Oxid des Trägerwafers zurück, der nach einer Oberflächenpolitur als SOI-Schicht zur Verfügung steht. Dieses aktuelle Verfahren ist als „Smart Cut" bekannt.

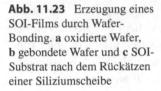

Abb. 11.23 Erzeugung eines SOI-Films durch Wafer-Bonding. **a** oxidierte Wafer, **b** gebondete Wafer und **c** SOI-Substrat nach dem Rückätzen einer Siliziumscheibe

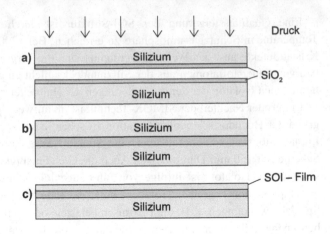

SOI-Substrate mit 150 mm und 300 mm Durchmesser, hergestellt durch Wafer-Bonding, sind kommerziell erhältlich und werden, vergleichbar zu den SIMOX-Substraten, in Spezialprozessen eingesetzt. Ein Beispiel dazu sind SOI-CMOS-Schaltungen für Betriebstemperaturen bis zu 250 °C. Aber auch Mikroprozessoren mit hoher Taktrate nutzen inzwischen SOI-Materialien.

11.3.1.4 ELO – Epitaxial Lateral Overgrowth

Eine thermisch gewachsene Oxidschicht wird auf der Siliziumscheibe zu Inseln strukturiert, die im nachfolgenden selektiven Epitaxieprozess ausgehend vom Substrat durch ein laterales Kristallwachstum überzogen werden. In der Gasphasenepitaxie ist das laterale Kristallwachstum gering, weil die Keimbildung auf dem Oxid zum polykristallinen Wachstum führt und der SOI-Film folglich nur von den Oxidöffnungen ausgehend wachsen kann. Polysilizium lässt sich aber deutlich schneller zurückätzen als einkristallines Material, sodass in einer Folge von Abscheide- und Rückätzprozessen Oxidinseln von über 10 μm Breite vollständig überwachsen (Abb. 11.24).

Die entstehende Oberfläche muss anschließend durch Polieren abgetragen und planarisiert werden, um eine konstante Halbleiterdicke auf den Oxidinseln zu erzielen. Die resultierende SOI-Fläche ist durch das begrenzte Überwachsen des Oxides stark eingeschränkt, sie weist aber eine gute Schichtqualität auf. Der enorme Herstellungsaufwand verhindert aber bisher den industriellen Einsatz der Technik.

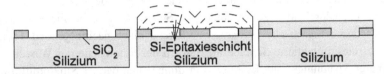

Abb. 11.24 Lokale SOI-Bereiche, hergestellt durch laterales epitaktisches Überwachsen von Oxid (ELO-Verfahren)

11.3.1.5 Die SOS-Technik

Die SOS-Technik ist ein Heteroepitaxieverfahren, bei der auf kristallinen Isolatoren wie Saphir (Al_2O_3) oder Spinell ($MgAl_2O_4$) mithilfe der Siliziumepitaxie eine einkristalline Siliziumschicht aufgewachsen wird. Saphir und Spinell weisen bei bestimmten Kristallschnitten eine atomare Anordnung an der Oberfläche auf, die mit der des Siliziums vergleichbar ist. In der Gasphasenepitaxie lassen sich dann einkristalline Schichten von etwa 1–2 µm Dicke auf diesen Isolatoren abscheiden. Im Trockenätzverfahren werden diese Filme zu einzelnen Siliziuminseln strukturiert, die zur Integration von Bauelementen geeignet sind.

Aufgrund der nicht exakt gleichen Gitterkonstanten von Silizium und Saphir bzw. Spinell treten an der Grenzfläche Isolator/Halbleitermaterial mechanische Spannungen auf. Sie bewirken Störungen im aufwachsenden Kristall, außerdem steigt die Dichte der ungesättigten Bindungen, die sich im Bauelement als Grenzflächenladungen auswirken. Trotz intensiver jahrelanger Forschung ließen sich diese Probleme nicht vollständig beseitigen, sodass die SOS-Technik heute nur bei wenigen Spezialanwendungen, beispielsweise als Magnetodiode, eingesetzt wird.

11.3.1.6 SOI-Schichten durch Rekristallisationsverfahren

Eine SOI-Schicht lässt sich auch durch Deposition von hochreinem Silizium auf einem isolierenden Substrat, gefolgt von einem leistungsfähigen Rekristallisationsverfahren erzeugen. Die Isolationsschicht, zumeist SiO_2, sollte zur Vermeidung von Kapazitäten zum Trägermaterial möglichst dick sein; eine dicke Schicht vermindert auch die Wärmeleitung von der Oberflächen-Filmstruktur zum Substrat hin während der Rekristallisation.

Als Trägermaterial werden nahezu immer thermisch oxidierte einkristalline Siliziumscheiben benutzt, um mechanische Spannungen aufgrund unterschiedlicher Ausdehnungskoeffizienten der Materialien zu vermeiden. Auf dem Oxid erfolgt die Deposition der aktiven Siliziumschicht im polykristallinen oder amorphen Zustand – je nach eingesetzter Abscheidetechnik. Sowohl die in der Silizium-Gate CMOS-Technologie verbreitete pyrolythische Abscheidung mit SiH_4 im LPCVD-Verfahren als auch die plasmaunterstützte Deposition sind geeignet.

Das LPCVD-Verfahren liefert bei Temperaturen oberhalb von 580 °C polykristalline Siliziumfilme, bei geringerer Temperatur entsteht eine amorphe Schicht. Jedoch ist die Abscheiderate erst ab ca. 600 °C ausreichend hoch, um in vertretbarer Zeit genügend dicke Filme abzuscheiden. Für amorphe Siliziumschichten ist folglich nur die PEVCD-Abscheidung bei ca. 300 °C sinnvoll einzusetzen.

Die Rekristallisation der abgeschiedenen Filme erfolgt durch Überstreichen der Scheibenoberfläche mit einer energiereichen Strahlung. Als Wärmequellen eignen sich Laserstrahlen, das fokussierte Licht einer Halogenlampe bzw. eines Grafitwärmestrahlers oder eine Bestrahlung mit energiereichen Elektronen. Bei diesen Verfahren wird die Siliziumscheibe von der Rückseite her auf ca. 500 °C bis zu 1250 °C zur Unterstützung des Rekristallisationsvorganges vorgeheizt, die restliche zum Schmelzen erforderliche Energie liefert die Strahlungsquelle (Abb. 11.25).

Abb. 11.25 Laser-
Rekristallisation eines
abgeschiedenen amorphen oder
polykristallinen Siliziumfilms

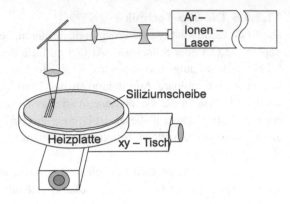

Während die Laser- und die Elektronenstrahl-Rekristallisation die auf etwa 500 °C erhitzte Oberfläche zeilenweise oder meanderförmig abscannen, benötigen die Lampen-rekristallisation und der Graphitwärmestrahler nur einen einzelnen Scan zur Behandlung der gesamten Fläche. Da ihr Energieübertrag jedoch sehr gering ist, muss die Scheibe von der Rückseite her zuvor auf ca. 1250 °C aufgeheizt werden.

Eine gezielte Kristallorientierung kann bei den Rekristallisationsverfahren durch die „Seeding-Technik" vorgegeben werden. Am Ausgangspunkt der Ausheilbehandlung befindet sich der Siliziumfilm im direkten Kontakt zum Substrat, an dessen Oberfläche eine epitaktische Rekristallisation einsetzt. Unter Beibehaltung der Kristallorientierung setzt sich dieser Prozess in lateraler Richtung über das Isolationsoxid hinweg einige Millimeter auf dem Wafer fort.

Sämtliche genannten Rekristallisationsverfahren liefern nur SOI-Schichten begrenzter Qualität, da die Größe der einkristallinen Bereiche maximal wenige Quadratzenti-meter beträgt. Trotzdem sind Transistoren und Schaltungen mit guter Qualität in diesen Substraten hergestellt worden.

Insbesondere die Laser- und Elektronenstrahl-Rekristallisation ermöglichen eine 3D-Integration, da die Substrattemperatur während der Rekristallisation sehr gering ist. Folglich können bereits in vergrabenen Schichten realisierte Strukturen nicht aus-diffundieren, ihre Funktion bleibt erhalten.

11.3.2 Prozessführung in der SOI-Technik

Die SOI-Substrate ermöglichen eine vereinfachte Integrationstechnik für CMOS-Schaltungen, da die Transistoren in vollständig isolierten, dünnen Siliziuminseln her-gestellt werden und damit weder eine Nachdiffusion zur Herstellung einer Wanne noch eine Feldoxidation erforderlich sind. Ein einfacher SOI-CMOS-Prozess ist in Abb. 11.26 dargestellt.

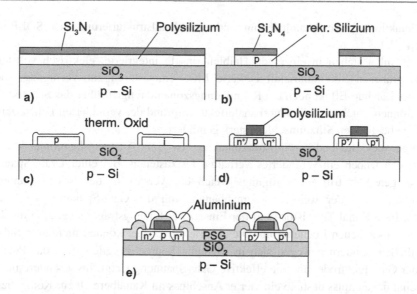

Abb. 11.26 Prozessführung der SOI-Integrationstechnik. **a** gekapselter Polysiliziumfilm als Ausgangsstruktur, **b** Inseln nach der Rekristallisation, Strukturierung und Dotierung, **c** Oxidation der Flanken, Entfernen der Nitridmaske und Gate-Oxidation, **d** Querschnitt nach der Strukturierung der Gate-Elektroden und den Dotierungen für die Drain-/Source-Bereiche und **e** Schnitt durch die SOI-Struktur nach der Metallisierung

Ausgehend vom ganzflächigen SOI-Film erfolgen zunächst eine Nitridabscheidung und – mit Fotolack als Maske – die Inselstrukturierung. Dabei bieten sich zwei Varianten der Prozessführung an:

- im Trockenätzverfahren kann das Silizium vollständig zwischen den Inseln entfernt werden, oder
- ca. 55 % der Filmdicke des Siliziums werden im Trockenätzverfahren entfernt, während die Restschicht zwischen den Inseln anschließend im LOCOS-Verfahren in ein Oxid umgewandelt wird.

Es folgen die Dotierungen der Inseln entsprechend der aufzunehmenden Transistoren mit Bor bzw. Phosphor. Diese Implantationen lassen sich, über die Ionenenergie gesteuert, gezielt oberflächennah, zentral oder an der Rückseite des Films einbringen. Bei Anwendung des LOCOS-Verfahrens wird direkt nach der Oxidation und den Implantationen das Nitrid entfernt, während bei der ersten Prozessvariante zunächst ein verstärktes Flankenoxid in feuchter Atmosphäre aufwächst. Dieses Oxid verhindert parasitäre stromführende Kanäle an den senkrechten Wänden der Siliziuminseln.

Es schließen sich die thermische Gate-Oxidation, die Polysiliziumabscheidung und dessen Strukturierung im RIE-Trockenätzverfahren an. Die Drain-/Source-Implantationen werden mit Bor bzw. Arsen durchgeführt, bevor die Zwischenoxidabscheidung, das Öffnen der Kontaktlöcher, die Metallisierung und die Metallstrukturierung den SOI-Prozess beenden.

Als Resultat stehen in einzelnen Halbleiterinseln integrierte, elektrisch vollständig vom vergrabenen Siliziumkristall isolierte MOS-Transistoren zur Verfügung, sodass weder der Latchup-Effekt noch ein Raumladungszonendurchgriff über das Substrat stattfinden können. Auch sind die Kurzkanaleffekte aufgrund der veränderten Feldverteilung in der eng begrenzten Siliziumschicht stark gemildert.

Infolge des fehlenden Substratkontaktes ist im Ausgangskennlinienfeld der Transistoren jedoch ein verändertes Verhalten festzustellen. Bei einer Drain-Spannung von wenigen Volt tritt im Sättigungsbereich ein Versatz in der Strom-Spannungscharakteristik auf, der weitgehend unabhängig von der Gate-Spannung ist („Kink-Effekt"). Im n-Kanal Transistor führt der Einsatz der Ladungsträgergeneration im Kanal zu einem zusätzlichen Löcherstrom. Die generierten Löcher können nicht zum Substrat hin abfließen, sondern bewegen sich in Richtung Source. Folglich sinkt das Potenzial unter der Gate-Elektrode, und die effektive Gate-Spannung steigt. Insbesondere für analoge Schaltungen muss deshalb ein vierter Anschluss im Kanalbereich zur Kontaktierung des Siliziumsubstrates vorgesehen werden.

Nach jahrelangen Entwicklungsarbeiten konnte sich die SOI-Technik zunächst nur in Nischenbereichen wie die Hochtemperaturelektronik durchsetzen. Inzwischen werden aber wegen der angestrebten sehr hohen Schaltgeschwindigkeiten bereits Mikroprozessoren als Massenprodukt in dieser Technik hergestellt. Infolge der sehr geringen Sperrschicht- und Streukapazitäten zum Substrat lassen sich hier besonders verlustleistungsarme Hochfrequenzschaltungen realisieren.

11.4   Aufgaben zur Höchstintegrationstechnik

Aufgabe 11.1
Durch lokale Oxidation soll ein Feldoxid von 1 µm Dicke aufgebracht werden. Dazu erfolgt bei 1100 °C eine feuchte Oxidation. Wie dick muss die Nitridmaske mindestens sein, damit das Silizium im Aktivbereich nicht oxidiert wird?

Bei Verwendung einer Nitridmaske von maximal 20 nm Dicke kann auf das darunter liegende Padoxid verzichtet werden, weil das Risiko für Gitterstörungen durch mechanische Spannungen bei einer derart dünnen Nitridmaske gering ist. Welche Feldoxidstärke ist mit dieser Nitridmaske durch feuchte thermische Oxidation bei 1100 °C maximal erreichbar?

Aufgabe 11.2
Der parasitäre Serienwiderstand eines NMOS-LDD-Transistors mit und ohne selbstjustierende Kontakte durch Titansilizid soll berechnet und verglichen werden. Der Transistor weist ein W/L von 10 µm/2 µm auf. Die LDD-Gebiete haben eine Tiefe von 50 nm und eine Dotierung von 10^{18} cm^{-3}. Die Drain-/Source-Gebiete weisen eine Tiefe

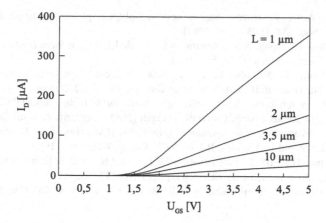

Abb. 11.27 Eingangskennlinien für Transistoren verschiedener Kanallänge

von 100 nm und eine Dotierung von 10^{20} cm^{-3} auf. Die Spacerweite beträgt 200 nm und die Kontaktlöcher liegen in einem Abstand von 2 μm vom Gate entfernt. Das LDD-Gebiet wird vom Gate kontrolliert, sodass sein Widerstand nicht mit in den parasitären Serienwiderstand eingeht.

Berechnen Sie den parasitären Serienwiderstand des Transistors für den Fall der Standardkontaktierung und für den Fall, dass selbstjustierende Kontakte mit Titan gebildet werden.

$$\mu_n = 1350 \text{ cm}^2/(\text{Vs}); \mu_p = 480 \text{ cm}^2/(\text{Vs})$$

$$R_{W,TiSi} = 5 \ \Omega/W; R_{W,TiSi2} = 0,8 \ \Omega/W$$

Aufgabe 11.3

In Abb. 11.27 sind die Eingangskennlinien von vier Transistoren mit einer einheit-lichen Gateoxiddicke bei konstanter Kanalweite von jeweils 100 μm dargestellt. Die Kurven wurden bei einer Drain-Source-Spannung von 0,1 V aufgenommen. Neben den Kurven ist das Designmaß L_{Design} der einzelnen Transistoren angegeben. Da sich alle Transistoren auf dem selben Wafer befinden, ist die Abweichung ΔL von der Design-länge konstant. Bestimmen Sie ΔL durch Vergleich der Steilheiten der Transistoren!

Literatur

1. Ruge: Halbleiter-Technologie, Reihe Halbleiter-Elektronik, Bd. 4. Springer, Berlin (1984)
2. Isomae, S., Yamamoto, S., Aoki, S., Yajma, A.: Oxidation-induced stress in a LOCOS structure. IEEE Electron Device Lett. **7**, 368–370 (1986)
3. Kooi, E., van Lierop, J.G., Appels, J.A.: Formation of silicon nitride at a Si-SiO$_2$ interface during local oxidation of silicon and during heat-treatment of oxidized silicon in NH$_3$ gas. J. Electrochem. Soc. **123**, 1117–1123 (1976)

4. Sakuma, K., Arita, Y., Doken, M.: A new self-aligned planar oxidation technology. J. Electrochem. Soc. **134**, 1503–1507 (1987)
5. Hui, J.C., Chiu, T., Wong, S.S., Oldham, W.G.: Sealed interface local oxidation technology. IEEE Trans. Electron Devices. **29**, 554–561 (1982)
6. Chiu, K.Y., Moll, J.L., Manoliu, J.: A bird's beak free local oxidation technology feasible for VLSI circuits fabrication. IEEE J. Solid State Circuits. **17**, 166–170 (1982)
7. ITRS: https://www.semiconductors.org/clientuploads/Research_Technology/ITRS/2015/0_2015% 20ITRS%202.0%20Executive%20Report%20(1).pdf (2015). Zugegriffen: 1. Juli 2018
8. Jackson, K.A.: Processing of semiconductors. In: Cahn, R.W., Haasen, P., Kramer, E.J. (Hrsg.) Materials Science and Technology, Bd. 16. VCH-Verlag, Weinheim (1996)
9. Imai, K., Unno, H.: FIPOS (Full Isolation by Porous Oxidized Silicon) technology and its application to LSI's. IEEE Trans. Electron Devices. **31**, 297–302 (1984)
10. Tong, Q.-T., Gösele, U.: Semiconductor Wafer Bonding. Wiley, New York (1999)

Transistoren mit Nanometer-Abmessungen 12

Die bislang vorgestellte Prozesstechnik eignet sich für eine Transistorintegration bis hinunter zu ca. 70 nm Kanallänge. Eine weitere Skalierung erfordert neben den bereits vorgestellten Maßnahmen alternative Gate-Dielektrika, optimierte Dotierstoffverteilungen und auch dreidimensionale Transistorbauformen.

Bis zur 32 nm Generation definierte die minimale Transistorkanallänge den Namen des aktuellen Technologieknotens. Dies änderte sich in den letzten Jahren, da jede in den Prozess einfließende Optimierung als ein neuer Technologieknoten publiziert wurde. So beträgt die effektive Transistorkanallänge beim 14 nm Prozess je nach Hersteller 18–26 nm, und auch bei den aktuellen 3,5 oder 6 nm Prozessen findet sich keine Struktur im Chip mit entsprechender Geometrie.

12.1 Voraussetzungen für die weitere Skalierung

Zur weiteren Miniaturisierung der Schaltungselemente für geometrische Kanallängen bis hinunter zu 8 nm, wie sie von der International Roadmap for Devices and Systems prognostiziert werden [1], sind folgende Schritte zwingend notwendig:

- eine weitere Reduktion der effektiv wirksamen Gate-Oxiddicke;
- die Verringerung der Dotierungstiefen;
- eine Anpassung der Schwellenspannung unabhängig von der Kanaldotierung;
- eine Reduktion der lateralen Dotierstoffdiffusion während der Aktivierungstemperung.

In Abhängigkeit von der vorgesehenen Betriebsspannung ist eine Reduktion der Gate-Oxiddicke bis zum Einsetzen des Tunneleffektes auf minimal 2,5–3 nm SiO_2 möglich. Dünnere Oxide führen wegen des anwachsenden Tunnelstromes zu erhöhten

© Springer Fachmedien Wiesbaden GmbH, ein Teil von Springer Nature 2023
U. Hilleringmann, *Silizium-Halbleitertechnologie*,
https://doi.org/10.1007/978-3-658-42378-0_12

Verlustleistungen in integrierten Schaltungen; Publikationen zeigen aber, dass selbst nur 1,5 nm dicke Gate-Oxidschichten für die Integration von Transistoren mit sehr kleiner Gate-Fläche geeignet sind [2]. Ein Strom von 1 nA durch das Dielektrikum wirkt sich auf die Funktion eines einzelnen Transistors nicht wesentlich aus, allerdings bedeutet dieser Leckstrom bei 10^9 Transistoren je Chip (1 Gbit-Speicher) eine Stromaufnahme von 1 A allein aufgrund des Tunnelstroms.

Nitridierte Oxide, gewachsen in N_2O- oder O_2/NH_3-Atmosphäre, zeigen eine höhere elektrische Stabilität als reine SiO_2-Schichten, dabei tritt auch eine deutliche Verringerung des Tunnelstromes auf. Diese wachsen unterhalb von 2 nm Dicke aber wieder stark an, sodass durch den Einbau von Stickstoffatomen in das Dielektrikum keine wesentliche Reduktion der Gate-Oxiddicke möglich ist.

Die weitere Skalierung der Gate-Oxiddicke, wie sie Transistoren mit weniger als 30 nm Gate-Länge erfordern, ist damit nur durch einen Übergang zu Schichten mit deutlich höheren Dielektrizitätszahlen möglich. Aussichtsreiche Materialien für zukünftige Gate-Dielektrika sind Aluminium-, Samarium-, Zirkon- oder Hafniumoxide, die in Verbindung mit Silizium oder Stickstoff z. B. als HfSiON im ALD-Verfahren abgeschieden werden [3, 4]. Speziell HfO_2 mit einer Dielektrizitätszahl von 18 wird aktuell in Mikroprozessoren eingesetzt. Um am Übergang zum Halbleiter eine geringe Grenzflächenladungsdichte zu erzielen, kann sich unter dem Metalloxid noch eine extrem dünne Oxidschicht von weniger als 0,5 nm Dicke befinden. Diese entsteht zum Beispiel durch natürliche Oxidation während der Metalloxidabscheidung (Abb. 12.1).

Eine weitere Steigerung der Dielektrizitätszahl ist durch den Übergang zu BaO oder TiO_2 möglich. Dabei muss der halbleitende Charakter dieser Metalloxide aufgrund der geringeren Bandlückenenergie von 3,8 eV bzw. 3,2 eV berücksichtigt werden, der sich negativ auf den Gate-Leckstrom auswirken kann. Ferroelektrische Materialien mit

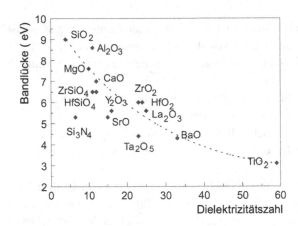

Abb. 12.1 Dielektrizitätskonstante verschiedener Metalloxide und Bandabstand in eV als Übersicht zur Auswahl zukünftiger Dielektrika [5]

$\varepsilon \sim 500$ bei Schichtdicken von ca. 50 nm ermöglichen äquivalente Gate-Oxiddicken von deutlich unter einem Nanometer. Allerdings werden die hohen Dielektrizitätszahlen nur bei niedrigen Frequenzen erzielt. Zusätzlich muss berücksichtigt werden, dass z. B. Blei als Bestandteil ferroelektrischer Schichten nicht verträglich zur CMOS-Technologie ist.

Die Einstellung der Schwellenspannung V_{th} erfolgte bislang stets durch eine Anpassung der Kanaldotierung. Sie bestimmt die Ladungsdichte Q_B unter dem Gate-Oxid. Entsprechend der Gleichung

$$V_{th} = \phi_{MS} + 2\phi_f - \frac{Q_{ox}}{C_{ox}} + \frac{eN_{A,D}x_d}{C_{ox}} \qquad (12.1)$$

mit ϕ_{MS} als Austrittsarbeitsdifferenz vom Gate-Material zum Silizium, Q_{ox} als Oxid-ladungsdichte, C_{ox} als Oxidkapazität, $x_{d,max}$ als Weite der Verarmungszone und ϕ_f als Oberflächenpotenzial, gegeben durch

$$\phi_f = \frac{k_B T}{e} ln \frac{N_{A,D}}{n_i} \qquad (12.2)$$

hat das Material der Gate-Elektrode einen starken Einfluss auf die Schwellenspannung. Aus diesem Grund werden in industriellen Prozessen häufig unterschiedliche Materialien als Gate verwendet; beispielsweise n+-Polysilizium für die NMOS-Transistoren und p+-Polysilizium für die PMOS-Bauelemente. Die Ladung Q_B an der Substratoberfläche ergibt sich aus der Dotierstoffdichte im Kanal zu:

$$Q_B = eN_{A,D}x_d \qquad (12.3)$$

Sie setzt sich zusammen aus den Ionenrümpfen der Substratdotierung einschließlich der Schwellenspannungsimplantation.

Bei den geringen Stärken der Gate-Oxide ist prinzipiell eine drastische Erhöhung der Kanaldotierung für die Schwellenspannungseinstellung notwendig. Gleichzeitig schränkt eine starke Kanaldotierung die Ausdehnung der Raumladungszone des Drains in den Kanal ein; Kanallängenmodulation und der über die Drain-Spannung induzierte Schwellenspannungsabfall werden gemildert. Die Steilheit der Transistoren sinkt jedoch aufgrund der verringerten Ladungsträgerbeweglichkeit infolge der häufigeren Streuung der Elektronen an den Dotieratomen im Kristallgitter.

Im Volumen eines Transistors mit Nanometerabmessungen (W/L = 10 nm/50 nm) liegt die Anzahl der Dotierstoffatome bei etwa 1–10 Atome im Fall einer Kanaldotierung von 10^{18} cm^{-3}; diese ist statistisch nicht mehr kontrollierbar [6]. Experimentelle Untersuchungen zeigen, dass die Dotierung des Substrates unterhalb von 10^{19} cm^{-3} keinen Einfluss auf die Schwellenspannung eines Transistors hat [7]. Folglich kann die Schwellenspannung nicht mehr zuverlässig über Q_B in Gl. 12.1 eingestellt werden; infolge der statistischen Dotierstoffverteilung ist die Streuung zu groß. Alternativ bietet sich die Veränderung der Austrittsarbeitsdifferenz zwischen dem Gate und der Silizium-oberfläche durch andere Elektrodenmaterialien an. Das bislang genannte n+-Polysilizium weist eine Austrittsarbeit von 4,15 eV auf, vergleichbar zu Aluminium mit 4,2 eV.

Nickel, WSi_2 oder $MoSi_2$ weisen je nach Zusammensetzung deutlich höhere Werte von über 5 eV auf. Folglich lässt sich U_{th} anstelle über die Dotierung auch durch die Wahl des Gate-Elektrodenmaterials bei undotiertem Siliziumsubstrat einstellen (vgl. Abb. 12.2) [8].

Um den Raumladungszonendurchgriff beim n-Kanal-Transistor zu unterdrücken, muss die Dotierung unterhalb des Kanals ebenfalls angehoben werden. Dazu ist eine Bor-Implantation mit erhöhter Energie erforderlich, die eine Ausbreitung der Raumladungszone vom Drain zum Source in der Tiefe des Substrats verhindert.

Wird die Kanaldotierung angehoben, so muss auch die LDD-Dotierung der NMOS-Transistoren erhöht werden, um eine sichere seitliche Kontaktierung des Kanals zu gewährleisten. Des Weiteren darf die LDD-Dotierung nur wenige Nanometer tief in den Kristall hineinreichen, ansonsten nehmen parasitäre Effekte wie der von der von der Drain-Spannung induzierte Schwellenspannungsabfall oder die Punch-Through-Anfälligkeit des Transistors zu.

Die parallele Erhöhung der Kanal- sowie der LDD-Dotierungen führt zu einer hohen Feldstärke an der Drain-seitigen Raumladungszone, die den Avalanche-Durchbruch begünstigt. Folglich ist die zulässige Betriebsspannung dieser nanometerskaligen Bauelemente zu reduzieren. Weil die Verlustleistung einer Schaltung quadratisch von der Betriebsspannung abhängt, sinken parallel dazu auch die Leistungsaufnahme und die Verlustleistung der integrierten Bauelemente.

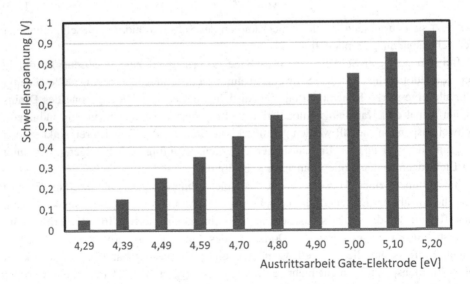

Abb. 12.2 Simulation der Transistorschwellenspannung in Abhängigkeit von der Austrittsarbeit des Gate-Materials für einen Transistor mit W/L = 12,5 nm/20 nm und t_{ox} = 1,2 nm für eine Drain-Spannung von 0,86 V. (Nach [7])

Da bei der Implantation der LDD-Gebiete eine laterale Streuung der Dotierstoffionen unter die Gate-Elektrode aufgrund der Stöße mit den Gitteratomen auftritt, muss die Bestrahlungsenergie sehr geringgehalten werden. Ein schweres Element wie Antimon weist eine niedrige Eindringtiefe in Verbindung mit einer extrem geringen lateralen Streuung auf, folglich sollte dieses Element für die LDD-Implantation eingesetzt werden. Für die hohen Drain-/Source-Dotierungen dagegen ist weiterhin Arsen erforderlich, denn die Löslichkeit von Antimon im Silizium reicht nicht aus, um eine ausreichende Konzentration zur niederohmigen Kontaktierung herzustellen.

Zur Vermeidung von Diffusionseffekten darf die Dotierstoffaktivierung nur bei möglichst geringer Temperatur und über eine kurze Zeitspanne stattfinden. Eine Ausdiffusion von nur 10 nm ist bei geometrischen Kanallängen von 30 nm nicht mehr tolerierbar. Für NMOS-Transistoren mit Arsen-Dotierungen sind thermische Belastungen von 900 °C für 10 min zulässig, im PMOS-Transistor führt diese Behandlung bereits zum Kurzschluss zwischen Drain und Source. Hier ist eine maximale Belastung von 800 °C für 2 min erlaubt. Besser geeignet ist die Aktivierung im RTA-Verfahren für wenige Sekunden.

12.2 n-Kanal Feldeffekttransistoren im Sub-100 nm Maßstab

Entsprechend der Prozessfolge für Sub-μm Transistoren in Abschn. 11.2.2 ist eine Skalierung der Transistorkanallänge bis weit unter 100 nm möglich. Abb. 12.3 zeigt beispielhaft das gemessene Ausgangskennlinienfeld eines einfachen NMOS-Transistors mit 60 nm Kanallänge bei 110 nm Spacer-Breite, integriert mit einer LDD-Antimon-Implantation von $5 \times 10^{12}\ cm^{-2}$ bei 20 keV und einer Arsen-Drain/Source Dotierung von 5×10^{15} As/cm^2 mit 60 keV. Die Gate-Oxiddicke beträgt 4,5 nm, zur Unterdrückung des Punch-Through Effektes wurden die Aktivgebiete ganzflächig mit 3×10^{11} Bor/cm^2 bei 200 keV Teilchenenergie dotiert.

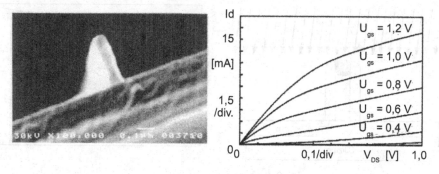

Abb. 12.3 Rasterelektronenmikroskopische Aufnahme der Gate-Elektrode und Ausgangskennlinienfeld eines NMOS-Transistors mit 60 nm Kanallänge, hergestellt durch einfache Skalierung der Integrationstechnik mit Spacer-Strukturen

Anhand des Ausgangskennlinienfeldes ist die grundsätzliche Funktion des Bau-elementes erkennbar. Jedoch findet eine starke Kanallängenmodulation statt, denn der Drain-Strom nimmt mit wachsender Drain-Spannung kontinuierlich zu. Da die Schwellenspannung weniger als 200 mV beträgt ist die Kanaldotierung sehr gering. Dies begünstigt die Ausdehnung der Raumladungszone vom Drain in den Kanal. Der gemessene Drain-Strom des Transistors liegt unterhalb des erwarteten Wertes, da die Anschlusswiderstände für den Kanal aufgrund der fehlenden selbstjustierenden Kontakte hoch sind.

Ein weiterer Nachteil ist die fehlende Symmetrie der Transistoreigenschaften bezüg-lich des Vertauschens der Drain- und Source-Anschlüsse. Infolge der Neigung des Wafers um 7° zum Ionenstrahl zur Unterdrückung des Channelling-Effektes während der Ionenimplantation tritt bei der Bestrahlung eine Abschattung durch die Gate-Elektrode auf. In Verbindung mit der geringen Ausdiffusion der Dotierstoffe bewirkt dies einen nicht steuerbaren Bereich zwischen dem Kanal und dem LDD-Bereich (Abb. 12.4). Zum einen leitet der Transistor erst bei einer erhöhten Drain- bzw. Gate-Spannung, zum anderen tritt eine Asymmetrie in der Leitfähigkeit bezüglich des Vertauschens von Drain und Source auf. Vermeiden lässt sich dieser Effekt durch eine senkrechte Bestrahlung des Wafers bzw. durch Rotation der Scheibe während der Ionenimplantation.

Kurzkanaltransistoren mit kleinster Gate-Fläche weisen im Kanalbereich nur wenige Dotierstoffatome auf. Die Anzahl N der Dotieratome bei Abmessungen von W/L = 1 µm/50 nm entsprechend 0,05 µm² Gate-Fläche beträgt nur ca. 1000. Da die Implantation eine statistische Verteilung der Ionen bewirkt, ist die Anzahl mit einem Fehler der Größe $N^{1/2}$ behaftet. Unabhängig von der zusätzlich streuenden Tiefen-verteilung der Dotieratome bewirkt allein die Variation der Anzahl eine Streuung der Schwellenspannung σVt:

$$\sigma V_t = \frac{A_{Vt}}{\sqrt{WL}} \qquad (12.7)$$

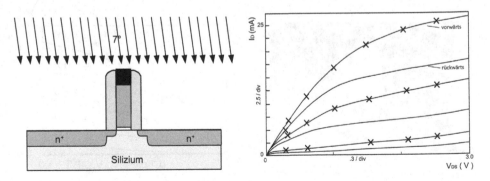

Abb. 12.4 Abschattung der Implantation durch die Gate-Elektrode und gemessene Asymmetrie des Kennlinienfeldes eines NMOS-Transistors mit 70 nm Kanallänge bezüglich des Vertauschens der Drain- und Source-Anschlüsse

mit der Technologiekenngröße A_{Vt}

$$A_{Vt} = \frac{t_{ox}}{\varepsilon_{ox}} \sqrt{\frac{q^2}{4} N_B W_D + q^2 D_i} \tag{12.8}$$

die sowohl die Größen des Gate-Dielektrikums als auch die Substratdotierung N_B, die Weite der Verarmungszone W_D und die Kanalimplantationsdosis D_i beinhaltet. Die Streuung der Transistorparameter nimmt folglich mit sinkender Gate-Elektrodenfläche zu. Dieser Effekt lässt sich messtechnisch an Feldern aus eng benachbarten identischen Transistoren nachweisen. Die jeweiligen Transistorfelder unterscheiden sich in den Kanalweiten und -längen der MOS-Strukturen bei ansonsten identischen Prozessparametern.

Obwohl alle Transistoren auf einem einzigen Siliziumchip mit identischen Prozessparametern integriert wurden, weisen die Transistoren mit 1 μm Kanallänge in Abb. 12.5 eine höhere Schwellenspannung als die Transistoren mit 70 nm Länge auf. Ursache ist der Schwellenspannungsabfall mit abnehmender Transistorkanallänge infolge des wachsenden Einflusses des Drains auf den Kanalbereich. Bei einer Reduktion der Transistorweite tritt dagegen eine Zunahme der Schwellenspannung aufgrund des wachsenden Einflusses des Feldbereiches auf den Kanal auf. Unberührt davon bleibt die wachsende Streuung um den Mittelwert mit sinkender Kanalfläche.

Abb. 12.5 zeigt Messwerte zur Zunahme der Schwellenspannungsstreuung bei abnehmender Gate-Elektrodenfläche. Während die Streuung für die Transistoren mit 10 μm² Gate-Elektrodenfläche noch gering ist, wächst die Standartabweichung für 0,14 μm² Elektrodenfläche bereits auf 22 mV an.

Transistoren mit 30 nm Kanallänge weisen noch höhere Standardabweichungen für die Schwellenspannung auf. Abb. 12.6 zeigt die gemessene Abweichung in der

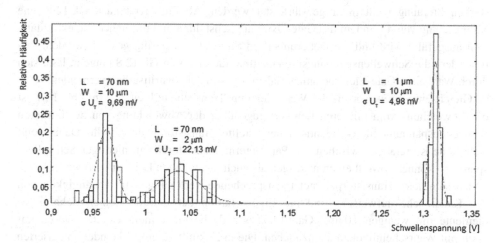

Abb. 12.5 Verteilung der Schwellenspannung identisch hergestellter Transistoren unterschiedlicher Gate-Fläche

Abb. 12.6 Abweichung der
Schwellenspannung direkt
benachbarter Transistoren
mit 30 nm Kanallänge für
verschiedene Kanalweiten

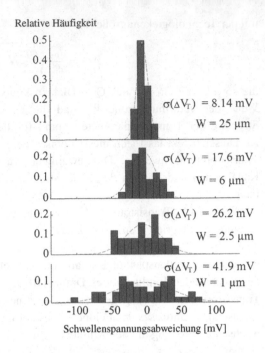

Schwellenspannung identisch prozessierter, direkt benachbarter Transistoren (Abstand <10 µm), aufgetragen gegenüber der Häufigkeit des Auftretens, für unterschiedliche Gate-Flächen. Bei einer Fläche von 0,75 µm² beträgt die Streuung unter der Annahme einer Normalverteilung ca. 8 mV, sie wächst auf 42 mV für 0,03 µm².

Für Transistoren mit beispielsweise $W=L=50$ nm steigt dieser Wert auf über 100 mV; eine sichere Funktion integrierter analoger und digitaler Schaltungen kann bei dieser starken Streuung nicht mehr gewährleistet werden. Abhilfe bietet nach Gl. 12.8 eine Minimierung von A_{V_t}, indem das Gate-Oxid möglichst dünn und mit hoher Dielektrizitätszahl ausgeführt wird und die Dotierungen im Substrat sehr gering gewählt werden. Insbesondere die Schwellenspannungsimplantation, die als D_i in Gl. 12.8 eingeht, lässt sich durch Wahl eines Gate-Elektrodenmaterials mit passender Austrittsarbeit vermeiden.

Gleichzeitig streuen auch die Werte für den Transistorsteilheit g_m. In Abb. 12.7 ist die Abweichung vom mittleren Leitwert gegenüber der Abweichung von der mittleren Schwellenspannung für 64 identisch hergestellte Transistoren dargestellt. Dabei zeigt sich keine Korrelation zwischen den Parametern: Transistoren mit niedriger Schwellenspannung können sowohl einen niedrigen als auch einen hohen Leitwert aufweisen.

Da sämtliche Transistorparameter entsprechende Verteilungen in Abhängigkeit von der Kanalfläche aufweisen, sind die Eigenschaften der extrem kleinen Schaltungselemente mit wenigen 10 nm² Gate-Elektrodenfläche nicht mehr exakt, sondern nur noch mit Wahrscheinlichkeiten anzugeben. Die in Zukunft zu entwickelnden integrierten Schaltungen müssen folglich tolerant gegenüber diesen unkorrelierten Schwankungen der Transistorparameter sein.

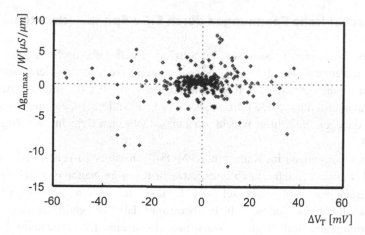

Abb. 12.7 Zusammenhang zwischen Schwellenspannungs- und Leitwertabweichung vom Mittelwert für identisch hergestellte Transistoren

12.3   Nanoskalige PMOS-Transistoren

PMOS-Transistoren mit Nanometerabmessungen verwenden ebenfalls LDD-Profile mit Spacern zur Reduktion der Kurzkanaleffekte. Die LDD-Implantation erfolgt in vielen Fällen mit BF_2-Ionen bei 10 keV, selten wird Indium als schweres Element für eine geringe Dotierungstiefe eingesetzt. Indium weist ein tiefes Akzeptorniveau auf, sodass bei Raumtemperatur lediglich 10 % der eingebrachten Dotierstoffe elektrisch aktiv sind; dies erhöht den parasitären LDD-Widerstand.

Zusätzlich besteht die Gate-Elektrode der PMOS-Kurzkanal-Transistoren aus Bor-dotiertem Polysilizium bzw. aus Metallsiliziden. Die höhere Austrittsarbeit der p-leitenden Gate-Elektrode stellt eine Ausbildung des stromführenden Kanals an der Siliziumoberfläche sicher; dies ist bei n-leitender Elektrode aufgrund der Bor-Dotierung zur Schwellenspannungseinstellung nicht der Fall.

12.4   Verspanntes Silizium zur Steigerung der Ladungsträgerbeweglichkeit

Die Ladungsträgerbeweglichkeit im Transistorkanal lässt sich durch mechanische Spannungen beeinflussen (piezoresistiver Effekt). So führen Druckspannungen zu einer Erhöhung der Löcherbeweglichkeit im Silizium, Zugspannungen dagegen steigern die Elektronenbeweglichkeit. Die Ursache ist die Veränderung des atomaren Abstands im Kristall, die eine Änderung der Bandstruktur bewirkt und damit die effektive Masse der Ladungsträger beeinflusst.

12.4.1 Mechanische Spannungen durch SiGe-Epitaxieschichten

Mechanische Spannungen lassen sich im Silizium durch epitaktische Abscheidung von Siliziumschichten mit bis zu 30 % Germaniumanteil erzeugen. Da Germanium gegenüber Silizium eine größere Gitterkonstante aufweist, wächst der atomare Abstand im kristallin aufwachsenden SiGe-Film. Dies bewirkt eine Druckspannung in der Ebene des Films, dagegen entsteht senkrecht zur aufgewachsenen Schicht eine Zugspannung (Abb. 12.8).

Um Druckspannungen im Kanal eines PMOS-Transistors zu generieren, werden die Drain- und Source-Bereiche durch einen Ätzschritt einige Nanometer tief abgeätzt. In diesen Vertiefungen erfolgt eine selektive Epitaxie mit einem Germaniumanteil von bis zu 30 %; die abgeschiedene Schicht übernimmt dabei die geringere Gitterkonstante des Siliziumkristalls, sodass in der Wachstumsebene eine Druckspannung bzw. senkrecht dazu eine Zugspannung entsteht. Die Druckspannung überträgt sich auf den Kanal des PMOS-Transistors und führt dort zu einer höheren Löcherbeweglichkeit. Damit

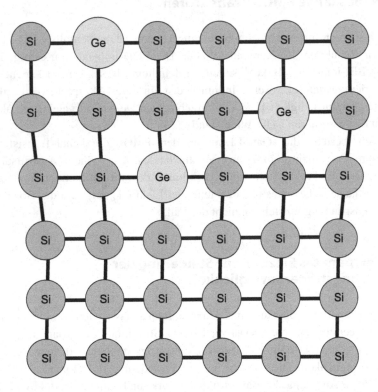

Abb. 12.8 Wachstum einer kristallinen SiGe-Schicht auf einem Siliziumsubstrat: Der Einbau von Germanium vergrößert die Gitterkonstante des Kristalls und bewirkt eine Druckspannung parallel zur Oberfläche

Abb. 12.9 Verspannung des
Kanals im PMOS-Transistor
durch seitlichen Einbau von
SiGe-Schichten in den Drain-
und Source-Gebieten

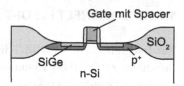

steigt der Sättigungsstrom des Transistors im eingeschalteten Zustand, das Bauelement weist einen um bis zu 30 % höheren Leitwert auf. Das Verfahren eignet sich sowohl für Substrat- als auch für SOI-Bauelemente (Abb. 12.9).

12.4.2 Verspannungen durch Siliziumnitridschichten

Siliziumnitrid bewirkt nach der Deposition auf dem Siliziumsubstrat mechanische Spannungen zum Untergrund, die in der LOCOS-Technik bekanntlich durch ein Padoxid gemildert werden. Je nach Abscheidebedingungen lassen sich sowohl Druck- als auch Zugspannungen reproduzierbar erzeugen, z. B. durch Veränderung des Anteils der Siliziumatome zu den Stickstoffatomen.

Die Abscheidung von Siliziumnitrid über der Gate-Elektrode einschließlich der Spacer kann eine Zugspannung im Transistorkanal erzeugen, die im Fall des NMOS-Transistors die Ladungsträgerbeweglichkeit erhöht. Wird eine Si_3N_4-Schicht mit intrinsischer Druckspannung über dem PMOS-Gate abgeschieden, so überträgt sich die Druckspannung ebenfalls in das Silizium und erhöht damit die Löcherbeweglichkeit. Dies kann ergänzend zur Verspannung durch SiGe-Epitaxie in den Kontaktelektroden zur weiteren Steigerung des Transistorleitwerts genutzt werden.

Im CMOS-Prozess lassen sich somit durch Abscheidung von unterschiedlich verspannten Nitridschichten über den P- und NMOS-Transistoren die Leitfähigkeiten der Bauelemente erhöhen und damit höhere Schaltgeschwindigkeiten erzielen.

12.5   MOSFETs mit mehrseitigen Gate-Elektroden

Eine spezielle Bauform moderner Feldeffekttransistoren ist der FINFET, der neben dem Oberflächenkanal zusätzlich zwei steuerbare Kanäle in vertikaler Richtung aufweist. Damit lässt sich eine Flächenersparnis bei der Integration von Schaltungen erzielen, denn die Weite der Transistoren wird durch vertikal zur Scheibenoberfläche angeordnete Kanäle erzielt. Der FINFET wird sowohl in SOI-Technik als auch als Substrat-Bauelement hergestellt.

12.5.1 Der FINFET in SOI-Technik

Zur Integration eines FINFET in SOI-Technik wird der dünne Siliziumfilm eines SOI-Substrates zu ca. 10 bis 15 nm weiten Finnen strukturiert, deren Oberfläche anschließend mit einem Gate-Dielektrikum per ALD-Abscheidung beschichtet wird.

Die Gate-Elektrode überdeckt nicht nur die laterale Finnenoberfläche, sondern steuert auch jeweils einen Kanal an den vertikalen Flanken der Finne. Damit lässt sich die Kanalweite in die Tiefe des Siliziums hinein erweitern; die Leitfähigkeit des Transistors steigt bei gleichbleibendem Flächenbedarf. Abb. 12.10 zeigt die Herstellung sowie den schematischen Aufbau eines solchen Transistors.

Der Vorteil des SOI-Substrates bei diesem Transistor liegt in der geringen Gate-Kapazität aufgrund des Oxidfilms unter der Finne bzw. Gate-Elektrode, verbunden mit geringen Sperrschichtkapazitäten der Drain- und Source-Elektroden. Die Kanalweite des Transistors besteht aus der Weite der Finne an der Oberfläche plus der doppelten Finnen-höhe. Infolge des SOI-Substrates lässt sich die Finnenhöhe und damit die Kanalweite sehr gleichmäßig und reproduzierbar herstellen, da der vergrabene Isolator als Ätzstopp wirkt.

Aufgrund der geringen Weite der Finne ist das Halbleitermaterial vollständig verarmt an freien Ladungsträgern. Es sind nahezu keine Elektronen oder Löcher aufgrund der

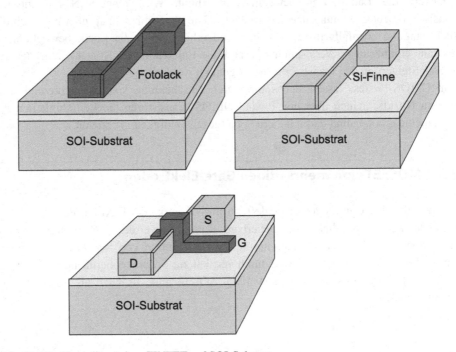

Abb. 12.10 Herstellung eines FINFET auf SOI-Substrat

Dotieratome oder der Eigenleitung infolge thermisch generierter Ladungsträger in dem geringen Volumen vorhanden, sodass die den Kanal bildenden beweglichen Ladungen aus den Source-Gebieten unter die Steuerelektrode gelangen.

Der Kanal füllt das gesamte Finnenvolumen; dies mildert Kurzkanaleffekte wie den Schwellenspannungsabfall bei kurzen Kanallängen und den Raumladungszonendurchgriff. Auch die Wirkung der Drain-Spannung auf die Barrierenhöhe zum Source, dem „Drain Induced Barrier Lowering" (DIBL), wird reduziert.

12.5.2 FINFET im Substrat

SOI-Substrate sind vergleichsweise teuer, dies wirkt sich deutlich auf den Preis der integrierten SOI-Schaltungen aus. Kostengünstiger ist die Integration von FINFET auf Standard-Siliziumscheiben, allerdings lässt sich der zuvor beschriebene Prozess nicht direkt übertragen. Störend ist die hohe Gate-Kapazität, die ohne geeignete Gegenmaßnahmen außerhalb der Finne zum Substrat wirkt. Zur Reduktion der Kapazität muss deshalb ein dickeres Oxid als das Gate-Oxid neben der Finne zwischen dem Trägermaterial und der Gate-Elektrode aufgebracht werden.

Im Prozess wird dazu zunächst die Finne aus dem einkristallinen Siliziumsubstrat geätzt, wobei sich die Ätztiefe aus der gewünschten Finnenhöhe plus der Oxiddicke zusammensetzt. Die gesamte Struktur kann dann komplett mit CVD-Oxid aufgefüllt und mithilfe des chemisch-mechanischen Polierens planarisiert werden. Es folgt ein selektives Rückätzen des Oxides entsprechend der gewünschten Finnenhöhe. Danach werden das Gate-Dielektrikum und die Gate-Elektrode aufgebracht. Abb. 12.11 zeigt einen schematischen Querschnitt des Substrat-FINFETs.

Auch der FINFET aus dem Siliziumsubstrat ist im Kanalbereich vollständig verarmt an Ladungsträgern, da das Volumen unterhalb der Gate-Elektrode nur wenige 1000 nm^3 beträgt. Entsprechend sind Kurzkanaleffekte gemildert. Zur Unterdrückung des Raumladungszonendurchgriffs unterhalb des Fußpunktes der Finne vom Drain zum Source erfolgt eine hohe Dotierung des Substrats.

Ein Qualitätsmerkmal des FINFET ist das Verhältnis aus dem Drain-Strom im eingeschalteten Zustand zum Leckstrom im ausgeschalteten Modus I_{on}/I_{off}. Simulationen zeigen, dass eine Finnenhöhe über etwa 30 nm bei 15 nm Weite zu einer Verringerung dieser Kenngröße führt infolge eines wachsenden Off-Stroms. Aus diesem Grund werden FINFET zur Steigerung der Leitfähigkeit aus mehreren Finnen zusammengesetzt, anstatt ihre Höhe zu vergrößern.

Unabhängig von der Bauform sind die Anschlusswiderstände der Drain/Source-Gebiete zum Kanal aufgrund des geringen Querschnitts unverhältnismäßig groß. Reduzieren lassen sich diese durch eine Silizidbildung, vergleichbar zu der Prozesstechnik bei den selbstjustierenden Kontakten.

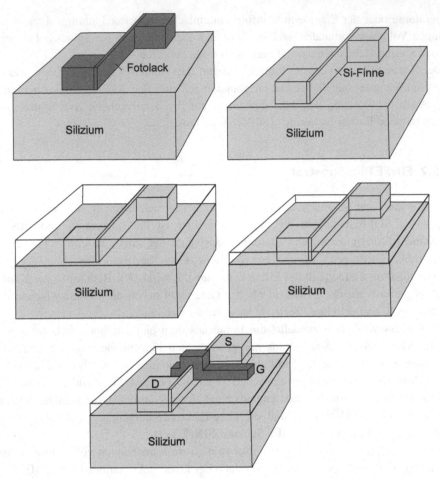

Abb. 12.11 FINFET im Substrat: Lackmaske, Strukturierung der Finne, Oxidabscheidung und CMP, Gate-Oxidation und Polysiliziumabscheidung

12.5.3 Lateral Gate All-Around Transistor (LGAA)

FINFET mit großer Steghöhe sperren nicht mehr vollständig infolge eines erhöhten Leckstroms zwischen Source und Drain, der am Fußpunkt der Finne einsetzt. Zwar sorgt eine hohe Substratdotierung für eine weitgehende Unterdrückung der Kurzkanaleffekte im undotierten Kanalbereich, dies reicht jedoch nicht zur vollständigen Leckstrombeseitigung.

Wird die Gate-Elektrode jedoch allseitig um den Kanalbereich geführt („Lateral Gate All Around", LGAA), so verbessern sich die Kurzkanaleigenschaften einschließlich eines verringerten Transistorleckstroms. Dazu existieren verschiedene Integrationsmöglichkeiten, die im Folgenden vereinfacht dargestellt sind.

Bei dem Substrat-FINFET muss der Fußpunkt der Finne vom Substrat gelöst werden. Dazu erfolgt nach der Oxidätzung eine Passivierung der Finnenseitenwände mit Nitrid, anschließend wird das Oxid um ca. 50 nm weiter zurückgeätzt. Folglich liegt die Finne unterhalb des Nitrids frei, sodass sie sich durch isotropes Ätzen von ca. 8 nm Silizium vom Substrat lösen lässt. Zwar werden in diesem Ätzschritt auch die Drain- und Source-Gebiete unterätzt, jedoch sind diese aufgrund ihrer Abmessungen weiterhin fixiert. Abb. 12.12 zeigt schematisch eine mögliche Prozessfolge.

Der resultierende LGAA-Transistor zeichnet sich durch hervorragende Schalteigenschaften mit hohem I_{on}/I_{off}-Verhältnis aus. Nachteilig sind aber die großen Anschlusswiderstände von den Drain- und Source-Elektroden zum Kanal. Diese müssen folglich sehr kurzgehalten werden.

Alternativ können mehrere Siliziumstege in vertikaler Richtung übereinander durch Epitaxieverfahren integriert werden. Dazu erfolgt eine abwechselnde Epitaxie von SiGe als Opferschichten und reinem Silizium als aktives Halbleitermaterial auf der Scheibenoberfläche. Durch anisotrope Ätzung mit der Finnenmaskierung entsteht ein geschichteter Aufbau aus Opfer- und Aktivschichten als Finne. SiGe lässt sich selektiv zu Silizium ohne Plasmaanregung in ClF_3- oder XeF_2-Gasen ätzen; es entstehen mehrere freitragende Siliziumstege übereinander, die parallel durch das umlaufend erzeugte Gate gesteuert werden. Abb. 12.13 zeigt schematisch den Integrationsprozess sowie den Aufbau dieser Transistorbauform.

12.5.4 Sheet Gate All-Around Transistor (SGAA)

Der Ansatz der Epitaxie mit Opferschichten erlaubt eine laterale Erweiterung der Siliziumstege zu sogenannten „Sheets". Damit vergrößert sich die Kanalweite auf den Umfang eines Sheets. Auch diese lassen sich mehrfach übereinander stapeln, sodass die Transistorweite steigt und mit der Anzahl der Sheets zu multiplizieren ist; dies steigert die Treiberfähigkeit der Bauelemente. Da die einzelnen Siliziumschichten sehr dünn sind, handelt es sich weiterhin um vollständig verarmtes Silizium mit den entsprechenden Vorteilen zur Vermeidung der Kurzkanaleffekte (Abb. 12.14).

Prozesstechnisch ist die Herstellung der MS-GAA-FETs komplex, denn das anisotrope Ätzen der Gate-Elektrode zwischen bzw. unter den einzelnen Sheets kann nicht wie bisher durch einen Standard-Ätzprozess im RIE-Verfahren erfolgen. Eine mögliche Prozessfolge wurde in [9] ausführlich beschrieben und wird hier in den folgenden Abschnitten näher erläutert.

Entsprechend der Anzahl der gewünschten Sheets werden SiGe-Schichten als Opferschichten und Si-Filme als aktives Halbleitermaterial übereinander epitaktisch abgeschieden und über eine Lackmaske im reaktiven Ionenätzverfahren strukturiert. Neben diesem Sandwich-Stapel aus Halbleitermaterial muss im Siliziumsubstrat die SiO_2-Isolation im STI-Verfahren eingebracht werden. Damit steht die in Abb. 12.15 rechts dargestellte Struktur zur Verfügung.

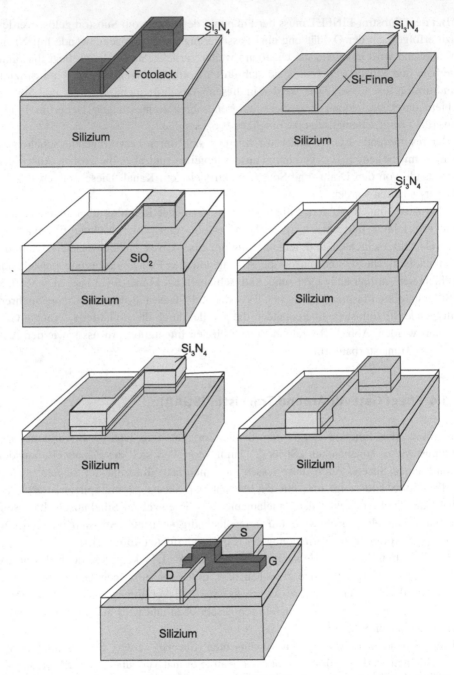

Abb. 12.12 GAA-Transistor auf der Basis einer FINFET-Struktur: Erzeugung der mit Silizium-nitrid abgedeckten Finne, Oxidabscheidung und CMP, Seitenwandpassivierung mit Si_3N_4 nach Oxidätzung, weitere Oxidätzung, isotrope Siliziumätzung zum Lösen der Siliziumfinne vom Substrat, Gate-Oxid und Gate-Elektrodenabscheidung

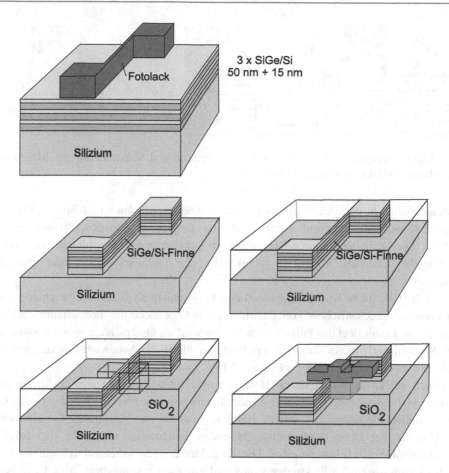

Abb. 12.13 LGAA-Transistor mit drei Siliziumseelen zur Leitwerterhöhung: SiGe/Si-Epitaxie-schichten, Finnenätzung, Oxidabscheidung und CMP, lokale Oxidätzung im Gate-Bereich, selektive SiGe-Ätzung, ALD-Gate-Dielektrikum und Gate-Elektrodenherstellung, Drain/Source Dotierungen

Abb. 12.14 LGAA mit mehreren Stegen und MS-GAA-Transistor mit 3 Sheets im Vergleich

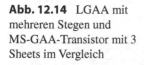 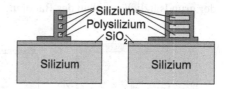

Es folgen die Abscheidung einer dünnen Ätzstoppschicht aus Siliziumdioxid und das Aufbringen einer Polysilizium-Elektrode im CVD-Verfahren. Das Polysilizium dient im weiteren Prozess als Platzhalter für die später erzeugte Gate-Elektrode, es wird analog zu den bisher erläuterten Integrationstechniken im RIE-Verfahren strukturiert. Als

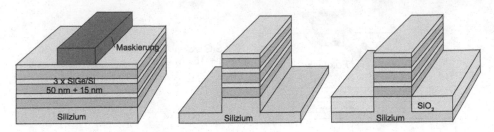

Abb. 12.15 Erzeugung des Schichtstapels durch Epitaxie und Strukturierung per RIE-Ätzung sowie laterale STI-Isolation für MSGAA-FETs

Abstandshalter zu den Drain- und Source-Kontakten dienen auch hier Spacer, die vorzugsweise aus Siliziumnitrid durch konforme Deposition und Rückätzung erzeugt werden. Die Drain- und Source-Gebiete lassen sich durch Siliziumepitaxie mit Dotierstoffzugabe herstellen. Abb. 12.16 rechts zeigt den Technologiequerschnitt nach der Epitaxie.

Auf der Oberfläche wird anschließend eine Oxidschicht als Isolator abgeschieden und per chemisch-mechanischem Polierschritt bis zur Oberfläche des Polysiliziums wieder abgetragen. Damit liegt das Polysilizium frei, es wird als Opferschicht selektiv zwischen den Spacern entfernt. In diesem Zwischenraum bleibt die Sandwich-Struktur aus Si-SiGe-Sheets als Stapel zurück (vgl. Abb. 12.17).

Durch selektives Trockenätzen lässt sich das SiGe zwischen den Si-Sheets entfernen; da die Ätzlösung das Spacer-Material nicht angreift, bleiben auch diese erhalten. Somit stehen die Sheets als aktives Halbleitermaterial zur Verfügung. Sie sind über die Epitaxie der Drain- und Source-Elektroden miteinander verbunden und folglich gemeinsam elektrisch kontaktierbar. Die Kontaktöffnungen werden durch ein weiteres Dielektrikum bis zu den Elektroden geätzt und mit Kupfer kontaktiert. Abb. 12.18 zeigt die abschließenden Prozessschritte bis zum fertigen MS-GAA-Transistor.

Die dargestellte Prozessfolge ist eine Möglichkeit zur Integration der MS-GAA-Transistoren. Es gibt alternative Integrationstechniken, z. B. für die Herstellung der Drain-/Source-Gebiete oder die Kontaktierung der Elektroden. Unabhängig davon bleibt der grundsätzliche Aufbau des Bauelements unverändert.

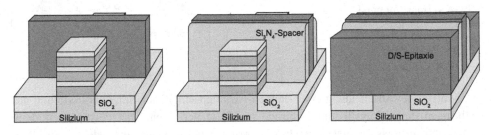

Abb. 12.16 Herstellung des Polysilizium-Gates als Opferstruktur, Spacer-Herstellung und Drain-Source-Epitaxie aus dotiertem Silizium

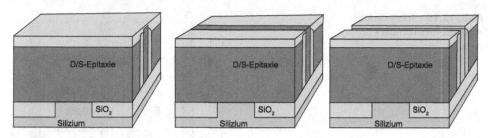

Abb. 12.17 Ganzflächige Isolationsoxidabscheidung, gefolgt vom CMP-Schritt und der selektiven Polysilizium-Ätzung

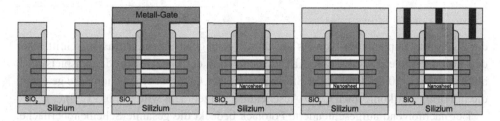

Abb. 12.18 Freigeätzte Halbleiter-Sheets zwischen den Spacern, ALD für das Gate-Dielektrikum, Metall-Gate Abscheidung mit Wolframsilizid oder Titannitrid, CMP der Oberfläche mit anschließender Isolatorabscheidung sowie Kontaktöffnung und Metallisierung

12.5.5 Vertikaler Gate All-Around Transistor

In einem weiteren Integrationsansatz werden die lateralen GAA-Transistoren um 90 Grad senkrecht zur Scheibenoberfläche gedreht integriert, sodass der Stromfluss in vertikaler Richtung vom Source zum Drain erfolgt. Dazu sind Säulen mit ca. 8–25 nm Durchmesser und etwa 60–200 nm Höhe notwendig, die entweder durch spezielle Epitaxieverfahren oder im anisotropen Trockenätzverfahren (ICP-RIE) aus dem kristallinen Substrat entstehen [10, 11]. Ein Anschlusspunkt befindet sich am Fuß der Säule, darüber liegt die Gate-Elektrode umlaufend um die Säule, während ihr oberer Teil als zweiter Kontakt zum Kanal dient. Abb. 12.19 zeigt den prinzipiellen Aufbau eines vertikalen Gate-All-Around Transistors (VGAA).

Es existieren unterschiedliche Prozessfolgen zur Herstellung dieser VGAA-Transistoren. Im Folgenden ist beispielhaft ein vereinfachter Ablauf dargestellt, der in ähnlicher Form in /10/ publiziert wurde.

Die Integration dieser VGAA-Transistoren beginnt mit der Säulenstrukturierung aus einem einkristallinen Siliziumsubstrat. Um die Säule herum wächst über eine Atom-lagenabscheidung das high-k Dielektrikum in einer Dicke von etwa 5 nm auf. Um den Drain- bzw. Source-Kontakt am Fuß der Säule herzustellen, schließt sich eine senkrecht

Abb. 12.19 Schematischer
Aufbau eines Vertical Gate All
Around Transistors

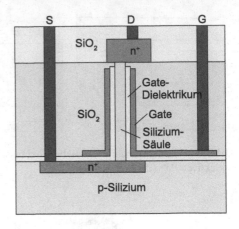

durchgeführte Implantation von As an; dieses gelangt in einem Diffusionsschritt unter den Fuß der Säule. Es folgt eine ALD-Abscheidung der Gate-Elektrode, beispielsweise aus TiN von ca. 50 nm Dicke. Zur Strukturierung des Gates ist eine Oxidmaske geeignet, die in Form einer konformen CVD-Abscheidung aufgebracht wird (Abb. 12.20).

Der nachfolgend aufgeschleuderte Fotolack bedeckt die gesamte Scheibenoberfläche, verfließt aber im Bereich der Säule, sodass deren Bedeckung vergleichsweise gering ist. Über eine Fotolithografietechnik bestimmt die Lackmaske die Form der Gate-Elektrode. Zusätzlich wird im Sauerstoffplasma die Lackdicke reduziert, sodass die Säulenspitze einige 10 nm aus dem Lack herausragt. Damit kann im oberen Säulenbereich das Oxid in Flusssäure geätzt werden.

Es schließt sich das nasschemische Ätzen der TiN-Schicht unter Ausnutzung der Oxidmaske an. Die Oxidhilfsschicht wird danach ebenfalls nasschemisch komplett entfernt (Abb. 12.21).

Vor der Metallisierung erfolgt die konforme Deposition einer Isolationsschicht aus Siliziumdioxid. Es schließt sich das Aufschleudern einer weiteren Lackschicht an, die ebenfalls im Bereich der Säule verfließt und im Sauerstoffplasma isotrop zurückgeätzt wird. Dadurch liegt das Isolationsoxid an der Säulenspitze frei; ein anisotroper Ätzschritt öffnet die Säule am oberen Ende für die Drain-/Source-Dotierung per Ionenimplantation.

Abb. 12.20 Ätzung
der Siliziumsäule und
Abscheidung des high-k
Dielektrikums

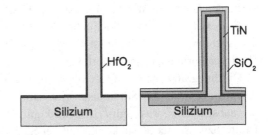

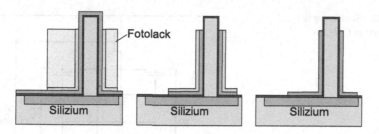

Abb. 12.21 Fotomaske nach der Belichtung und dem Rückätzschritt zur Freilegung der Säulen-spitze, Oxidätzung und Entfernen des Siliziumdioxids

Über eine weitere Fotolitografietechnik werden die Kontakte zum Gate und zur Dotierung im Substrat geöffnet. Anschließend erfolgt die Metallisierung mit der Lithografietechnik zur Definition der Drain-, Gate- und Source-Anschlüsse (Abb. 12.22).

Aufgrund des geringen Durchmessers ist die Siliziumsäule vollständig an Ladungsträgern verarmt. Damit kann jede Säule entsprechend der Wahl der Elektrodendotierung bzw. der Austrittsarbeit des Gate-Materials sowohl als n- als auch als p-Kanal Transistor genutzt werden. Nachteilig ist die Sperrschichtkapazität zum Substrat; hier erlauben SOI-Substrate deutlich geringere Werte. Auch die Kapazität zwischen dem Gate-Anschluss und dem dotierten Silizium schränkt die Schaltgeschwindigkeit dieser Bauelemente ein.

Ein Vorteil des Aufbaus ist die Möglichkeit einer vertikalen Integration mehrerer Transistoren in einer Säule, sodass sich der Platzbedarf integrierter Schaltungen reduzieren lässt. Ein Beispiel dazu ist die statische RAM-Zelle in CMOS-Technik (Abb. 12.23).

Eine Umsetzung der Speicherzelle mithilfe von VGAA-FETs zeigt Abb. 12.24. Die sechs Transistoren der SRAM-Zelle werden im einfachen Aufbau analog zur etablierten Entwurfstechnik in sechs unabhängigen Säulen integriert und untereinander verdrahtet.

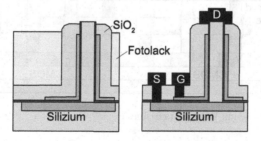

Abb. 12.22 Abscheidung des Oxids zur Isolation der Metallisierung gegenüber der Gate-Elektrode einschließlich des aufgeschleuderten Fotolacks nach der Lackdickenreduktion, Kontaktöffnung und Metallisierung

Abb. 12.23 Schaltung der
SRAM-Zelle in CMOS-
Technik

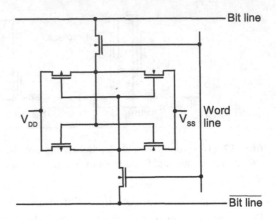

Der erzielte Flächengewinn resultiert in diesem Fall ausschließlich infolge der vertikalen Anordnung der Bauelemente.

Durch Verlängerung der Siliziumsäulen bietet sich die Möglichkeit, die NMOS-Transistoren übereinander in einer Säule zu integrieren. Beide PMOS-Transistoren der Inverter werden in einer langen Säule, die in der Mitte durch eine Oxidschicht unterteilt ist, hergestellt.

Die NMOS-Transistoren der Inverter teilen sich jeweils eine Säule mit den Schalttransistoren. Auch hier sind immer zwei Transistoren, getrennt durch eine Oxidisolation, integriert. In diesem Fall ist die Isolation nur aus Gründen der Prozessierung notwendig, da die Transistorkontakte schaltungstechnisch miteinander verbunden werden müssen. Abb. 12.25 zeigt einen Querschnitt der Struktur.

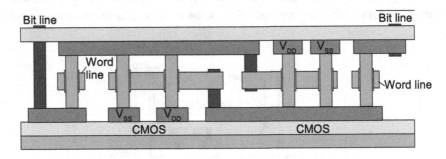

Abb. 12.24 SRAM-Zelle mit VGAA-Transistoren

Abb. 12.25 Flächensparende
Integration der SRAM-
Speicherzelle durch
Mehrfachnutzung der
Siliziumsäulen

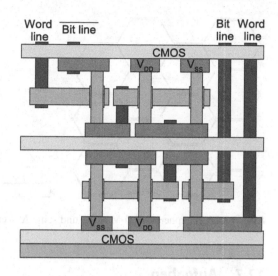

12.6 2D-Materialien

Elektronische Bauelemente auf der Basis atomlagendicker kristalliner Filme aus Kohlenstoff, Silizium, Germanium, Bor, Germanium-Phosphid oder Molybdändisulfid sind
Gegenstand intensiver Forschung [12]. Speziell Graphen, eine ein- oder zweilagige
Kohlenstoffschicht, zeigt eine hohe Ladungsträgerbeweglichkeit im Feldeffekttransistor
von 10^5 cm^2/(Vs)$^{-1}$ bei Raumtemperatur [13], sodass sehr hohe Grenzfrequenzen mit
dem Bauelement möglich erscheinen. Jedoch besitzt der Halbleiter Graphen keine Bandlücke, sodass im gesperrten Zustand ein hoher Leckstrom zwischen Drain und Source
fließt [14, 15]. Folglich lässt sich dieses Bauelement nicht als perfekter Schalter nutzen
(Abb. 12.26).

Das elektrische Verhalten des zweidimensionalen Materials Silicen, das Analogon
zum Graphen bestehend aus Siliziumatomen, wird stark vom Trägermaterial des Films
beeinflusst. Es zeigt metallisches Verhalten und ist für die Transistorintegration bislang
nicht geeignet.

Dagegen weisen die zweidimensionalen Materialien aus MoS$_2$ und WSe$_2$ eine Bandlücke auf, sodass ein gutes Sperrverhalten in den integrierten Feldeffekttransistoren
erreicht werden kann [16]. Da bei der Abscheidung der 2D-Materialien in der Regel eine
Wechselwirkung mit dem Trägermaterial und den abdeckenden dielektrischen Schichten
erfolgt, ist die großflächige Herstellung eines störstellenfreien Gate-Dielektrikums
auf den halbleitenden Verbindungen bislang noch nicht vollständig gelöst. Erste Bauelemente in lateraler Bauform zeigen vielversprechende Eigenschaften. Jedoch ist
unklar, ob vergleichbare Integrationsdichten wie in der herkömmlichen Siliziumtechnologie erreichbar sind.

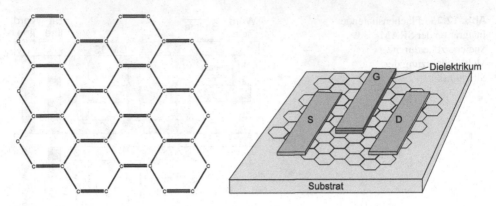

Abb. 12.26 Graphen als 2D-Material und seine Anwendung als Transistor

12.7   Aufgaben

Aufgabe 12.1
Berechnen Sie die relative Anzahl der Dotierstoffatome für eine Dotierung von $10^{18}\,\text{cm}^{-3}$ und für $5 \cdot 10^{20}\,\text{cm}^{-3}$ in einem Siliziumvolumen von $1\,\mu\text{m}^3$ bzw. $1000\,\text{nm}^{-3}$ unter der Annahme einer gleichmäßigen Verteilung. Wie groß ist die Standardabweichung und damit der relative Fehler im Fall der Dotierung über Ionenimplantation?

Aufgabe 12.2
Ein FINFET mit 1 nm äquivalenter Gate-Oxiddicke und einer Oxidladungsdichte von $10^{11}\,\text{cm}^{-2}$ soll eine Schwellenspannung von 0,3 V aufweisen. Welche Austrittsarbeit muss die Gate-Elektrode für undotiertes Silizium als Kanal aufweisen?

Aufgabe 12.3
Die Ladungsträgerbeweglichkeit im Graphen beträgt $10^5\,\text{cm}^2/(\text{Vs})$ und ist damit ca. 100-mal größer als im Silizium. Welchen Einfluss hat dies auf die Schaltgeschwindigkeit einzelner Transistoren? Werden damit schnellere integrierten Schaltungen möglich?

Literatur

1. IRDS: https://irds.ieee.org/images/files/pdf/2022/2022IRDS_ES.pdf (2022). Zugegriffen: 10. Febr. 2023
2. Momose, H.S., Ono, M., Yoshitomi, T., Ohguro, T., Makamura, S., Saito, M., Iwai, H.: 1.5 nm direct-tunneling gate oxide Si MOSFET's. IEEE Trans. Electron Devices. 43, 1233–1242 (1996)
3. Doering, R., Nishi, Y.: Semiconductor Manufacturing Technology. CRC Press LLC, Boca Raton (2008)

4. Engström, O., Raeissi, B., Hall, S., Buiu, O., Lemme, M.C., Gottlob, H.D.B., Hurley, P.K., Cherkaoui, K.: Navigation aids in the search for future high-k dielectrics: physical and electrical trends. Solid State Electron. **51**, 622–626 (2007)
5. Robertson, J.: High Dielectric Constant Oxides. EDP Sciences, Cambridge (2004)
6. Ortiz-Conde, A. etc.: A review of core compact models for undoped double-gate SOI MOSFETs. IEEE Tran. On Electron Devices **54**, S. 131 ff (2007)
7. Meng-Hsueh Chiang al: Semicond. Sci. Technol. **21**, 190 (2006). https://doi.org/10.1088/0268-1242/21/2/017
8. Mustafa, M., Bhat, T., Beigh, M.: Threshold Voltage Sensitivity to Metal Gate Work-Function Based Performance Evaluation of Double-Gate n-FinFET Structures for LSTP Technology. World Journal of Nano Science and Engineering **3**(1), 17–22 (2013). https://doi.org/10.4236/wjnse.2013.31003
9. Zhang, Q., Gu, J., Xu, R., Cao, L., Li, J., Wu, Z., Wang, G., Yao, J., Zhang, Z., Xiang, J., He, X., Kong, Z., Yang, H., Tian, J., Xu, G., Mao, S., Radamson, H., Yin, H., Luo, J.: Optimization of Structure and Electrical Characteristics for Four-Layer Vertically-Stacked Horizontal Gate-All-Around Si Nanosheets Devices. Nanomaterials **11**, 646 (2021). https://doi.org/10.3390/nano11030646
10. Yang, B, Buddharaju, K.D., Teo, S.H.G., Singh, N., Lo, G.Q., Kwong, D.L.: Vertical Silicon-Nanowire Formation and Gate-All-Around. Mosfet Ieee Electron Device Letters **29**(7), 791 (2008)
11. Zhai, Y., et al.: High-Performance Vertical Gate-All-Around Silicon Nanowire FET With High- κ/Metal Gate. IEEE Trans. Electron Devices **61**(11), 3896–3900 (Nov.2014). https://doi.org/10.1109/TED.2014.2353658
12. Garcia, J.C., de Lima, D.B., Assali, L.V.C., Justo, J.F.: Group IV Graphene- and Graphane-Like Nanosheets. The Journal of Physical Chemistry C **115**(27), 13242–13246 (2011). https://doi.org/10.1021/jp203657w
13. Reddy, D., et al.: J. Phys. D: Appl. Phys. **44**, 313001 (2011). https://doi.org/10.1088/0022-3727/44/31/313001
14. Nouchi, R., Shiraishi, M., Suzuki, Y.: Transfer characteristics in graphene field-effect transistors with Co contacts. Appl. Phys. Lett. **93**, 152104 (2008). https://doi.org/10.1063/1.2998396
15. Selvarajan, R.S., Hamzah, A.A., Majlis, B.Y.: Transfer characteristics of graphene based field effect transistor (GFET) for biosensing application. IEEE Regional Symposium on Micro and Nanoelectronics (RSM). Batu Ferringhi, Malaysia **2017**, 88–91 (2017). https://doi.org/10.1109/RSM.2017.8069127
16. Radisavljevic1, B., Radenovic2, A., Brivio1, J., Giacometti1, V., Kis, A.: Single-layer MoS2 transistors. Nature Nanotechnology Letters. https://doi.org/10.1038/NNANO.2010.279

Bipolar-Technologie 13

Bipolartransistoren weisen im Vergleich zu den MOS-Bauelementen hohe Schaltgeschwindigkeiten bis weit in den 100 GHz-Bereich hinein in Verbindung mit großen Steilheiten und damit hervorragenden Treibereigenschaften auf. Jedoch ist der Flächenbedarf dieser Schaltungselemente infolge der erforderlichen Isolationen – zumindest in den SBC-(„*Standard Buried Collector*"-) Techniken – im Vergleich zu den MOS-Strukturen sehr hoch.

Durch Anwendung der Grabenisolation lässt sich dieser Nachteil in der fortgeschrittenen Bipolar-Technologie mit selbstjustierenden Emitter- und Basiskontakt-Diffusionen weitgehend beseitigen. Sie ermöglicht besonders gute Treibereigenschaften und sehr geringe Schaltzeiten in Verbindung mit einer relativ hohen Packungsdichte. Daneben existieren jedoch die schwerwiegenden Nachteile der hohen Prozesskomplexität infolge der aufwendigen selektiven Epitaxietechnik zur Erzeugung des Kollektors einschließlich der dünnen Basisschicht.

Die Bipolar-Technologie zeichnet sich im Vergleich zur MOS-Technik durch die folgenden typischen Prozessmerkmale aus:

- vergrabene hochleitende Schicht als Subkollektor;
- Einsatz von schwach dotierten Epitaxieschichten;
- lokale Dotierungen erfolgen durch oxidmaskierte Diffusionen anstelle von Ionenimplantationen;
- Polysilizium ist im Basisprozess nicht erforderlich;
- keine Selbstisolation durch sperrende pn-Übergänge;
- relativ geringe Packungsdichten, da flächenintensive Isolationsdiffusionen bzw. -oxidationen notwendig sind;
- Lastwiderstände bestehen aus den Basis- oder Emitterdiffusionsgebieten;
- Kondensatoren werden mithilfe von Sperrschichtkapazitäten erzeugt.

13.1   Die Standard-Buried-Collector Technik

Bipolartransistoren sind im Gegensatz zu MOS-Strukturen nicht selbstisolierend, d. h. die einzelnen Transistoren erfordern jeweils eine allseitige Sperrschicht- oder Oxidisolation zur vollständigen elektrischen Trennung von benachbarten Bauelementen. Die SBC-Technik nutzt dazu tiefe Diffusionen, die den Transistor in lateraler Richtung isolieren, während in der Vertikalen der pn-Übergang zwischen dem Substrat und der entgegengesetzt dotierten Epitaxieschicht wirkt.

Infolge der jeden einzelnen Transistor umschließenden Trenndiffusion ist der Flächenbedarf in dieser einfachen Bipolartechnik besonders groß: die typischen Abmessungen eines Transistors betragen ca. $50 \, \mu m \times 100 \, \mu m$. Die Größe wird dabei maßgeblich von der Tiefe der Isolationsdiffusion bestimmt, da ihre minimale Weite etwa der doppelten Eindringtiefe der Dotierstoffe entspricht.

Als Substratmaterial zur Integration von npn-Transistoren dienen schwach p-leitende Siliziumscheiben mit einer (111)-Oberflächenorientierung. Da im Prozess zunächst nur Diffusionen und Abscheidungen, jedoch keine Ätzschritte erfolgen, ist eine Verankerung von Justiermarken in der Scheibenoberfläche zur Ausrichtung der Fotomasken erforderlich. Folglich dient die erste fotolithografisch strukturierte Lackschicht als Ätzmaske zum Erzeugen von Referenzpunkten in Form von Stufen im Siliziumkristall.

Für einen niederohmigen Kollektoranschluss ist eine vergrabene starke n^+-Dotierung im Substrat notwendig. Das für diese Subkollektorintegration benötigte Maskieroxid wächst thermisch in feuchter Atmosphäre auf, die Strukturierung erfolgt nasschemisch mit Fotolack als Maske.

Weil der nachfolgende Epitaxieprozess besonders hohe Temperaturen erfordert, muss das Element mit dem kleinsten Diffusionskoeffizienten im Silizium – Arsen – als Dotierstoff eingesetzt werden, um eine starke Ausdiffusion des Subkollektors zu vermeiden. Bei ca. 1100 °C diffundiert das Arsen in den Kristall ein und bildet eine lokale hochleitende Schicht; anschließend erfolgt das vollständige Entfernen der Oxidmaske in gepufferter Flusssäurelösung.

Durch eine Gasphasenepitaxie wächst ganzflächig eine schwach n-dotierte kristalline Schicht in einer Dicke von mehreren Mikrometern auf; sie dient zur Herstellung der n-leitenden Kollektoren der npn-Transistoren. Als Dotierstoffe sind sowohl Phosphor als auch Arsen oder Antimon geeignet.

Zur gegenseitigen Isolation der Kollektoren der Bipolartransistoren einer integrierten Schaltung erfolgt, erneut über ein Oxid maskiert, eine lokale tiefe Bor-Diffusion. Folglich muss zuvor ein weiteres Makieroxid thermisch nass aufgebracht und mithilfe einer Fotolithografietechnik durch nasschemisches Ätzen strukturiert werden. Die Bor-Diffusion durchdringt während des Hochtemperaturschrittes die gesamte Epitaxieschicht; sie muss mindestens bis zum p-leitenden Substrat reichen, um eine vollständige Isolation der einzelnen n-leitenden Transistorbereiche zu realisieren.

Die nächste Fotolithografiemaske öffnet im Oxid die Fenster zur Herstellung der p-dotierten Basis. Hier diffundiert erneut das Element Bor in den Kristall ein, wobei die Tiefe der Diffusion und die Höhe der Dotierung wesentlichen Einfluss auf die Weite der aktiven Basis und damit auf die Verstärkung des Transistors nehmen.

In einem weiteren thermisch nass aufgewachsenen Oxid wird die Öffnung für die Emitterdiffusion oberhalb der Basis freigelegt, gleichzeitig erfolgt eine Oxidätzung für den Kollektoranschluss seitlich der Basis. Die Emitterdiffusion dringt ca. 1 μm in den Kristall ein. Während dieser Diffusion erfolgt auch eine starke n-Dotierung im Kollektor-Kontaktbereich zur besseren Kontaktierung der bislang schwach n-leitenden Kollektorepitaxieschicht. Die Weite der Transistorbasis lässt sich aus der Differenz der Eindringtiefen der Basis- und der Emitterdiffusionen bestimmen.

Für eine niederohmige Kontaktierung des hoch dotierten Subkollektors reicht die Tiefe der Emitterdiffusion als Kollektoranschluss nicht aus. In Leistungstransistoren wird deshalb eine zusätzliche, entsprechend tiefere Diffusion bis zum Subkollektor zur verbesserten Kontaktierung eingesetzt, die vor der Emitterdiffusion durchgeführt wird. In einfachen Schaltungen ohne wesentliche Treiberfunktion kann auf diesen ergänzenden Prozessschritt verzichtet werden.

Die letzten Arbeitsschritte dienen der Kontaktierung und Verdrahtung der Einzelelemente. Zunächst wächst ganzflächig ein weiteres Oxid thermisch auf, in das mithilfe einer Fotolithografietechnik nasschemisch die Kontaktöffnungen geätzt werden. Da die pn-Übergänge sehr tief in den Kristall hineinragen, ist im Gegensatz zur MOS-Technik ein direkter Kontakt mit Aluminium möglich.

Im Aufdampfverfahren oder durch Sputterbeschichtung wird das Metall aufgebracht und mithilfe einer weiteren Fotolackmaske in Aluminiumätzlösung strukturiert. Zur Legierung der Kontakte folgt eine Temperung in N_2/H_2-Atmosphäre (Formiergas, 75 % N_2, 25 % H_2). Der Prozess schließt mit der Abscheidung einer Oberflächenpassivierung und dem Öffnen der Anschlussflecken. Eine schematische Darstellung des Ablaufes ist in Abb. 13.1 gegeben.

Dieser einfache Bipolarprozess ermöglicht die Integration von vertikalen npn-Transistoren, hoch- und niederohmigen Widerständen aus den dotierten Schichten und Kapazitäten in Form von gesperrten pn-Übergängen. Die hochohmigen Widerstände lassen sich aus p-leitenden Gebieten, die gemeinsam mit der Basis erzeugt werden, oder aus der schwach n-leitenden Kollektorepitaxieschicht herstellen. Für niedrige Widerstandswerte eignen sich die Emitterdiffusionsgebiete. Als Kondensatoren bieten sich die Sperrschichtkapazitäten der Basis-Kollektor- oder der Basis-Emitter-Diode an. Letztere weist einen großen Kapazitätsbelag in Verbindung mit einer geringen Spannungsabhängigkeit auf, jedoch ist die Durchbruchspannung aufgrund der hohen Dotierungen vergleichsweise gering.

Ergänzend lassen sich auch pnp-Transistoren gemeinsam mit den npn-Strukturen integrieren. Die vertikale Bauform nutzt die p-leitende Basisdiffusion des npn-Transistors als Emitter, die schwach dotierte Epitaxieschicht als Basis und das Substrat als Kollektor. Folglich ist der pnp-Transistor in vertikaler Bauform nicht frei beschaltbar,

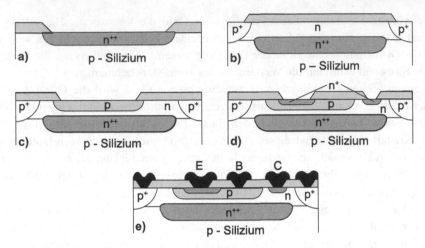

Abb. 13.1 SBC-Technik: **a** Oxidmaskierung und Subkollektordiffusion, **b** n-Epitaxie und Isolationsdiffusionsgebiete, **c** Erzeugung des Basisdiffusionsgebietes, **d** Einbringen der Emitterdiffusion und des Kollektorkontaktes, **e** Kontaktlochstrukturierung und Verdrahtung des npn-Transistors

da alle Kollektoren über das Substrat verbunden sind. Auch begrenzen die hohen Bahnwiderstände und die Kapazität der relativ großen Basisfläche die Schaltgeschwindigkeit dieses Transistors erheblich.

Alternativ bietet sich eine laterale pnp-Transistorbauart mit der Basisdiffusion des npn-Transistors als Emitter und auch als Kollektor an, wobei die n^--Epitaxieschicht als Basis dient. Dieser pnp-Transistor ist zwar frei beschaltbar, jedoch hängen seine Eigenschaften stark von der Weite der lateralen Unterdiffusion der Basisdotierung ab. Wegen der relativ schwachen Dotierung des Emitters dieser pnp-Transistoren ist die Ergiebigkeit und damit die Verstärkung – insbesondere im Hochstrombereich – gering. Zusätzlich wirkt sich die im Vergleich zur Basis recht hohe Kollektordotierung in Form einer sehr geringen Early-Spannung negativ aus.

Sowohl der laterale als auch der vertikale pnp-Transistor weisen nur geringe Grenzfrequenzen und mäßige Treibereigenschaften auf. Ursache ist die geringe Leitfähigkeit der Basis in Verbindung mit den großflächigen Sperrschichtkapazitäten der n^--Epitaxieschicht, die zu großen Zeitkonstanten führen.

Damit ermöglicht die SBC-Technik die gemeinsame Integration von npn- und pnp-Transistoren mit Widerständen und Kapazitäten. Nachteilig ist jedoch ihr großer Flächenbedarf: die notwendigen Abstände der Basis- und Kollektorkontakte von den Isolationsdiffusionen sowie die Breite dieser Diffusionen schränken die Packungsdichte drastisch ein.

13.2 Fortgeschrittene SBC-Technik

Um einen höheren Integrationsgrad zu erzielen, bietet es sich an, anstelle der umlaufenden Trenndiffusion eine dielektrische Isolation in lateraler Richtung zwischen den Bipolartransistoren zu verwenden [1]. Nicht nur die Breite der Isolation verringert sich, sondern auch die bislang erforderlichen Justiervorgaben und Abstände zwischen den Kollektor- und Basiskontakten und der Isolationsdiffusion entfallen vollständig. Der Flächenbedarf eines npn-Bipolartransistors sinkt damit in der fortgeschrittenen SBC-Technik auf ca. $15\,\mu m \times 25\,\mu m$.

Zur Herstellung der dielektrischen Isolation wird nach der Dotierung des Subkollektors und dem Aufbringen der Epitaxieschicht ein Padoxid aufoxidiert und mit Nitrid abgedeckt. Eine Fotolackschicht maskiert den Ätzprozess zum Entfernen des Nitrides im Isolationsbereich, sodass während der anschließenden lokalen thermischen Oxidation eine das Aktivgebiet seitlich einschließende Oxidisolation entsteht, die durch die gesamte Epitaxieschicht reicht. Um die erforderliche Oxiddicke zu reduzieren, kann vor der Oxidation ein Teil der Epitaxie im Isolationsbereich durch Ätzen entfernt werden.

Somit ist der n-leitende Kollektor vertikal über einen pn-Übergang zum Substrat und lateral durch die umlaufende Siliziumdioxidschicht vollständig von den benachbarten Schaltungselementen isoliert.

Es folgen die Basis- und die Emitter-Integration; beide Gebiete werden vergleichbar zur einfachen SBC-Technik eindiffundiert. Der Prozess endet mit der Kontaktierung und Verdrahtung der Elemente. Abb. 13.2 zeigt schematisch einen Querschnitt durch den Transistor im Verlauf des Integrationsprozesses.

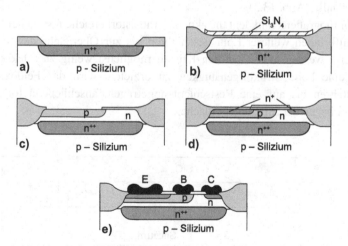

Abb. 13.2 Prozessschritte der fortgeschrittenen SBC-Technik: **a** Oxidmaskierung und Subkollektordiffusion, **b** n-Epitaxie, lokale Oxidation zur Herstellung der Isolation, **c** Erzeugung der Basis durch Diffusion, **d** Diffusionsgebiete des Emitters und des Kollektorkontakts, **e** Kontaktöffnung und Verdrahtung

Sowohl der Basis- als auch der Kollektorkontakt dürfen innerhalb der Oxidisolation enden; ein Kurzschluss wie bei der einfachen SBC-Technik tritt hier nicht auf. Gleichzeitig ist die Dicke der Epitaxieschicht verringert worden, um die erforderliche Tiefe der Oxidisolation gering zu halten. Damit sinken auch die Tiefen der Diffusionsgebiete der Basis und des Emitters, sodass deren parasitäre Sperrschichtkapazitäten erheblich abnehmen. Aufgrund der Oxidisolation reduziert sich gleichzeitig die Kollektorkapazität, folglich wird insgesamt eine deutlich höhere Schaltgeschwindigkeit erreicht.

13.3   Bipolarprozess mit selbstjustiertem Emitter

Die Bipolar-Technologie mit selbstjustierenden Emitter- und Basiskontakt-Diffusionsgebieten ermöglicht Transitfrequenzen im Bereich über 60 GHz für reine Siliziumtransistoren und bis zu ca. 300 GHz für Silizium-Germanium-Schaltelemente. Zur Herstellung nutzt sie anstelle der Diffusionen unterschiedlich dotierte Epitaxieschichten als Kollektor und Basiszonen, nur der Emitter wird aus einer Polysiliziumschicht in den Kristall eindiffundiert. Sowohl die Basiskontakte als auch der Emitter diffundieren selbstjustierend in den Kristall ein [2].

Als Subkollektor wird epitaktisch eine n⁺-Schicht auf dem schwach p-dotierten Substrat abgeschieden. Zur platzsparenden lateralen Isolation erfolgt eine mit Fotolack maskierte Trenchätzung durch die stark n-leitende Schicht bis in das p-Substrat hinein. Diese sehr engen Gräben werden in einer konformen CVD-Abscheidung vollständig mit Oxid aufgefüllt, parallel dazu scheidet sich das Oxid ganzflächig auf der Oberfläche als Feldoxid ab. Dabei glätten sich die Unebenheiten im Bereich der Trench-Isolation nahezu vollständig (Abb. 13.3).

Eine Fotolithografietechnik legt die aktiven Transistorbereiche fest, in denen das Feldoxid zum Aufbringen weiterer Epitaxieschichten bis zur Oberfläche des Subkollektors wieder entfernt werden muss. Um den Kristall möglichst wenig zu schädigen, gleichzeitig aber eine hohe Strukturgenauigkeit zu erzielen, wird das Feldoxid zunächst im RIE-Verfahren bis auf eine Restschicht abgetragen, anschließend folgt das nasschemische Freilegen der Siliziumoberfläche.

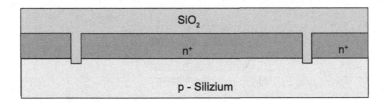

Abb. 13.3 Trenchisolation in der Epitaxieschicht nach dem Auffüllen der Gräben mit SiO₂ im CVD-Verfahren

Es schließen sich die Abscheidungen des schwach dotierten Kollektors und der dünnen Basis in Form von n- und p-dotierten selektiven Epitaxieschritten an, d. h. die kristallinen Schichten wachsen nur in der Oxidöffnung auf. Dabei darf die thermische Belastung nur sehr gering ausfallen (ca. 700 °C), um eine Dotierstoffdiffusion in diesen nur wenige 100 nm dicken Schichten auszuschließen (Abb. 13.4).

Alternativ kann auch eine n-dotierte Epitaxieschicht ganzflächig abgeschieden und durch chemisch-mechanisches Polieren bis zur Oxidoberfläche wieder abgetragen werden, um die Öffnung mit n-leitendem Silizium aufzufüllen. Die p-dotierte Basis wird in diesem Fall durch eine oberflächennahe Bor-Implantation hergestellt.

Zur Kontaktierung der schwach dotierten Basis schließt sich eine Abscheidung von stark p-dotiertem Polysilizium an; diese Schicht wird direkt mit einem weiteren Oxid abgedeckt und mit der Fotolackmaske für die Basisanschlüsse versehen (Abb. 13.5). Im Trockenätzverfahren folgen die Strukturierungen des Oxids und des Polysiliziums. Dabei ist eine äußerst exakte Kontrolle des Ätzvorganges notwendig, um den Basisbereich möglichst wenig zu schädigen, denn die Selektivität des Ätzprozesses für Polysilizium zum kristallinen Silizium ist sehr gering.

Alternativ kann zur Entschärfung dieses kritischen Ätzprozesses die o. a. selektive Epitaxie ausschließlich als n^--Schicht erfolgen. Dann ist nach der p^+-Polysilizium-strukturierung eine Bor-Implantation zur Erzeugung der Transistorbasis notwendig. Der Vorteil dieser Prozessfolge ist die genauere Kontrolle der Basisweite, da deren Dotierungstiefe erst nach dem kritischen Ätzprozess durch die Implantation von Bor-Ionen eingestellt wird.

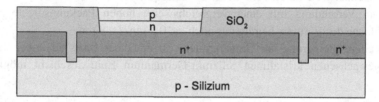

Abb. 13.4 Querschnitt des selbstjustierenden Bipolarprozesses nach der selektiven Epitaxie

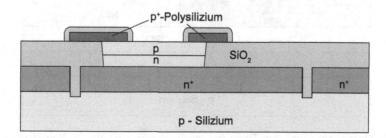

Abb. 13.5 Basisanschluss mit Oxidspacer zur selbstjustierenden Emitterherstellung

Eine konforme Oxidabscheidung, gefolgt von einem Rückätzschritt, versieht den Basisanschluss umlaufend mit einem Oxidspacer zur elektrischen Isolation der lateralen Polysiliziumkanten gegenüber den weiteren Schichten. Auch dieser Ätzschritt, der nur trocken durchgeführt werden darf, muss besonders selektiv erfolgen, um die Basisweite nicht zu verändern.

Die Kristalloberfläche im Emitterbereich liegt nun frei, alle anderen Bereiche sind mit Oxid maskiert. Eine weitere, stark mit Phosphor dotierte Polysiliziumschicht wird ganzflächig abgeschieden und mit der Maske für den Emitter strukturiert. Darüber wird ganzflächig Phosphor- oder Borphosphorglas aufgebracht, um eine Planarisierung der Oberfläche im Reflow-Verfahren zu ermöglichen. Zur Vermeidung von Diffusions- effekten folgt die ganzflächige Oxidabscheidung bei geringer Temperatur im PECVD- Verfahren (Abb. 13.6).

Während des Reflows bei über 900 °C finden Diffusionsprozesse statt: Bor diffundiert aus dem p^+-Polysilizium in die Basis, Phosphor diffundiert aus dem n^+-Polysilizium ebenfalls in die Basis hinein. Es bilden sich somit selbstjustierend die hochleitenden Basiskontakte, auch der Emitter entsteht selbstjustierend zu den Basisanschlüssen. Justiervorgaben sind nicht erforderlich.

Mithilfe der Kontaktlochmaske lässt sich im Trockenätzverfahren das Oxid über den Anschlussbereichen bis zum Polysilizium der Basis und des Emitters bzw. bis zur hoch dotierten Kollektorepitaxie entfernen. Der Prozess schließt mit der Aluminium- Metallisierung und der Strukturierung der Verdrahtungsebene. In der Abb. 13.7 ist ein Querschnitt des resultierenden npn-Bipolartransistors dargestellt.

Dieser Bipolarprozess mit selbstjustierenden Emitter- und Basiskontakt-Diffusions- gebieten zeichnet sich durch sehr hohe Grenzfrequenzen (> 60 GHz) der Schaltungs- elemente in Verbindung mit einer vergleichsweise hohen Packungsdichte aus. Die typische Fläche des Emitters beträgt nur noch ca. $0,2\,\mu m \times 0,8\,\mu m$.

Eine weitere Steigerung der Grenzfrequenz ist mit einer Basis aus einer heteroepi- taktisch gewachsenen kristallinen Silizium-Germanium Epitaxieschicht möglich, die

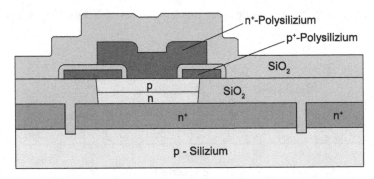

Abb. 13.6 Querschnitt eines npn-Transistors nach Abscheidung des n^+-Polysiliziums für die selbstjustierende Emitterdiffusion und des Zwischenoxids

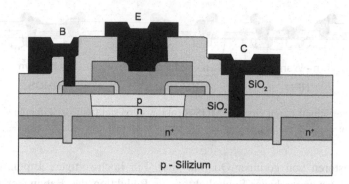

Abb. 13.7 Querschnitt eines Bipolartransistors mit selbstjustierten Basis- und Emitteranschlüssen

mit der Molekularstrahlepitaxie oder über CVD-Verfahren auf einem Siliziumsubstrat abgeschieden wird. Bei einem Germaniumgehalt um 20 % der atomaren Zusammensetzung steigt einerseits die Beweglichkeit der Ladungsträger, zum anderen bewirkt die Germaniumdotierung eine Veränderung der Bandstruktur und ermöglicht darüber eine besonders dünne, sehr hoch dotierte Basis. Entsprechend hergestellte SiGe-Bipolartransistoren erreichen Grenzfrequenzen weit über 100 GHz.

13.4 BiCMOS-Techniken

Viele Anwendungen mikroelektronischer Schaltungen lassen sich wegen der erforderlichen hohen Schaltgeschwindigkeit nicht mit MOS-Transistoren allein realisieren, gleichzeitig scheidet eine Integration in Bipolartechnik aufgrund der begrenzten Packungsdichte aus. Für diese speziellen Anforderungen ist eine Kombination beider Technologien zur BiCMOS-Technik entwickelt worden. Schaltungsteile für hochfrequente Anwendungen oder Ausgangstreiberstufen werden mit Bipolartransistoren aufgebaut, während der Speicher- und Logikbereich hauptsächlich aus MOS-Strukturen besteht.

Ausgehend vom CMOS-Prozess bieten sich sehr einfache npn-Transistoren durch eine ergänzende Implantation zur Erzeugung der p-leitenden Transistorbasis als Erweiterung an. Unter Ausnutzung der n-Wanne des CMOS-Prozesses als Kollektor und der Drain-Source-Dotierung der n-Kanal Transistoren lässt sich die in Abb. 13.8 dargestellte Struktur erzeugen.

Die Dosis und Energie der zusätzlichen Basisimplantation mit Bor bestimmt die Weite der Basis und damit die Verstärkung des Bipolartransistors. Sie lässt sich im CMOS-Prozess nach dem Öffnen der Aktivgebiete lokal einbringen, wobei die MOS-Bereiche mit Fotolack abgedeckt sind.

Aufgrund der geringen Wannendotierung ist jedoch der Kollektorbahnwiderstand der Transistoren mit ca. 1 kΩ sehr hoch, sodass diese mit der MOS-Technik verträglichen

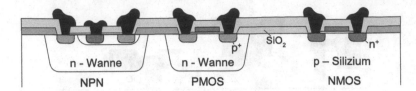

Abb. 13.8 Querschnitt durch eine BiCMOS-Struktur, hergestellt auf der Grundlage der CMOS-Prozessführung

Bipolartransistoren von geringer Qualität sind. Für hochwertigere Bipolartransistoren ist zumindest ein vergrabener Subkollektor zur Reduktion des Bahnwiderstandes notwendig. Dieser lässt sich mithilfe der Epitaxietechnik integrieren, jedoch wächst damit der Herstellungsaufwand beträchtlich.

Alternativ können „Retrograde-well"-Dotierungsprofile – Dotierungsverläufe mit einer hohen Donatorkonzentration in der Tiefe bei schwacher Oberflächenkonzentration – durch eine Hochenergie-Ionenimplantation mit Phosphor (4–10 MeV) zur Wannendotierung erzeugt werden. Es entsteht eine vergrabene hochleitende n^+-Schicht in Verbindung mit einer für die MOS-Transistoren geeigneten Oberflächendotierung. Dieser Konzentrationsverlauf ermöglicht die Verringerung des Kollektorbahnwiderstandes der Bipolartransistoren auf ca. 50 Ω. Gleichzeitig wird der Latchup der CMOS-Komponenten infolge des geringen Wannenwiderstandes vollkommen unterdrückt [3].

Sind hochwertige Bipolartransistoren zur Schaltungsintegration erforderlich, so muss der SBC-Prozess als Basistechnologie um MOS-Transistoren ergänzt werden (Abb. 13.9; [4]). In der schwach n-leitenden Epitaxieschicht lassen sich direkt die p-Kanal MOS-Transistoren integrieren. Dagegen ist die Basisdotierung als Substrat für die NMOS-Transistoren zu hoch eingestellt. Hier ist eine Prozessanpassung erforderlich: da eine Absenkung der Basisdotierung für eine akzeptable Schwellenspannung der n-Kanal Transistoren nicht möglich ist, erhält der NMOS-Transistor eine eigene p-leitende Wanne in der Epitaxieschicht, hergestellt mithilfe der Ionenimplantation von Bor.

Die BiCMOS-Technik ermöglicht damit die Integration von Hochfrequenzschaltungen mit hoher Packungsdichte. Durch die gemeinsame Integration der Bipolar- und MOS-Transistoren auf einem Substrat wächst aber die Anzahl der Maskier- und

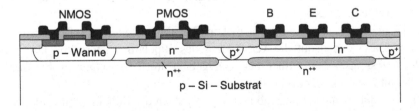

Abb. 13.9 Querschnitt eines BiCMOS-Prozesses auf der Basis der SBC-Technik

Dotierschritte stark an. Sie führt zu einer verringerten Ausbeute an funktionsfähigen Bauelementen, da die Wahrscheinlichkeit für das Auftreten eines Defektes in einer Schaltung mit der Anzahl der Prozessschritte steigt.

13.5 Aufgaben zur Bipolartechnologie

Aufgabe 13.1
Im SBC-Prozess lassen sich auch pnp-Transistoren integrieren. Zeichnen Sie jeweils den Technologiequerschnitt der möglichen Bauformen und nennen Sie deren speziellen Eigenschaften!

Aufgabe 13.2
Im SBC-Prozess wird die p-leitende Basis nach einer Belegung mit $1 \times 10^{16}\,\mathrm{cm^{-2}}$ für 6 h bei 1100 °C eindiffundiert (Substratdotierung $N_D = 2 \times 10^{14}\,\mathrm{cm^{-3}}$). Anschließend folgt die Eindiffusion von Phosphor nach einer Belegung mit $1 \times 10^{17}\,\mathrm{cm^{-2}}$ für 20 min bei 1020 °C.

Wie groß ist die effektive Basisweite des Bipolartransistors unter der vereinfachenden Annahme, dass die Phosphordiffusion keine Auswirkungen auf das Borprofil hat? Welche verfälschende Wirkung hat diese Näherung?

Aufgabe 13.3
Dimensionieren Sie einen Widerstand von 150 Ω, der aus der n-leitenden Epitaxieschicht des Bipolarprozesses ($d_{Epi} = 2\,\mu\mathrm{m}$, $N_{D,\,Epi} = 1 \times 10^{16}\,\mathrm{cm^{-3}}$) hergestellt werden soll. Lässt sich dieses Element reproduzierbar herstellen?

Literatur

1. Ruge, I., Mader, H.: Halbleiter-Technologie, S. 232 ff. Springer, Berlin (1991)
2. Sze, S.M.: VLSI Technology, S. 499–502. Mc Graw-Hill, New York (1991)
3. Hilleringmann, U.: Mikrosystemtechnik auf Silizium, S. 181–188. Teubner, Stuttgart (1995)
4. Chen, W.-K.: The VLSI Handbook, S. 2–17 ff. CRC Press, Boca Raton (2000)

Montage integrierter Schaltungen 14

Nach Abschluss des Prozesses zur Integration der MOS- oder Bipolar-Schaltungen stehen die getesteten Chips auf Scheibenebene funktionsbereit zur Verfügung. Für ihre Anwendung ist zusätzlich eine gegen äußere Einflüsse schützende Kapselung durch ein Gehäuse notwendig. Gleichzeitig muss die genormte Gehäusebauform dem Anwender ein makroskopisch zugängliches elektrisches Anschlussraster zur Verfügung stellen. Diese Anforderungen werden mithilfe der Montagetechnik erfüllt, die folgende Funktionen und Aufgaben übernimmt:

- Bereitstellen einer mechanisch definierten Gehäusebauform, die für das automatische Bestücken von Platinen gut geeignet ist;
- Auffächern des feinen elektrischen Anschlussrasters auf dem Chip zu einem dem Anwender zugänglichen Anschlussraster;
- Herstellen der elektrischen Verbindung zwischen den Anschlüssen der Halbleiterschaltung und den Innenanschlüssen des Gehäuses;
- Abführen und Verteilen der Verlustwärme der Halbleiterschaltung;
- Schutz gegen Umwelteinflüsse und mechanische Beschädigungen.

Die Bedeutung der Montagetechnik lässt sich am stetig wachsenden weltweiten Verbrauch an integrierten Schaltungen verdeutlichen [1]: von 26 Mrd. Stück im Jahr 1985 stieg der Verbrauch 1992 auf etwa 450 Mrd. Stück; bei einer durchschnittlichen Anzahl von 28 Pins pro Gehäuse ergeben sich insgesamt über 12 Billionen Verbindungen allein zwischen Gehäusen und Platinen.

© Springer Fachmedien Wiesbaden GmbH, ein Teil von Springer Nature 2023
U. Hilleringmann, *Silizium-Halbleitertechnologie*,
https://doi.org/10.1007/978-3-658-42378-0_14

14.1   Vorbereitung der Scheiben zur Montage

Nachdem der Wafer den Bereich der reinen Halbleiter-Prozesstechnik verlassen hat, weist die Vorderseite der Scheibe eine passivierte Oberfläche mit freiliegenden Aluminiumflächen zur Kontaktierung auf. Dagegen befindet sich die Rückseite infolge der Abscheide- und Ätzprozesse noch in einem elektrisch und mechanisch weitgehend undefinierten Zustand, sodass vor der Montage weitere chemische oder mechanische Bearbeitungsschritte notwendig sind.

14.1.1 Verringerung der Scheibendicke

Die Scheibenrückseite muss elektrisch kontaktierbar sein, um über den Substratkontakt Ladungsträger abführen zu können. Ein guter thermischer Kontakt der Chiprückseite zum Gehäuse ist für die Abfuhr der Verlustleistung erforderlich. Obwohl die Wärmeleitfähigkeit von Silizium recht hoch ist, bietet eine dünnere Scheibe einen geringeren thermischen Widerstand. Folglich ist es sinnvoll, die Scheibendicke vor dem Zerlegen der Scheibe in die einzelnen Chips zu verringern. Gleichzeitig werden damit störende pn-Übergänge und Oxidschichten von der Scheibenrückseite entfernt; auch der Aufwand beim Trennprozess zur Chipvereinzelung sinkt.

Zur Reduktion der Scheibendicke bieten sich die Läpptechnik, das nasschemische Ätzen und das Schleifen der Scheibenrückseite an. Beim Läppen wird die Schaltungsseite der Scheiben mit Wachs auf den Halter eines Läppgerätes geklebt, sodass ihre Rückseite auf der Läppscheibe gleitet. Als Läppmittel dient Siliziumkarbid- (SiC) oder Aluminiumoxid- (Al_2O_3) Pulver, das mit Wachs vermischt wird. Der Aufbau der Anlage entspricht dem Gerät zur Scheibenherstellung (vgl. Abschn. 2.4.2.1). Damit lässt sich die Scheibendicke auf ca. 250 μm reduzieren.

Alternativ ist ein Abtragen der Scheibenrückseite durch nasschemische Ätzlösungen möglich, wobei Lack oder Wachs die strukturierte Oberfläche maskiert. Verdünnte Mischungen aus Fluss- und Salpetersäure ermöglichen Ätzraten von 1–2 μm/min. Dieser Ätzprozess wird auch zum Entfernen der Kristallstörungen im Anschluss an den o. a. Läppprozess durchgeführt.

Ein weit verbreitetes Verfahren ist das Schleifen zur Verringerung der Dicke der Siliziumscheiben. Rotierende, diamantbestückte Schleifscheiben tragen störende dielektrische Schichten sowie das einkristalline Material im Grobschliff mit hoher Rate von der Rückseite des Wafers ab. Im anschließenden Feinschliff entsteht eine Oberfläche mit einer Rauigkeit von unter 100 nm bei einer Dickentoleranz der Scheibe von ± 3 μm. Die Tiefe der Kristallschädigung beträgt nach dem Feinschliff nur wenige Mikrometer. Die Scheibendicke lässt sich mit diesem Verfahren auf ca. 50 μm reduzieren. Damit steht eine ausreichend dünne Siliziumscheibe mit definierter Rückseite für die weitere Bearbeitung zur Verfügung.

14.1.2 Rückseitenmetallisierung

Die Rückseitenmetallisierung muss einen elektrisch niederohmigen, thermisch hochleitenden und mechanisch stabilen Kontakt zum Gehäuse sicherstellen. Dazu ist eine gute Haftung des verwendeten Metalls auf dem Silizium notwendig, auch muss es eine feste Verbindung mit den Klebe- oder Lötmitteln zur Chipbefestigung eingehen.

Ein Metall allein kann nicht alle gestellten Forderungen erfüllen; z. B. erfordert die elektrische Kontaktierung der Scheibenrückseite für einen geringen ohmschen Übergangswiderstand – vergleichbar zum Kontakt innerhalb der mikroelektronischen Schaltungen – ein in der Austrittsarbeit angepasstes Metall. Folglich unterscheiden sich die Rückseitenmetallisierungen von p- und n-leitenden Siliziumscheiben, um pn-Übergänge mit Schottky-Charakteristik zu vermeiden.

Geeignet sind Mehrschichtsysteme aus Haft-, Zwischen-, und Deckschicht. Die Haftschicht sorgt neben der mechanischen Festigkeit für einen möglichst geringen elektrischen Übergangswiderstand zwischen dem Halbleiter und dem Metall. Die Zwischenschicht verhindert eine Legierungsbildung zwischen der Haft- und der Deckschicht, damit durch Legieren keine intermetallische Verbindung entsteht, die negativen Einfluss auf die elektrische Leitfähigkeit oder mechanische Festigkeit haben kann. Die Deckschicht stellt die Verbindung zur Umwelt her und muss deshalb dem vorgesehenen Befestigungsverfahren angepasst sein.

Ein Beispiel für eine Rückseitenmetallisierung in Mehrschichtenaufbau ist das System Aluminium/Titan/Silber für p-leitende Siliziumscheiben. Diese Schichten werden jeweils in einer Dicke von ca. $0,5\,\mu m$ aufgedampft oder aufgesputtert. Bei n-leitenden Wafern wird dagegen auf einen mehrlagigen Aufbau verzichtet, sondern nur eine Schicht aus einer Antimon/Gold Legierung eingesetzt.

14.1.3 Trennen der Chips

Die einzelnen Chips eines Wafers sind durch einen umlaufenden Ritzrahmen von $50\text{--}100\,\mu m$ Breite voneinander abgegrenzt. Innerhalb des Ritzrahmens befinden sich keine Schaltungsteile, da dieser Bereich zum Zerlegen der Wafer zerstört wird. Um einerseits Schaltungsfläche zu sparen, zum anderen aber auch dem Anwender den Zugriff auf die Parameter der einzelnen integrierten Schaltungselemente der Chips zu verwehren, befinden sich häufig die Teststrukturen zur Parametererfassung in diesen Bereichen. Während der Vereinzelung der Chips durch Ritzen, Trennschleifen oder Lasertrennen werden die Teststrukturen unwiderruflich zerstört, sodass jeder weitere Zugriff auf diese Elemente sicher unterbunden ist.

14.1.3.1 Ritzen

Beim Ritzen erzeugt eine Diamantspitze, die unter leichtem Druck in der Ritzrahmenmitte entlanggeführt wird, einen Kratzer in Form einer Vertiefung von einigen

Mikrometern in der Scheibenoberfläche. Aufgrund der mechanischen Beschädigung des Kristalls entstehen Gitterspannungen, sodass der Kristall bereits bei geringer mechanischer Belastung entlang der Ritzlinie zerbricht.

Zur Anwendung dieses Vereinzelungsverfahrens muss die Siliziumoberfläche im Ritzrahmen freiliegen, denn bereits Oxiddicken von weniger als 100 nm führen zur Zerstörung der Diamantspitze. Ausreichende Gitterverspannungen entstehen jedoch nur bei geeigneter Wahl der Ritzparameter: der Anstellwinkel, der Andruck des Diamanten sowie die Ritzgeschwindigkeit müssen aneinander angepasst sein.

Die beim mechanischen Ritzen entstehenden Defektzonen lassen sich als maßgebende Linien zum vollständigen Trennen der einzelnen Chips beim anschließenden Brechen nutzen. Dabei wird die auf einer selbstklebenden Folie haftende Scheibe über eine Kante gezogen bzw. mit geringem Druck gegen eine gewölbte konvexe Fläche gepresst, sodass die Scheibe in einzelne Chips zerbricht.

Das Ritzen der Scheiben ist heute nicht mehr gebräuchlich, da aufgrund der größeren Scheibendurchmesser auch die Scheibendicke zugenommen hat und damit das gezielte Brechen erschwert ist. Außerdem bricht der Siliziumkristall bevorzugt entlang der 100-Ebenen, sodass bei geringfügiger Fehlausrichtung der Chips zur Scheibenorientierung die Bruchlinie von der Ritzlinie abweichen und durch eine Schaltung verlaufen kann.

Bei großflächigen Schaltungen tritt zusätzlich die Gefahr einer Beschädigung der Chips durch das Andrücken an die gewölbte Fläche auf. Dies hat dazu geführt, dass die Ritztechnik nur bis zu einer Scheibendicke von ca. 375 μm (entsprechend 3″-Scheibendurchmesser) verwendet wurde.

14.1.3.2 Lasertrennen

Bei Anwendung des Lasertrennverfahrens erhitzt ein intensiver, stark fokussierter Laserstrahl mit ca. 1 μm Wellenlänge das Halbleitermaterial entlang des Ritzrahmens. Da Silizium das IR-Licht bei dieser Wellenlänge nur schwach absorbiert, dringt der Strahl ungefähr 100–200 μm in den Kristall ein und schmilzt das Material kurzzeitig auf. Infolge des großen Temperaturgradienten zum umgebenden Silizium rekristallisiert es beim Erstarren zu polykristallinem Silizium.

Daraus resultieren große mechanische Spannungen im Ritzrahmen zwischen den Chips, die sich wie beim Ritzen der Scheiben zur Vereinzelung der Schaltungen nutzen lassen. Das endgültige Zerlegen der Scheibe durch Brechen erfolgt auch bei dieser Technik durch Andruck des laserbehandelten Wafers gegen eine gewölbte Oberfläche.

Das Lasertrennverfahren lässt sich aufgrund der hohen Eindringtiefe des infraroten Lichtes auch für größere Scheibendicken einsetzen als die Ritztechnik, es liefert aber nur eine begrenzte Bruchkantenqualität. Auch hier können – resultierend aus einer fehlerbehafteten Ausrichtung der Chipränder bzw. Laser-Scanrichtung zur Kristallorientierung – Abweichungen zwischen den Trenn- und Bruchlinien auftreten, sodass eine Beschädigung der integrierten Schaltungen möglich ist. Die Scangeschwindigkeit des Lasertrennverfahrens ist im Vergleich zur Ritztechnik hoch.

14.1.3.3 Sägen/Trennschleifen

Das heute nahezu ausschließlich angewandte Trennverfahren zur Chipvereinzelung ist das Sägen oder Trennschleifen [2]. Als Werkzeug dient eine diamantbeschichtete Schleifscheibe von ca. 25 μm Dicke, die mit hoher Drehzahl (30.000 U/min) entlang des Ritzrahmens der über einen Positioniertisch ausgerichteten Scheibe geführt wird. Die hohe Drehzahl bewirkt infolge der Zentrifugalkraft eine Stabilisierung des sehr dünnen Sägeblatts und führt damit zu sauberen, exakt parallel zur Chipkante verlaufenden Schnittlinie.

Zum Sägen werden die Wafer auf eine selbsthaftende Folie („Blue-Tape") definierter Dicke geklebt, damit die Position der Chips und damit deren Lage auf der Scheibe nicht verloren geht. Anschließend erfolgt das Trennschleifen, wobei ein teilweises Durchtrennen bis auf eine Restdicke oder das vollständige Durchsägen des Wafers möglich ist. Im letzteren Fall wird einige Mikrometer tief in die Folie hineingesägt, um das sichere Durchschneiden der gesamten Scheibendicke zu gewährleisten.

Im Gegensatz zum Ritzen und Lasertrennen wirkt das Trennschleifen unabhängig von der Kristallorientierung, auch darf die Oberfläche der Scheibe mit Oxid oder Nitrid beschichtet sein. Zur Kühlung der Schleifscheibe fließt kontinuierlich Wasser über den Wafer, dieses entfernt gleichzeitig den Sägestaub.

Die Kantenqualität der ausgesägten Chips hängt davon ab, ob der Wafer nur bis auf eine Restdicke angesägt oder ganz durchtrennt wird. Im ersten Fall ist die Scheibe noch vorsichtig handhabbar, jedoch liefert dieses Vorgehen beim späteren Zerbrechen zu Einzelchips gestörte, raue Bruchkanten im Bereich des Restsiliziums. Ausgehend vom Ritzrahmen reichen die durch den Schnitt entstehenden Kristallfehler bis zu 100 μm in den Chip hinein, deshalb sollte der Randbereich von aktiven Elementen freigehalten werden.

14.2 Schaltungsmontage

Nach dem Zerlegen der Siliziumscheibe liegen die Chips wohlgeordnet und in definierter Größe auf der selbstklebenden Folie vor, wobei die Positionen der im Funktionstest durchgefallenen Elemente bekannt oder durch einen Farbklecks gekennzeichnet sind. Die einwandfreien Chips müssen nun von der Folie entnommen, auf einem Substrat (das Substrat ist in der Montagetechnik der Träger zur Befestigung des Chips) befestigt und mit leitenden Verbindungen kontaktiert werden. Substrate können metallische Systemträger, vorgefertigte Gehäuseböden, Schichtschaltungen oder Leiterplatten sein.

14.2.1 Substrate/Systemträger

Die Systemträger für mikroelektronische Schaltungen müssen eine hohe Wärmeleitfähigkeit zum Abführen der Verlustleistung der integrierten Bauelemente aufweisen sowie mechanisch stabil und im thermischen Ausdehnungskoeffizienten dem Silizium angepasst sein. Auch der Preis darf bei einem Verbrauch von ca. 2 kg Metall für 1000 Gehäuse nicht vernachlässigt werden.

Aufgrund der hohen thermischen Leitfähigkeit sind Kupfer und Kupferlegierungen für Schaltungen mit großer Verlustleistung besonders geeignet, obwohl die thermischen Ausdehnungskoeffizienten nicht mit denen der Siliziumchips übereinstimmen. Weitgehend angepasst sind die teuren, thermisch um den Faktor 10–20 schwächer leitenden Eisenlegierungen mit Nickel und Kobalt. Folglich wird für großflächige Schaltungen mit mäßiger Verlustleistung eine Eisenlegierung verwendet, für Leistungselemente dagegen ein Systemträger aus Kupfer gewählt.

Die Herstellung der Systemträger erfolgt durch Stanzen aus einem in Rollenform vorliegenden Metallblech; sein typischer Aufbau für ein Dual-In-Line-Gehäuse (DIL) ist in Abb. 14.1 dargestellt. Im Zentrum des Systemträgers liegt die zum Ausgleich des Höhenunterschiedes zwischen der Chipoberfläche und den Trägeranschlüssen häufig tiefgeprägte Insel zur Aufnahme des Siliziumchips (a). Um die Insel herum sind die Kontaktenden der Anschlussfinger (b) angeordnet. Die Stege zwischen den Anschlussfingern (c) sorgen für die Stabilität des Verbundes; sie werden bei der Endbearbeitung nach dem Umpressen mit Kunststoff weggeschnitten. Die Querschnittsverringerung am Anschlussende (d) soll das sichere Einführen der Pins in die Löcher der Leiterplatte – insbesondere beim automatischen Bestücken – ermöglichen. Die Enden der Pins sind einerseits zum Schutz vor mechanischem Verbiegen, andererseits auch als Kurzschluss aller Kontakte gegen Schäden durch elektrostatische Effekte, miteinander verbunden.

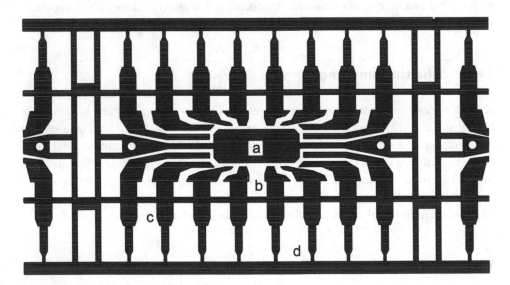

Abb. 14.1 Bauform eines gestanzten Systemträgers für ein DIL-Gehäuse mit 16 Anschlüssen

Die Oberflächen der Systemträger sind häufig vergoldet, um eine gegenüber Korrosion unanfällige gute Löt- und Bondbarkeit zu erzielen. Eine mögliche Legierungs-bildung zwischen der Goldauflage und einem kupfernen Systemträger bei den in der Montagetechnik auftretenden Bearbeitungstemperaturen von 300–400 °C lässt sich durch eine dünne Zwischenschicht aus Kobalt oder Nickel unterbinden.

Alternativ zu den metallischen Systemträgern bieten sich Gehäuseböden zur Chip-montage an. Bis auf das Aufbringen eines Deckels sind diese Keramik- oder Kunst-stoffböden komplett vorgefertigt, d. h. sie beinhalten bereits eine zum metallischen Systemträger vergleichbare Struktur zur Aufnahme des Chips.

Die teuren Keramikböden ermöglichen eine hermetische Kapselung der Chips mit einer porenfreien Verbindung zwischen dem mehrlagigen Gehäuse und den Metallpins. Durch Verschmelzen der Metallstruktur mit Glasloten werden die einzelnen Bauteile der Keramiksubstrate zusammenlaminiert, sodass der Innenraum gasdicht versiegelt ist. Keramikböden finden ihre Anwendungen u. a. auf den Gebieten der Luft- und Raumfahrt sowie in der Kommunikationstechnik. Typische Bauformen sind Flachgehäuse („Flat Packages"), Dual-In-Line-(DIL-) und Stiftgehäuse („Pin-Packages") oder mehrlagige Chipcarrier mit Anschlüssen an allen vier Gehäuseseiten.

Für viele im Verkaufspreis sensitive Anwendungen reichen Kunststoffböden als Gehäuse aus. Sie bieten einen erheblichen Preisvorteil, denn sie lassen sich in Spritz-gusstechnik kostengünstig herstellen. Jedoch umschließt der Kunststoff die metallischen Systemträger nicht porenfrei, sodass diese Gehäuse nicht in feuchten oder gar korrosiven Umgebungen eingesetzt werden können. Infolge der schlechten Wärmeleitfähigkeit der Kunststoffe sind die Gehäuse nicht für Schaltungen mit hoher Verlustleistung geeignet.

Bei der Nacktchipmontage verwendet der Anwender ungekapselte passivierte Chips, die direkt nach dem Funktionstest bzw. Trennen auf einen Träger geklebt oder gelötet werden. Diese Technik reduziert die Kosten, senkt den Flächenbedarf und verbessert die dynamischen Eigenschaften einer Schaltung durch Reduktion der Verbindungslänge. Sie wird z. B. bei Uhrenschaltkreisen und in der Hybridtechnik angewandt. Die Montage der Chips erfolgt dabei auf Dickschicht- oder Dünnfilm-Schaltungen sowie direkt auf Leiter-platten.

Typische Dickschicht-Schaltungen bestehen aus 96 %-iger Al_2O_3-Keramik als Substrat. Durch ein Siebdruckverfahren mit nachfolgendem Einbrand bei 800–950 °C werden darauf Leiterbahnen, Widerstandsnetzwerke, Anschlussflecken zur Draht-kontaktierung und – bei mehrlagigen Dickschichtschaltungen – Isolationsschichten her-gestellt.

Dünnfilm-Schaltungen als Träger für integrierte Schaltungen bestehen aus Keramiken höherer Güte oder aus Glas. Im Vakuum werden darauf die jeweiligen Schichten für Widerstände, Dielektrika und Leiterbahnen abgeschieden und fotolithografisch strukturiert. Dabei lassen sich auch integrierte Kondensatoren herstellen. Bei beiden Realisierungsformen der Schichtschaltungen führen die Leiterbahnen direkt bis zu den Bondflächen neben dem metallisierten Platz zur Befestigung des ungekapselten Chips.

In zunehmendem Maße werden die Chips auch direkt auf einfachen Leiterplatten montiert. Diese Technik ermöglicht wegen ihrer hohen Platzersparnis eine kostengünstige Platinenherstellung, jedoch treten wegen der begrenzten Temperaturfestigkeit des Platinenmaterials Einschränkungen bezüglich der Befestigungstechniken auf.

Ein gravierender Nachteil der Nacktchipmontage ist – unabhängig vom verwendeten Substrat – die unzureichende Testbarkeit der Chips vor der Verdrahtung. Zwar lassen sich die integrierten Schaltungen vor dem Zerlegen der Scheiben über Nadelkarten testen, jedoch können nicht immer alle notwendigen Parameter, z. B. die Hochfrequenzeigenschaften, erfasst werden. Auch die durch das Sägen der Wafer entstehenden Ausfälle bleiben unberücksichtigt, sodass zum Teil defekte Schaltungen eingebaut werden.

14.2.2 Befestigungstechniken

Die Befestigung der Chips auf den Substraten erfolgt – entsprechend den jeweiligen Anforderungen – durch Kleben, Löten oder Legieren in automatischen Bestückungsanlagen („Die-Bonder"). Dabei drückt eine Nadel von der Rückseite her gegen den auf der selbstklebenden Folie haftenden ausgesägten Chip, sodass dieser mit einer Vakuumpinzette aufgenommen, mit Kleber benetzt und auf dem Systemträger positioniert und angepresst werden kann. Dem Die-Bonder werden die Positionsdaten der einwandfreien Chips, ermittelt aus dem automatischen Funktionstest auf Waferebene, zugeführt, damit nur als fehlerlos erkannte Schaltungen zur Weiterverarbeitung gelangen.

14.2.2.1 Kleben

Zum Einkleben der integrierten Schaltungen in die Gehäuse werden alkaliionenfreie Epoxid-Kunstharze in Form von Ein- oder Zwei-Komponentenklebern verwendet, die im Temperaturbereich von Raumtemperatur bis zu 150 °C aushärten. Die Komponenten des Klebers sind stark mit Silber versetzt, um eine hohe elektrische Leitfähigkeit des ursprünglich isolierenden Materials zu erreichen. Der Silberzusatz verbessert auch die thermische Leitfähigkeit zum Abführen der Verlustleistung, jedoch ist der thermische Leitwert trotz der hohen Silberkonzentration von bis zu 80 Gewichtsprozent im Vergleich zu den anderen Befestigungsverfahren niedrig.

Die zu verklebenden Oberflächen müssen frei von Verunreinigungen sein, spezielle Metallisierungen sind für eine Epoxydharzklebung nicht erforderlich. Das Aushärten findet bei erhöhter Temperatur zwischen 80 und 130 °C im Umluft- oder Durchlaufofen statt. Dabei bildet sich eine zwar feste, jedoch keinesfalls starre Verbindung, die mögliche mechanische Spannungen zwischen dem Chip und dem Systemträger auch bei großen Schaltungsflächen aufnehmen kann.

Die Epoxyklebung ist das gebräuchlichste Verfahren zur Befestigung von Chips mit geringer bis mäßiger Verlustleistung, obwohl der Silberzusatz zu hohen Materialkosten führt. Das Verfahren bietet aber eine robuste und schnelle Befestigung der Chips. Aufgrund der maximalen thermischen Beständigkeit der Harze ist die Temperaturbelastbarkeit nach dem Einkleben der Chips auf maximal 220 °C – kurzzeitig auch bis 300 °C – begrenzt.

14.2.2.2 Löten

Eine kostengünstige Befestigungstechnik ist das Löten der Chips auf die Systemträger mit niedrigschmelzenden Loten aus Blei-Silber-Zinn- oder bleifrei aus Cu-Ag-Zn- Legierungen. Das Löten liefert eine mechanisch stabile, elektrisch und thermisch gut leitende Verbindung, die – je nach Typ und Dicke der Lotschicht – im begrenzten Maße auch mechanische Spannungen zwischen dem Chip und dem Systemträger kompensieren kann. Dazu sind Lotdicken von über 50 μm erforderlich.

Zur Anwendung dieses Verfahrens müssen die Scheibenrückseite und das Gehäuse lötfähige Oberflächen aufweisen; eine Rückseitenmetallisierung aus Aluminium ist folglich ungeeignet. Hier werden auf die Kontaktschichten aus Aluminium zusätzliche Schichten aus Nickel und Silber aufgebracht. Gold-Antimon-Legierungen sind dagegen direkt lötbar. Der lötfähige Systemträger weist eine vernickelte oder vergoldete Oberfläche auf.

Die Schmelztemperaturen der Lote liegen in Abhängigkeit von ihrer Zusammensetzung im Bereich von 180–300 °C; diese Temperatur darf bei der Herstellung der elektrischen Verbindungen und bei der Kapselung nicht mehr überschritten werden. Für die automatische Bestückung der Systemträger liegt das Lot als Plättchen vor. Es wird zwischen Chip und Systemträger gelegt und unter leichtem Andruck in Schutzgasatmosphäre aufgeschmolzen.

14.2.2.3 Legieren

Anstelle eines Lötschrittes lässt sich durch Legieren eine mechanisch sehr starre, elektrisch und thermisch hochleitende Verbindung zwischen dem Chip und dem Systemträger herstellen. Das Legieren der Chips auf die vergoldeten Substrate erfordert eine hohe Temperatur von etwa 420 °C zur Reaktion; dies ist für die bereits metallisierten Schaltungen die Belastbarkeitsgrenze. Zur Legierungsbildung eignet sich speziell das Element Gold, es weist im Phasendiagramm mit Silizium ein Eutektikum bei 370 °C auf.

Um eine feste Verbindung mit dem Silizium zu erzeugen, wird der Chip unter leichtem Druck bei einer Temperatur oberhalb des Eutektikums auf dem vergoldeten Systemträger angerieben. Dabei bildet sich die Gold-Silizium-Legierung aus, bis das gesamte Gold aufgebraucht ist. Beim Abkühlen entsteht eine mechanisch sehr feste, allerdings recht spröde Verbindung.

Das Legierungsverfahren führt nicht nur zu einer hohen thermischen Belastung der integrierten Schaltung während der Befestigung, es schränkt auch die Wahl der Gehäuseböden und Systemträgermaterialien ein. Kupferlegierungen werden bereits bei 400 °C spröde, sodass die Anforderungen an die Biegefestigkeit der Pins nicht mehr erfüllt werden können. Kunststoffböden sind in diesem Temperaturbereich völlig ungeeignet, nur keramische Gehäuseböden und Systemträger aus Eisenlegierungen genügen den Anforderungen.

Nachteilig ist neben der hohen Prozesstemperatur die starre Verbindung zwischen dem Chip und dem Gehäuse: mechanische Spannungen durch unterschiedliche Ausdehnungskoeffizienten können zum Riss des Siliziumchips und damit zur Zerstörung der Schaltung führen. Deshalb wird das Legieren als Verbindungstechnik zwischen Chip und Systemträger nur bei sehr hohen Verlustleistungen in Verbindung mit kleinen Siliziumflächen angewendet.

14.3 Kontaktierverfahren

Die Techniken zur Herstellung der elektrischen Verbindungen zwischen den Anschlusspads der Chips und den Gehäusekontakten lassen sich in Einzeldraht- und Komplettverfahren unterteilen, wobei die Einzeldrahttechniken auch 2018 noch eine große Verbreitung aufweisen. Mit zunehmender Kontaktzahl überwiegen aber die Vorteile der Komplettkontaktierungsverfahren; diese Techniken gewinnen stetig zunehmend an Bedeutung.

14.3.1 Einzeldraht-Kontaktierung (Bonding)

Die Einzeldrahtverfahren nutzen Gold- oder Aluminiumdrähte von 25–200 µm Durchmesser als elektrische Verbindungen vom Aluminiumpad auf dem Chip zum meist vergoldeten Gehäuseanschluss, wobei die Drahtverbindungen in einem seriellen Prozess durch „Bonden" hergestellt werden. Die Bondverfahren lassen sich bei zahlreichen Substratmaterialien anwenden, sie sind äußerst zuverlässig, dabei hochgradig automatisierbar und folglich selbst bei vielen Kontakten pro Schaltung noch wirtschaftlich.

Zur Einzeldrahtkontaktierung stehen das Thermokompressionsverfahren, das Ultraschall- oder Wedge-Bonden und das Thermosonicverfahren zur Verfügung, die sich im Wesentlichen nur in der Art der Energiezufuhr zur Herstellung der Metall/Metall-Verbindungen unterscheiden. Sie nutzen entweder Gold oder Aluminium als Drahtmaterialien; die thermische Belastung der mikroelektronischen Schaltungen während der Verdrahtung ist jedoch stark unterschiedlich.

14.3.1.1 Thermokompressionsverfahren

Das Thermokompressionsverfahren, auch Ball-Bonding genannt, nutzt zur Verbindung des Bonddrahtes aus Gold mit dem Aluminiumpad der Schaltung bzw. dem Systemträgerkontakt thermische Energie und Druck. An der Grenzfläche Draht/Bondpad entstehen durch intermetallische Diffusion atomare Bindungskräfte, die zum Verschweißen der Werkstoffe führen, wobei keine flüssige Phase durchlaufen wird.

Die Bondverbindung besteht aus einem ersten Bond auf dem Pad des Chips und einem zweiten Bond auf dem Gehäuseanschluss. Um den aus der radialsymmetrischen Bondkapillare herausragenden Draht am Ende zu einer Kugel aufzuschmelzen, erfolgt eine Kondensatorentladung zum Drahtende hin. Die zugeführte Energie schmilzt den Golddraht auf; infolge der Oberflächenspannung zieht sich die Schmelze zu einer Kugel (engl. „ball") zusammen. Als Wärmequelle kann auch eine Wasserstoffflamme dienen, die unter das Bondwerkzeug geschwenkt wird und dort das Drahtende aufschmilzt.

Das auf ca. 350 °C geheizte Bondwerkzeug drückt die Kugel im zweiten Schritt auf das Pad des Chips. In einem Zeitraum von ca. 60 ms wirkt eine Kraft von etwa 0,5–2 N auf die Kontaktstelle ein. Der Golddraht verbindet sich dabei mit dem Aluminiumpad; die Kugel verformt sich während des Bonds infolge des Druckes zum Nagelkopf („Nailhead"). Damit ist der chipseitige Kontakt fertig gestellt (Abb. 14.2).

Um den Draht nicht direkt über dem Nagelkopf abzuknicken, wird das Bondwerkzeug in einem Bogen („Loop") zum zweiten Anschluss auf dem Systemträger geführt und dort erneut angepresst. Dabei verformt der Rand der Bondkapillare den Draht zum „Stitch" oder „Wedge", durch Druck und Temperatur entsteht erneut eine Schweißverbindung. Gleichzeitig bildet sich unterhalb der Bondkapillare eine Einschnürung im Draht als Sollbruchstelle.

An der abgequetschten Schwachstelle reißt der Bonddraht beim Abheben des Bondwerkzeuges, es beginnt ein neuer Kontaktierzyklus. Der gesamte Ablauf des Bondvorganges ist schematisch in Abb. 14.3 dargestellt. Da das Bondwerkzeug radialsymmetrisch ausgelegt ist, lässt sich der Bonddraht nach dem ersten Bond in beliebiger Richtung bewegen. Folglich entfällt die Positionierung des Chips zum Bondwerkzeug, wie es beim Ultraschallverfahren notwendig ist.

Das Thermokompressionsverfahren nutzt ausschließlich Golddraht, weil die Kugelbildung bei anderen Materialien nicht reproduzierbar möglich ist. Aluminiumdraht oxidiert bei der erforderlichen starken Erhitzung und wird spröde, andere Materialien weisen eine zu geringe Oberflächenspannung auf oder erfordern höhere Temperaturen beim Bonden. Diese sind aufgrund der begrenzten thermischen Stabilität der Metallisierungsebene auf dem Chip nicht zulässig (Tab. 14.1).

Wesentlich für langzeitstabile Kontaktierungen mit dem Thermokompressionsverfahren ist eine präzise Temperatureinstellung für das Bondwerkzeug, damit das

Abb. 14.2 REM-Aufnahme einer Thermokompressionsverbindung mit Nailhead und Stitch

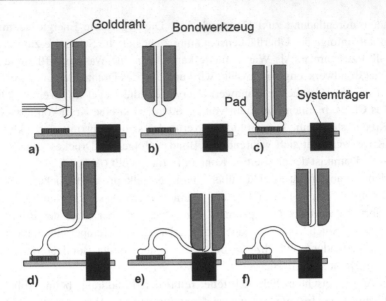

Abb. 14.3 Kontaktieren nach dem Thermokompressionsverfahren: **a + b** Kugelerzeugung, **c** Bond mit Nailhead, **d + e** Loop, **f** Stitch-Verbindung mit Abquetschen des Bonddrahtes

Tab. 14.1 Daten des Thermo-kompressionsverfahrens		
Temperatur	ca. 350 °C
Drahtstärke	ca. 15–50 μm
Kontaktierungsdauer	ca. 60 ms
Loop-Länge	0,8–2 mm
Bonddraht	Au
Bondpartnermaterial	Al-, Au-, Cu-Pads
Padgröße	$100 \cdot 100$ μm
Abstand Pad – Pad	100–200 μm

Entstehen der spröden Gold/Aluminium-Legierung Al_2Au, wegen ihrer Farbe Purpurpest genannt, verhindert wird. Sie führt schon bei geringer mechanischer Belastung zum Bruch des Drahtes.

14.3.1.2 Ultraschallbonden

Das Ultraschallbonden, auch Wedge-Bonden genannt, ist ein Reibungsschweißverfahren ohne zusätzliche Wärmezufuhr von außen, d. h. es tritt keine thermische Belastung des Chips bzw. des Bondpads während des Bondens auf. Die Verbindungspartner werden über eine Bondnadel, die mit einer Frequenz im Ultraschallbereich bei Auslenkungen um 2 μm schwingt, parallel zueinander gerieben und dabei aufeinandergedrückt.

Reibungswärme und Druck erzeugen die angestrebten Mikroverschweißungen im Kontaktbereich. Diese Methode wird für Gold/Gold-, Gold/Aluminium- und Aluminium/ Aluminium-Verbindungen eingesetzt, wobei der Aluminiumdraht mit Gold, Kupfer oder Silber dotiert ist, um höhere elektrische Belastungen zu ermöglichen und gleichzeitig die Elastizität und Biegefestigkeit zu verbessern.

Das Ultraschallbonden nutzt eine spezielle, mit einer Nase und einer Drahtführungs- kapillare versehene Nadel als Werkzeug. Zum ersten Bond drückt die Nase den Draht auf das Anschlusspad der Schaltung. Durch die Reibung infolge der Ultraschallschwingung der Bondnadel platzt das Oberflächenoxid des Aluminiums sowohl am Pad als auch auf dem Draht auf, und es bildet sich eine Mikroverschweißung. Während das Werkzeug abgehoben und in Drahtrichtung weitergeführt wird, läuft der Bonddraht frei durch die Führungskapillare, sodass nur eine sehr gering Zugbelastung an der Verbindung auftritt (Abb. 14.4).

Auf dem Außenkontakt drückt das Bondwerkzeug den Draht erneut an und stellt durch Ultraschallreibung die zweite Mikroverschweißung her. Beim Abheben des Werk- zeuges wird der Draht hier jedoch nicht freigegeben, folglich reißt er an einer Soll- bruchstelle direkt hinter der Bondverbindung ab. Der Bondvorgang schließt mit einem Drahtvorschub unter die aktive Fläche des Werkzeugs (Abb. 14.5).

Das Ultraschallbonden erfordert keine zusätzliche Erwärmung des Chips bzw. des Werkzeuges, folglich kann sich auch bei Verwendung von Golddraht keine spröde Au/ Al-Legierung auf dem Schaltungspad ausbilden. Die benötigte minimale Padfläche zur Herstellung eines Drahtanschlusses ist aufgrund des kleineren Bondwerkzeuges im Ver-

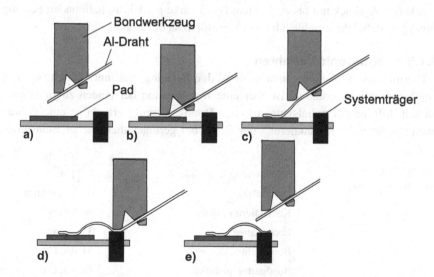

Abb. 14.4 Kontaktieren mit dem Ultraschall-Verfahren: **a** Justieren des Werkzeugs, **b** erster Bond durch Reibungsschweißen, **c** Loop mit freilaufendem Draht, **d** zweiter Bond, **e** Abreißen des Drahts mit anschließendem Vorschub des Drahtendes unter das Werkzeug

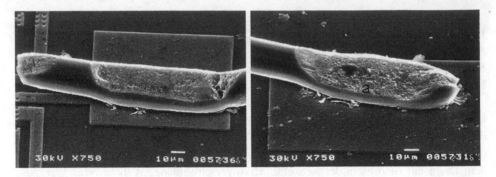

Abb. 14.5 REM-Aufnahme einer Ultraschallverbindung, *links* 1. Bond als Anfang des Loops, *rechts* 2. Bond am Loopende

gleich zum Thermokompressionsverfahren geringer, auch der Abstand zwischen den einzelnen Anschlüssen auf dem Chip kann niedriger ausgelegt werden (Tab. 14.2).

Jedoch ist durch den ersten Bond die Bewegungsrichtung des Werkzeugs bzw. die Ausrichtung des zweiten Bonds vorgegeben. Damit ist für eine allseitige Chipkontaktierung eine Drehung und eine Positionierung des Systemträgers zum Bondwerkzeug erforderlich; diese Justierzeit verlängert die benötigte Zeit zur Herstellung einer kompletten Bondverbindung erheblich und reduziert den Durchsatz beim Ultraschallbonden im Vergleich zum Thermokompressionsverfahren.

Für hohe Stromstärken in Bauelementen der Leistungselektronik setzen die Hersteller zunehmend auch Kupferbonddrähte ein. Diese lassen sich bei erhöhter Leistungszufuhr und stärkerem Andruck mit bis zu 500 µm Drahtstärke per Ultraschallbonden befestigen. Nachteilig ist dabei der erheblich höhere Verschleiß an der Bondnadel.

14.3.1.3 Thermosonic-Verfahren

Das Thermosonic-Verfahren, auch Ball-Wedge-Bonding genannt, ähnelt stark dem Thermokompressionsverfahren, ist aber eine Kombination der beiden zuvor genannten Techniken. Infolge des radialsymmetrischen Bondwerkzeugs erlaubt es eine richtungsunabhängige schnelle Kontaktierung der Chips bei geringer thermischer Belastung des

Tab. 14.2 Daten des Ultraschallverfahrens

Schwingungsamplitude	1–2 µm
Drahtstärke	ca. 15–500 µm
Kontaktierungsdauer	30–90 ms
Loop-Länge	0,5–4 mm
Bonddraht	Al, Au, Cu
Bondpartnermaterial	Al, Au, Cu
Padgröße	70×50 µm
Abstand Pad – Pad	30–150 µm

Substrats. Die benötigte Schweißenergie zur Herstellung der elektrischen Verbindungen wird durch externe Wärmezufuhr über den Substrathalter und das Bondwerkzeug sowie durch Ultraschall eingebracht.

Aufgrund der niedrigen Substrattemperatur von 100–200 °C ist das Verfahren für die Chipkontaktierung auf temperaturempfindlichen Substraten wie Leiterplatten geeignet, auch lassen sich eingeklebte Chips sehr gut mit dem Thermosonic-Verfahren verdrahten. Die benötigte Fläche und die Form der Bondverbindungen entsprechen den Werten des Thermokompressionsverfahrens. Als Bonddraht verwendet man hier Au-Draht, der auf die Substratanschlüsse aus Au, Ag, Al, Ni oder Cu aufgebracht wird.

14.3.2 Komplettkontaktierung

Im Gegensatz zu den seriellen und somit zeitintensiven Einzeldrahtverfahren werden bei der Komplettkontaktierung sämtliche Verbindungen zwischen dem Gehäuse und dem Chip in nur zwei Bondschritten oder sogar in nur einem Temperaturschritt hergestellt. Dazu sind spezielle Verbindungsstrukturen anstelle der Bonddrähte erforderlich, deren individueller Aufbau vom jeweiligen Verfahren abhängt.

14.3.2.1 Spider-Kontaktierung

Beim Spider-Kontaktierverfahren werden alle Anschlüsse des Chips gleichzeitig mit einer vorgefertigten metallischen Feinstruktur („Spider") in einem Bond- oder Lötprozess verbunden. Die Form des Spiders muss der Padanordnung auf der Schaltungsoberfläche entsprechen, sodass aufgrund der Lage der Anschlussfinger des Spiders nur die Kontaktierung einer Schaltungsbauform möglich ist (Abb. 14.6).

Die Spider-Kontaktierung erfordert spezielle Bondhöcker – entweder auf den Anschlusspads der Schaltungen oder auf der vorgefertigten Spider-Struktur –, um den Höhenunterschied zwischen der Aluminiumoberfläche und den Anschlussfingern zu überbrücken (Abb. 14.7). Für die Lötkontaktierung können diese auf dem Chip aus niederschmelzendem Lot (PbSn) oder bei Anwendung der Thermokompressionstechnik aus Kupfer mit einer Golddeckschicht bestehen. Um auf dem Aluminiumpad eine gute Haftung zu gewährleisten, werden Zwischenschichten aus Titan oder Chrom als Diffusionssperre eingesetzt, die mit Kupfer oder Palladium abgedeckt werden.

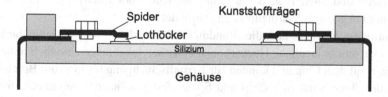

Abb. 14.6 Prinzip der Spider-Kontaktierung mit Lötverbindung

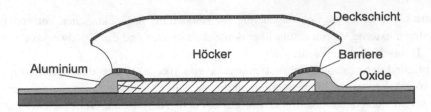

Abb. 14.7 Schematischer Aufbau eines chipseitigen Anschlusshöckers für die Spider-Kontaktierung

Der Spider besteht aus Kupfer, das an den Bondflächen mit Lot beschichtet oder vergoldet ist. Die Bauformen unterscheiden sich in ein- oder mehrlagige Spider. Der einlagige Spider ist eine Ganzmetallstruktur, die aus einem Kupferband von ca. 35 μm Dicke geätzt wird. Als Maskierung dient Fotolack, der beidseitig auf das Metallband aufgebracht und mit der Feinstruktur belichtet wird. Im nasschemischen Ätzschritt entstehen die Spider-Strukturen, die nach dem Entlacken vergoldet oder mit Lot beschichtet werden.

Der mehrlagige Spider nutzt ein Kunststoffband als Träger für die metallische Feinstruktur. Zunächst wird das Band mit Metall bedampft, um eine elektrisch leitfähige Schicht zur Galvanik zu erzeugen. Darauf folgt die Belackung der Metallschicht. Der Fotolack wird mit dem Negativ der Spider-Struktur belichtet, sodass in den Bereichen der Kontaktfinger die Metallschicht freiliegt. Diese wird an den offenen Stellen galvanisch verstärkt.

Nach dem Ablösen des Lackes lässt sich die Startschicht nasschemisch durchätzen und die Kunststoffträgerschicht mit einem Trockenätzverfahren strukturieren. Die Oberflächenvergütung mit Gold erfolgt erneut galvanisch.

Unabhängig von der Herstellungstechnik liegen die Spider in Bandform aneinander gekettet auf einer Rolle vor. Diese werden den Bondautomaten zur Innen- und Außenkontaktierung zugeführt. Infolgedessen nennt sich dieses Verfahren auch TAB („Tape Automated Bonding").

Zur Herstellung der elektrischen Kontakte vom Chip zum Gehäuse, der Innenkontaktierung, wird der Spider zunächst innen über die Anschlusshöcker mit den Pads der Schaltung verbunden. Dazu drückt ein beheizter Stempel gleichzeitig alle Anschlussfinger des Spiders auf die Pads. Für eine Thermokompressionsverbindung beträgt die Stempeltemperatur ca. 550 °C, für die Lötverbindung ca. 300 °C. Diese recht hohen Temperaturen sind tolerierbar, da aufgrund der Kürze des Bondvorganges von 300 ms bzw. 1 s nur ein geringer Wärmeübertrag stattfindet.

Wesentlichen Einfluss auf die Bondqualität hat dabei die Gleichmäßigkeit der Höcker, denn unterschiedliche Höckerhöhen bewirken lokal unterschiedlich hohe Druckbelastungen auf dem Chip und können zur Kristallschädigung bis hin zum Bruch führen.

Nach dem Innenbond sind Chip und Spider fest miteinander verbunden, wobei der Spider weiterhin in Bandform vorliegt. In einem zweiten Bondvorgang erfolgt die

Außenkontaktierung zum Gehäuse oder zur Schichtschaltung bzw. Platine. Als Werkzeug dient ein Hohlstempel, der den Spider mit dem Chip zunächst aus dem Metallband herausstanzt und anschließend die Außenanschlüsse des Spiders auf die Bondflächen des Substrates drückt. Die Verbindung erfolgt erneut durch Thermokompression oder durch eine Lötung. Danach steht eine vollständig kontaktierte Schaltung zur Verfügung.

Das Spider-Verfahren ist ein Ersatz für die zeitintensive Einzelverdrahtungstechnik. Es ermöglicht eine besonders flache Kontaktierung, z. B. für Scheckkartenrechner, in Telefonkarten oder Uhrenschaltungen. Das Verfahren eignet sich wegen der schaltungsspezifischen Spider-Geometrien nur bei einer Produktion in großen Stückzahlen in Verbindung mit einer hohen Anschlusszahl je Chip.

14.3.2.2 Flipchip-Kontaktierung

Die Flipchip-Kontaktierung als eine der fortschrittlichsten Techniken erfordert ein vorgefertigtes, gespiegelt zur Padanordnung des Chips angeordnetes Anschlussraster auf dem Systemträger bzw. der Schichtschaltung. Zur Kontaktierung wird der zuvor mit Lothöckern versehene Chip mit der Schaltungsseite auf die vorgefertigten Kontakte des Substrates aufgelötet. Entsprechend bezeichnet man dieses Verfahren auch als „Face-Down-Bonding".

Im Gegensatz zu den bisher genannten Kontaktierungsverfahren entsteht nur eine Lötverbindung je Kontakt zwischen dem Chip und den elektrischen Anschlüssen des Systemträgers; zusätzliche Draht- oder Kupferstrukturen sind nicht erforderlich. Der Flächenbedarf ist äußerst gering; er entspricht der Schaltungsgröße, da sich sämtliche Verbindungen direkt unterhalb des Chips befinden.

Das Verfahren erfordert deutlich höhere Höcker als die Spider-Kontaktierung, sodass eine direkte galvanische Beschichtung der Pads ausscheidet. Zur Erzeugung der Höcker in einer Höhe von 30–80 µm wird bereits vor der Vereinzelung der Scheiben in Chips die Technik der „umgeschmolzenen Lothöcker" eingesetzt, die durch Ausnutzung der Oberflächenspannung einer aufgeschmolzenen Lotschicht unter Agglomeration zur Ausbildung von gleichmäßigen hohen Strukturen führt (Abb. 14.8).

Die Anschlussflecken werden bei diesem Vorgang deutlich überlappend zur Oberflächenpassivierung aus Glas mit dem PbSn-, CuAgZnSn- oder InPb-Lot beschichtet

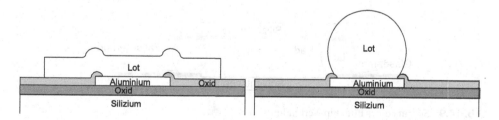

Abb. 14.8 Umschmelzen eines Lothöckers durch Agglomeration einer großflächig um das Pad aufgebrachten Beschichtung zur Bondkugel

[3]. Durch Erwärmen schmilzt das Lot auf. Es kann jedoch keine Verbindung mit der Glasoberfläche eingehen, sodass es sich aufgrund seiner Oberflächenspannung vom Glas zurückzieht und eine Kugel bildet. Dabei entstehen die erforderlichen Höcker in einer Höhe, die deutlich oberhalb der abgeschiedenen Lotschichtdicke liegt.

Zur Kontaktierung wird der mit Lothöckern beschichtete Chip mit Flussmittel benetzt und mit der Schaltungsseite auf die im Anschlussraster der Schaltung angeordneten Kontaktflecken des Substrates gelegt. Bei etwa 335 °C entsteht im Durchlaufofen unter Stickstoffatmosphäre eine Lötverbindung zwischen Substrat, Höcker und Chip (Abb. 14.9).

Um ein Verlaufen des Lotes über die gesamten Anschlussfinger zu vermeiden, befindet sich ein Glasdamm zur Begrenzung der Lötfläche auf dem Metall. Die Höcker schmelzen auf und benetzen die Metalloberfläche des Substrates. Dabei entsteht eine Oberflächenspannung, die den auf dem Lot schwimmenden Chip exakt zum Anschlussraster des Substrates positioniert. Die Kontaktierung ist somit selbstjustierend.

Die Größe der Kontaktflächen beträgt minimal ca. $50 \cdot 50 \ \mu m^2$. Im Gegensatz zu den bisher behandelten Verdrahtungstechniken dürfen die Pads der Schaltungen nicht nur am Rand des Chips angeordnet sein, sie können sich auch mitten in der Schaltung befinden. Mechanische Spannungen werden weitestgehend vom Lot aufgenommen, sodass Rissbildungen nicht auftreten können.

Die Flipchip-Montage stellt die kürzeste Verbindung zwischen den Chipanschlüssen und dem Substrat dar. Sie nutzt nur eine Lötverbindung je Anschluss und benötigt die geringste Fläche.

Ein gravierender Nachteil der Flipchip-Montagetechnik ist die geringe thermische Kopplung zur Wärmeableitung: die Verlustleistung der Schaltung muss vollständig über die Lotverbindungen an das Substrat abgeführt werden, da die Rückseite keine Verbindung zu Kühlflächen besitzt. Möglich ist das Aufkleben eines zusätzlichen Kühlkörpers; dies führt aber zu einem erhöhten Platzbedarf, sodass ein Vorteil der Flipchip-Montagetechnik entfällt. Alternativ lässt sich eine wärmeleitende lösungsmittelhaltige Flüssigkeit durch Kapillarkräfte zwischen dem Chip und dem Substrat einbringen, die nach dem Aushärten einerseits die mechanischen Spannungen zwischen den Komponenten reduziert, andererseits als eine Art thermische Brücke zum Systemträger wirkt.

Abb. 14.9 Schema einer Flipchip-Verbindung

14.3.2.3 Beamlead-Kontaktierung

Das Beamlead-Kontaktierungsverfahren bereitet alle Chips einer Siliziumscheibe gleichzeitig zur Montage vor, d. h. die Montage verläuft großteils auf Waferebene. Das Verfahren nutzt – vergleichbar zur Spider-Technik – Feinstrukturen als Anschlüsse zum Substrat, die hier jedoch direkt auf dem Wafer miterzeugt werden. Dadurch entfällt die Innenkontaktierung, nur eine äußere Verbindung der Anschlüsse zum Gehäuse ist erforderlich.

Bereits im Herstellungsprozess des Chips werden zusätzlich zur Verdrahtungsebene der Schaltung ganzflächige Schichten aus den Metallen Titan und Gold aufgebracht: Titan zur Haftungsverbesserung wird aufgesputtert und Gold für den Beamlead wird galvanisch mit einer strukturierten Fotolackschicht als Maske abgeschieden. Die resultierenden Stege ragen über den Rand der einzelnen Schaltungen ca. 200 µm hinaus (Abb. 14.10).

Anstelle des üblichen Trennschleifens zur Chipvereinzelung erfolgt bei der Beamlead-Kontaktierung eine nasschemische Trennung mit KOH als Ätzlösung. Dazu ist einerseits ein Schutz der Schaltungsoberfläche vor der aggressiven Lauge erforderlich, andererseits eine Fixierung der Chips in ihrer Lage auf dem Wafer während und nach dem Vereinzeln notwendig. Geeignet ist das Aufkleben einer Glasscheibe auf die Scheibenoberfläche; eine lokale Rückseitenmaskierung erfolgt mit einer über Lithografie strukturierte Nitridmaske. Diese ist zur Struktur auf der Vorderseite ausgerichtet und definiert die Lage der Trenngräben bei der Ätzung.

Das unter den Stegen liegende Silizium wird vollständig weggeätzt, sodass die Stege in einer Länge von 120–200 µm über den Chiprand hinausragen und vergleichbare Verhältnisse zur Spider-Technik nach der Innenkontaktierung vorliegen. Die Größe der Beamleads beträgt in der Breite ca. 50–120 µm bei einer Dicke von 15 µm. Sie sind sehr empfindlich gegenüber mechanischer Beschädigung.

Durch Anlösen des Klebers zwischen den Chips und der Glasscheibe lassen sich die Chips mit einer Vakuumpinzette entnehmen und in die Substrate einsetzen. Hier werden alle Beamlead-Außenkontakte gleichzeitig in einem Thermokompressions-Bondvorgang erstellt.

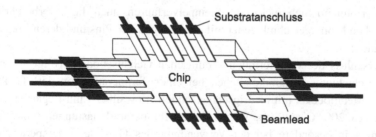

Abb. 14.10 Prinzip der Beamlead-Kontaktierung

Obwohl die Beamleadtechnik weder einen Sägeschritt zur Vereinzelung noch die Spider-Herstellung einschließlich der Innenkontaktierung erfordert, ist ihre Verbreitung äußerst gering. Negativ wirken sich der große Flächenbedarf und die Empfindlichkeit der Beamleadstege aus. Bei kleinen Chipflächen ist der Verlust an Siliziumfläche extrem, bei großflächigen Schaltungen mit zahlreichen Anschlüssen wirkt sich dagegen der Ausbeuteverlust durch beschädigte Stege aus.

14.4 Endbearbeitung der Substrate

Zum Schutz der integrierten Schaltungen ist eine Kapselung der Chips erforderlich, die einerseits mechanische Beschädigungen verhindert, andererseits Feuchtigkeit und korrosive Gase aus der Umgebung von der Chipoberfläche fernhält. Bei speziellen Anwendungen, z. B. in dynamischen Speicherbausteinen, ist ein zusätzlicher Schutz gegenüber α-Strahlung notwendig. Je nach Art des Systemträgers bzw. Substrates unterscheiden sich die Materialien und Verfahren zur Kapselung.

Die metallischen Systemträger werden nach der Chipbefestigung und dem Verdrahten mit Kunststoff umspritzt. Im Temperaturbereich um 175 °C sind die verwendeten Epoxydharze, Thermo- oder Duroplaste sehr dünnflüssig; sie füllen während des Eindrückens in die Spritzformen bei hohem Druck um etwa 70 bar feinste Spalten auf, ohne die Bonddrähte zu beschädigen. Als Materialien zum Umspritzen eignen sich sowohl Duroplaste auf Epoxyd- oder Silikonbasis als auch verschiedene Thermoplaste. Sie sind mit Quarzpulver gefüllt, um eine Anpassung in den thermischen Ausdehnungskoeffizienten zum Chip bzw. zum Systemträger zu erreichen. Die Kunststoffe enthalten außerdem einen Rußzusatz zum Einschwärzen, damit die Schaltung vor Licht geschützt ist. Sämtliche Kunststoffe müssen frei von Natrium- und Chlor-Ionen sein, um die Lebensdauer der Schaltungen nicht negativ zu beeinflussen.

Infolge des hohen Druckes beim Umspritzen gelangt auch Formmasse in die Nähte der ummantelnden Werkzeugform. Sie führt zum unerwünschten „Flash" am Gehäuserand. Nach dem Aushärten des Materials wird dieser durch Anlösen entfernt. Es folgt das Ausstanzen der bislang zur Erhöhung der mechanischen Festigkeit lokal verbundenen Pins, die zur besseren Lötbarkeit galvanisch verzinnt werden. Die Beschriftung des Gehäuses erfolgt im Siebdruck- oder Stempelverfahren, auch die Laserbeschriftung ist verbreitet. Die Montagetechnik endet mit dem Biegen der Pins und deren Freischneiden an den Enden.

Der Verschluss der vorgefertigten keramischen Gehäuseböden erfolgt durch ein mit Glaslot beschichtetes Keramikplättchen bei einer Temperatur von 450 °C. Alternativ lassen sich Metalldeckel mit niedrigschmelzenden Blei-Silber-Zinn-Legierungen als Lot bereits bei ca. 200 °C auflöten. Wegen dieser Temperaturbelastungen muss die Chipbefestigung – insbesondere bei der Verwendung des Glaslotes – temperaturbeständig ausgeführt werden.

Die Keramikböden sind im Gegensatz zu den Kunststoffgehäusen hermetisch dicht und somit speziell für raue Umgebungsbedingungen geeignet. Damit der Einbau jeglicher Feuchtigkeit verhindert und der Chip optimal gegen Korrosion geschützt wird, erfolgt der Gehäuseverschluss in Schutzgasatmosphäre.

Vorgefertigte Kunststoff-Gehäuseböden sind gekennzeichnet durch einen Systemträger, der entsprechend der Verdrahtungstechnik mit einem Kunststoffrahmen – mit oder ohne Boden – umspritzt ist. Der Verschluss derartiger Gehäuse erfolgt nach Einfüllen eines vor Feuchtigkeit schützenden Gels durch Eindrücken von vorgefertigten Deckeln. Zur Fertigstellung sind nur noch Biege- und Schneidevorgänge erforderlich. Dabei lässt diese Montageart einen hohen Automatisierungsgrad zu, jedoch ist der Korrosionsschutz infolge des eingeschränkten Schutzes vor Feuchtigkeit begrenzt.

Bei der Nacktchipmontage befinden sich die Chips nach der Verdrahtung frei zugänglich auf der Oberfläche der Schichtschaltung. Häufig erfolgt kein spezieller Schutz der Chips, da die gesamte Schichtschaltung in einem schützenden Gehäuse untergebracht ist. Auf Platinen erfolgt eine Abdeckung der integrierten Schaltung mit rußgefüllter Silikonmasse oder mit geschwärzten Epoxidharzklebern, um Umwelteinflüsse wie Umgebungsfeuchtigkeit oder Licht zu vermeiden, aber auch eine mechanische Beschädigung der Verbindungen bei der Weiterverarbeitung der Platinen zu unterbinden. Für die Nacktchipmontage ist dieser Schutz ausreichend, da die Platinen und Schichtschaltungen selbst den Umgebungseinflüssen nur begrenzt ausgesetzt werden.

Nach der Montagetechnik folgt zum Abschluss ein Funktions- und Parametertest der Schaltungen einschließlich eines „Burn-in"-Schrittes. Dabei werden die Chips für eine feste Zeitspanne unter erhöhter Temperaturbelastung betrieben. Erst danach stehen dem Anwender die gekapselten integrierten Bausteine für analoge und digitale Anwendungen als CMOS- oder Bipolarschaltungen zur Verfügung.

14.5 Aufgaben zur Chipmontage

Aufgabe 14.1

Berechnen Sie die notwendige Energie zum Umschmelzen eines Golddrahtes mit einem Durchmesser von 25 μm zu einer Kugel mit 60 μm Durchmesser ($T_{schmelz,Gold} = 1064\ °C$, $c_{p,Gold} = 0{,}128\ \mathrm{Jg^{-1}K^{-1}}$, $\rho_{Au} = 19{,}82\ \mathrm{g/cm^3}$). Welche Kapazität muss für eine Funkenentladung mit 60 V Spannung gewählt werden, um diese Energie aufzubringen?

Aufgabe 14.2

Ein Chip der Fläche 1 cm^2 soll in einem Gehäuse aus Epoxidharz (thermischer Leitwert $k = 0{,}007\ \mathrm{Wcm^{-1}K^{-1}}$) bzw. in einem Gehäuse aus Al$_2$O$_3$-Keramik ($k = 0{,}17\ \mathrm{Wcm^{-1}K^{-1}}$) verpackt werden. Das Gehäuse hat eine Dicke von 2 mm. Welche Verlustleistung kann jeweils maximal abgeführt werden, wenn die Sperrschichttemperatur T_j maximal 125 °C betragen darf? Die Lufttemperatur beträgt 20 °C und der thermische Leitwert zwischen Gehäuseoberfläche und Umgebungsluft bei freier Zirkulation beträgt $\Theta_{ca} = 2\ °C/W$.

Gesamter thermischer Widerstand: $\Theta_{ja} = \Theta_{jc} + \Theta_{ca} = (T_j - T_a)/P$, mit T_a als Umgebungstemperatur, T_j als Sperrschichttemperatur und Θ_{jc} als thermischer Widerstand des Gehäuses.

Literatur

1. Hacke, H.-J.: In: Engl, W., Friedrich, H., Weinerth, H. (Hrsg.) Montage Integrierter Schaltungen. Reihe Mikroelektronik. Springer, Berlin (1987)
2. Hoppe, B.: Mikroelektronik 2, S. 297–327. Vogel Fachbuch, Würzburg (1998)
3. Hsu, T.-R.: MEMS Packaging, S. 187. Inspec, London (2004)

Anhänge

15

15.1 Anhang A: Lösungen der Aufgaben

Aufgabe 1.1

Aus dem Scheibendurchmesser D und der Diagonalen $d = 14{,}14$ mm des Chips lässt sich zunächst eine quadratische Fläche mit $n \cdot n$ Chips berechnen. Die Restflächenchips ergeben sich aus der Betrachtung der Höhe und Weite der restlichen Flächenelemente (Tab. 15.1).

Aufgabe 1.2

Analog zur Aufgabe 1.1 folgt für einen quadratischen Chip der Kantenlänge 30 mm die Diagonale $d = 42{,}43$ mm. Für eine regelmäßige Anordnung der Chips um die Scheibenmitte ergibt sich (Tab. 15.2):

Bei einer unregelmäßigen Anordnung lassen sich bei dem 200 mm-Wafer 1 Chip und bei dem 300 mm-Wafer 4 Chips mehr anordnen, allerdings sind diese Wafer dann nicht mehr durch Sägen zerlegbar.

Aufgabe 2.1

Unter der Annahme einer kugelförmigen Potenzialverteilung im Kristall und der Näherung „s ist sehr klein gegenüber der Probendicke" lässt sich für jeden Punkt r zwischen den Strom führenden Kontakten das elektrische Potenzial V

$$V = \frac{1}{2\pi\sigma}\left(\frac{1}{r} - \frac{1}{3s - r}\right) + V_0 \tag{15.1}$$

mit V_0 als Potenzial in unendlicher Entfernung (hier $= 0$) berechnen. Mit $r = s$ für die Spitze 2 und $r = 2\,s$ für die Spitze 3 gilt für die Potenzialdifferenz:

© Springer Fachmedien Wiesbaden GmbH, ein Teil von Springer Nature 2023
U. Hilleringmann, *Silizium-Halbleitertechnologie,*
https://doi.org/10.1007/978-3-658-42378-0_15

Tab. 15.1 Anzahl der Chips je Scheibe bei 30 mm Kantenlänge

	3"	100 mm	150 mm	200 mm	300 mm
Chips im Block:	0	4	9	16	49
Randchips:	2	0	0	4 x 2	4 x 3
Summe der Chips:	2	4	9	24	61

Tab. 15.2 Anzahl der Chips je Siliziumscheibe

	3"	100 mm	150 mm	200 mm	300 mm
Chips im Block:	25	49	100	196	441
Randchips:	4 x 1	4 x 4	4 x (8+4)	4 x (12+8)	4 x (19+15+13+7)
Summe der Chips:	29	65	148	276	657

$$\Delta V = V_2 - V_3 = \frac{1}{2\pi \sigma s} \tag{15.2}$$

Damit folgt für den spezifischen Leitwert

$$\sigma = \frac{1}{2\pi \Delta V s} \tag{15.3}$$

Aus den angegebenen Zahlenwerten ergibt sich ein spezifischer Widerstand von 15,7 Ωcm, d. h. der Kristall erfüllt die Spezifikation. Da der spezifische Widerstand über die Gleichung

$$\rho = \frac{1}{\sigma} = \frac{1}{q(\mu_n n + \mu_p p)} \tag{15.4}$$

mit der Dotierstoffkonzentration verknüpft ist, folgt bei vollständiger Ionisierung der Dotierstoffe für n, N_D, $n \gg p$ mit einer Ladungsträgerbeweglichkeit von 1350 cm²/Vs eine Dotierung von $3 \cdot 10^{14}$ cm^{-3}.

Aufgabe 2.2

Aus den gegebenen Massen $M_{Si} = 500$ kg und $M_B = 20$ mg, den Molmassen für Silizium $m_{mSi} = 28{,}09$ g/mol und Bor $m_{mB} = 10{,}81$ g/mol folgt mit der atomaren Dichte für Silizium $N_{Si} = 5 \cdot 10^{22}$ cm^{-3}:

$$N_{Bor} = \frac{M_B m_{mSi}}{M_{Si} m_{mB}} = 5{,}2 \cdot 10^{15} cm^{-3} \tag{15.5}$$

Tab. 15.3 Materialdaten für Silizium und Siliziumdioxid

Material:	Dichte ρ	Molekulargewicht m
Silizium	2,33 g/cm^3	28,0855 g/mol
SiO$_2$	2,27 g/cm^3	60,0843 g/mol

Tab. 15.4 Vergleich der Oxidationsraten

	Nasse Oxidation		Trockene Oxidation	
	920 °C	1200 °C	920 °C	1200 °C
β [µm^2/s]:	5,29 · 10^{-5}	2,15 · 10^{-4}	1,47 · 10^{-6}	1,22 · 10^{-5}
t_{ox} nach Gl. 3.5 [h]:	21,0	5,16	756,8	90,8
α [µm/s]:	0,974	0,0968	0,321	0,0491
t_{ox} nach Gl. 3.3 [h]:	31,2	5,41	878,5	93,1

Aufgabe 3.1

Der Anteil des Siliziums M_{Si} je Kubikzentimeter SiO$_2$ berechnet sich zu (Tab. 15.3):

$$M_{Si} = \rho_{SiO_s} \frac{m_{Si}}{m_{SiO_2}} = 1,0611 \frac{g}{cm^3} \tag{15.6}$$

Damit folgt für die Dicke der verbrauchten Siliziumschicht:

$$d_{Si} = \frac{M_{Si}}{M_{SiO_2}} \cdot d_0 = 0,46 \cdot d_0 \tag{15.7}$$

d. h. 46 % der Oxiddicke wird an Silizium verbraucht.

Aufgabe 3.2

Aufgrund der hohen Oxiddicke von 2 µm kann die natürliche Oxiddicke t_0 in Gl. (3.3) vernachlässigt werden. Mit den Angaben aus Tab. 3.3 lassen sich die folgenden Daten berechnen (Tab. 15.4):

Für hohe Temperaturen gilt die Näherung nach Gl. (3.5). Eine trockene Oxidation ist für 2 µm Oxiddicke wegen der extrem langen Oxidationszeiten nicht sinnvoll.

Aufgabe 3.3

Während der Oxidation wird 45 % der Oxiddicke an Silizium verbraucht. Folglich werden aus dem Volumen des verbrauchten Siliziums $4,5 \cdot 10^{11}$ Phosphoratome frei. Bei einem Segregationskoeffizienten von k = 10 lagern sich davon $4,09 \cdot 10^{11}$ Atome im Silizium ein, der Rest wird im Oxid eingebaut. Umgerechnet auf 100 nm Kristalltiefe bedeutet dies eine zusätzliche Dotierung von ca. $4,1 \cdot 10^{16}$cm^{-3}. Damit liegt eine Oberflächendotierung des Siliziums von $5,1 \cdot 10^{16}$cm^{-3} Phosphor vor.

Aufgabe 4.1
Die Auflösung von ± 200 nm auf Chipebene entsteht nach einer $5:1$ reduzierenden Abbildung, d. h. auf Reticleebene ist eine Genauigkeit von ± 1 µm erforderlich. Dagegen ist der Fehler der Chromätzung von $\pm 0{,}05$ µm vernachlässigbar.

Der Positionierfehler der Blenden wird über die Optik noch einmal um den Faktor 10 reduzierend abgebildet, sodass eine Genauigkeit von ± 10 µm $= \pm 0{,}01$ mm, in der Blendenpositionierung erforderlich ist.

Aufgabe 4.2
Für $\lambda = 365$ nm folgt bei einer Intensität von $P = 10$ mW/cm^2 und einer Transmission $T = 0{,}9$ der Maske für die Belichtungszeit in Sekunden

$$t = \frac{E}{PT} = 11{,}1s \qquad (15.8)$$

Für $\lambda = 320$ nm sinkt die Intensität der Lampe auf $P = 4{,}5$ mW/cm^2, auch die Transmission der Maske verringert sich zu $T = 0{,}75$. Damit folgt für die Belichtungszeit $t = 29{,}6$ s.

Aufgabe 4.3
Relevant für die Berechnung ist die Differenz der Ausdehnungskoeffizienten. Bei optimaler Justierung im Zentrum der Scheibe gilt für die Ausdehnung bis zum Waferrand die folgende Gleichung:

$$\left(3{,}7 \cdot 10^{-6} \mathrm{K}^{-1} - 2{,}5 \cdot 10^{-6} \mathrm{K}^{-1}\right) \Delta T \cdot 50\,\mathrm{mm} = 200 \cdot 10^{-6}\,\mathrm{mm}$$

Daraus folgt die maximale zulässige Temperaturschwankung von der ersten bis zur letzten Fotolithografieebene zu $\Delta T = 3{,}3\,°\mathrm{C}$.

Aufgabe 5.1
Mit $r = 75$ nm/min ist für die Ätzung der 300 nm dicken Polysiliziumschicht eine Ätzzeit von 4 min erforderlich. An der Feldoxidkante bleibt wegen der Anisotropie des Ätzprozesses umlaufend ein Rest mit der Höhe der Feldoxiddicke zurück. Dieser Rest von 780 nm Höhe erfordert eine Ätzzeit von 10,4 min.

Während dieser Zeit liegt das Gateoxid frei. Die Ätzrate für Oxid beträgt 3,125 nm/min bei der angegebenen Selektivität von $24:1$, d. h. während des Freiätzens der Kanten wird 32,5 nm Oxid abgetragen. Folglich ist eine minimale Oxiddicke von 32,5 nm erforderlich.

Aufgrund von Schichtdickenschwankungen sollte zur Sicherheit eine ca. 10 % höhere Schichtdicke gewählt werden.

Aufgabe 5.2

Die Prozesszeit für das Aufspalten des Oberflächenoxids beträgt 1 min, sodass bei einer Selektivität von 4 : 1 sowohl 40 nm Aluminium als auch 10 nm Fotolack abgetragen werden. Der Schritt 2 ist der „Arbeitsprozess" zum schnellen Abtragen der Metallisierung.

Je Minuten werden bei $S = 1{,}25 : 1$ 100 nm Aluminium und 80 nm Fotolack abgetragen. Die mit Schritt 3 von der Oberfläche zu entfernenden Aluminiumreste sind in ca. 2 min entfernt, bei einer Selektivität von 6,25 : 1 gehen dabei nur 14,4 nm Fotolack verloren.

Folglich stehen für den Schritt 2 insgesamt 975,6 nm Fotolack zur Verfügung, d. h. dieser Prozess darf höchstens 12,2 min andauern. Auch hier sollte eine Sicherheit von 10 % berücksichtigt werden, also die Ätzzeit maximal 11,0 min betragen. Damit darf die Aluminiumschicht bei 1 μm Lackdicke 1,23 μm dick sein.

Aufgabe 5.3

Die Oszillationen der Intensität resultieren aus Interferenzen der an der Oberfläche der abzutragenden Schicht reflektierten Strahlung mit den an der Grenzfläche zum Trägermaterial zurückgestreuten Wellen. Aus der Wellenlänge des Lichts, dem Brechungsindex der Schicht und dem Abstand der Minima (Maxima) der Oszillationen lässt sich die Ätzrate bestimmen.

Destruktive Interferenz tritt bei senkrechtem Strahlungseinfall bei $(\lambda/4 + i \cdot \lambda/2) \cdot n_{SiO_2}$ auf, d. h. die Zeit zwischen den Extremwerten entspricht einer Schichtdickenverringerung von 216,5 nm. Die Ätzrate lässt sich danach zu 134 nm/min berechnen. Der Ätzprozess startet bei 40 s und endet bei ca. 460 s auf der Zeitskala, d. h. die Ätzzeit beträgt 420 s. Die Schicht war somit 938 nm dick.

Aufgabe 5.4

Bis zu einer Tiefe von 20 μm verläuft der Ätzprozess linear mit der Zeit, d. h. nach 20 min beginnt die Reduktion der Ätzrate mit wachsender Öffnungstiefe. Bei einer gewünschten Tiefe von 50 μm müssen dann noch 30 μm abgetragen werden.

$$30\,\mu m = t \cdot 1\,\mu m / \min (1 - 5\,\%)^{30}$$

oder $t = 55$ min.

Hinzu kommen 20 min. mit linearem Ätzverhalten, d. h. die Gesamtätzzeit beträgt 75 min. Je Minute werden 10 nm Fotolack abgetragen, sodass insgesamt zumindest 750 nm Lack als Maskierung erforderlich sind.

Aufgabe 6.1

Mit $C(x_j = 1\,\mu m) = 10^{18}\,cm^{-3}$ und $C(x = 0) = 10^{21}\,cm^{-3}$ folgt durch Auflösen von Gl. (6.8) nach Q und Einsetzen in Gl. (6.9) die Diffusionslänge L entsprechend Gl. (6.7) zu $L = 0{,}38\,\mu m$. Danach lässt sich aus Gl. (6.9) die Oberflächenbelegung des Kristalls zu $3{,}36 \cdot 10^{16}\,cm^{-2}$ bestimmen.

Aufgabe 6.2

Für den pn-Übergang im Siliziumkristall gilt $N_A = N_D = 2 \cdot 10^{14}\,\text{cm}^{-3}$, d. h. die Konzentration ist $C(x_j, t = 50400\,\text{s}) = 2 \cdot 10^{14}\,\text{cm}^{-3}$. Die oberflächennahe Implantation ist vergleichbar mit einer Oberflächenbelegung, folglich lässt sich die Diffusion aus erschöpflicher Quelle anwenden. Nach Gl. (6.10) folgt mit $E_{A,Bor} = 3,7\,\text{eV}$ und $D_{0,Bor} = 14\,\text{cm}^2/\text{s}$ für den Diffusionskoeffizienten bei 1000 °C $D = 3,24 \cdot 10^{-14}\,\text{cm}^2/\text{s}$.

Für x_j gilt nach Gl. (6.8)

$$x_j = \sqrt{-4Dt \ln\left(\frac{C(x_j, t)\sqrt{\pi D t}}{Q_t}\right)} \qquad (15.9)$$

Unter den gegebenen Bedingungen ergibt sich für die pn-Übergangstiefe $x_j = 2,7\,\mu\text{m}$.

Für die Oberflächenkonzentration nach der Diffusion folgt entsprechend $C(0, 50400\,\text{s}) = 1,4 \cdot 10^{18}\,\text{cm}^{-3}$.

Aufgabe 6.3

Es handelt sich um eine Diffusion aus erschöpflicher Quelle mit der Dotierstoffmenge $Q = 5 \cdot 10^{12}\,\text{cm}^{-2}$. Für den Diffusionskoeffizienten bei 1170 °C folgt nach Gl. (6.10) mit $E_{A,Phosphor} = 3,66\,\text{eV}$ und $D_{0,Phosphor} = 3,85\,\text{cm}^2/\text{s}$ $D = 6,41 \cdot 10^{-13}\,\text{cm}^2/\text{s}$.

Gl. (6.8) lässt sich für die Diffusionszeitbestimmung nur numerisch lösen. Daraus ergibt sich für die Diffusionszeit $t = 50400\,\text{s}$ bzw. 14 h. Die Oberflächenkonzentration beträgt dann $C(0, t) = 1,56 \cdot 10^{16}\,\text{cm}^{-2}$.

Aufgabe 6.4

Für die Dotierung sind die Elemente Arsen und Phosphor geeignet. Antimon bewirkt zwar auch einen n-leitenden Charakter im Silizium, jedoch lassen sich bei dieser hohen Bestrahlungsdosis nicht mehr alle eingebrachten Sb-Atome elektrisch aktivieren.

Die Implantationszeit berechnet sich nach der Gleichung

$$t_{imp} = \frac{eDF}{I} \qquad (15.10)$$

mit F als die zu bestrahlende Fläche, e = Elementarladung, D = Ionendosis und I = Ionenstrom. Mit $F = 78,54\,\text{cm}^2$ folgt $t_{imp} = 21,0\,\text{min}$.

Die Zahl der Integratorimpulse N je Ladungsmenge Q lässt sich nach

$$N = \frac{eDF}{Q} \qquad (15.11)$$

oder

$$N = \frac{I \cdot t}{Q} \qquad (15.12)$$

berechnen. Es sind 419 Impulse für einfach geladene Ionen notwendig, um die geforderte Dosis in den Kristall einzubringen.

Doppelte Ionenladungen bewirken nur eine Verdopplung des Stromes und damit der eingebrachen Ladungsmenge, nicht aber der Dotierstoffmenge. D. h. 200 Impulse doppelt geladene Ionen entsprechen 100 Impulsen einfach geladener Teilchen und damit einer Dosis von $2{,}39 \cdot 10^{14}\,cm^{-2}$. Die Energie hat keinen Einfluss auf die eingebrachte Gesamtdotierung, sondern nur auf die Reichweite und Reichweitestreuung der Ionen.

Aufgabe 7.1
Die Abscheidung zum Auffüllen der Gräben der Breite b muss mit möglichst großer Konformität, d. h. bei hoher Temperatur erfolgen. Geeignet sind dazu die LPCVD-Abscheidungen mit TEOS nach der Reaktionsgleichung (7.8) oder mit Dichlorsilan und N_2O nach (7.9). Bei einer Konformität von $k = 0{,}9$ ist eine Abscheidung in der Dicke d:

$$d = \frac{b}{2}k = 445\,nm \qquad (15.13)$$

erforderlich.

Aufgabe 7.2
Die an vertikalen Wänden abgeschiedene Schichtdicke d_v folgt aus der Oberflächen-schichtdicke d_h mit dem Konformitätsfaktor K zu

$$d_v = d_h K \qquad (15.14)$$

Bei einer minimalen Schichtdicke von $0{,}5\,\mu m$ an den senkrechten Wänden folgt die Oberflächenschichtdicke zu $5\,\mu m$ für die Bedampfungstechnik und zu $0{,}83\,\mu m$ für die Sputtertechnik. Da bereits nach $0{,}8\,\mu m$ aufgedampfter Schichtdicke die Oxidöffnung durch die Beschichtung der lateralen Oberfläche völlig aufgefüllt ist, beträgt die erforderliche Gesamtschichtdicke für die Bedampfung allerdings nur $0{,}8\,\mu m + 0{,}42\,\mu m = 1{,}22\,\mu m$. Damit ist auch direkt an der Oxidkante die geforderte Schichtdicke sichergestellt.

Aufgabe 8.1
Aluminium führt auf schwach n-dotierten Gebieten aufgrund der Bandaufwölbung an der Grenzfläche Metall/Halbleiter zu einer Schottkydiode. Abhilfe kann eine starke n^+-Dotierung im Kontaktbereich schaffen, sodass die Bandaufwölbung infolge thermischer Emission bzw. durch den Tunneleffekt überwunden werden kann.

Alternativ bietet sich ein Kontaktmetall als Zwischenschicht an. Das Metall muss eine geringe Austrittsarbeitsdifferenz zum n-Silizium aufweisen, um einen niederohmigen Kontakt zu gewährleisten.

Silizium mit p-leitendem Charakter lässt sich direkt mit Aluminium kontaktieren, da Aluminium als Akzeptor im Kontaktbereich direkt zu einer Dotierungserhöhung führt.

Wesentlich für einen Leckstrom-freien Kontakt ist das Verhindern des Durchlegierens (Spiking). Dazu wird dem Aluminium Silizium zugegeben, eine tiefe Implantation im Bereich des Kontakts durchgeführt oder ein Barrierenmetall zur Trennung des Legierungssystems Aluminium/Silizium eingeführt.

Aufgabe 8.2

a) Die Kelvin-Struktur ermöglicht die direkte Messung des Kontaktwiderstandes durch Einspeisung eines Stroms zwischen einem Metall- und einem Diffusionsanschluss. Der am Kontaktloch entstehende Spannungsabfall lässt sich an den zusätzlichen, vom Stromfluss nicht belasteten Metall- und Diffusionsanschlüssen abgreifen. Für den Kontaktwiderstand R_K folgt direkt:

$$R_K = \frac{U}{I} \tag{15.15}$$

b) Die Tape-Bare Struktur besteht aus einer Diffusionsbahn der Weite W mit dem Squarewiderstand R_D, die durch drei Anschlüsse in zwei Teile der Länge L_1 und L_2 geteilt wird. Damit lassen sich die Gleichungen

$$2R_K + \frac{W}{L_1}R_D = \frac{U_1}{I_1} \tag{15.16}$$

$$2R_K + \frac{W}{L_2}R_D = \frac{U_2}{I_2} \tag{15.17}$$

aufstellen. Durch Einspeisung eines Stromes und Messung des Spannungsabfalls lässt sich der Kontaktwiderstand unabhängig vom Diffusionswiderstand berechnen:

$$R_K = \frac{L_2 U_2 I_1 - \frac{1}{2}L_1 U_1 I_2}{2I_1 I_2 (L_2 - L_1)} \tag{15.18}$$

c) Der Widerstand einer Kontaktlochkette setzt sich aus den Diffusions- und Leiterbahnwiderständen sowie den Kontaktwiderständen zusammen. Daraus lässt sich mit einer Strom-/Spannungsmessung der Gesamtwiderstand berechnen. Durch Bestimmung des Diffusionswiderstandes an einer Widerstandsstruktur kann aus der Anzahl der Kontakte und der Diffusionswiderstandsgebiete ein Wert für den Kontaktwiderstand ermittelt werden.

Aufgrund von erhöhten Stromdichten im Kontaktlochbereich („current crowding") wird der extern ermittelte Diffusionswiderstand aber überbewertet, sodass für den Kontaktwiderstand an dieser Messstruktur häufig nur negative Werte ermittelt werden können. Damit eignet sich diese Struktur zur Kontrolle der Zuverlässigkeit der Kontakte, nicht jedoch zur exakten Bestimmung des Kontaktwiderstandes.

Aufgabe 8.3
Daten für die **Aluminiumleiterbahn** mit Oxiddielektrikum:

$$\rho_{Al} = 2,7 \ \mu\Omega\text{cm}, \varepsilon_{ox} = 3,9, t_{ox} = 700 \text{ nm}, d_L = 500 \text{ nm}, A = F = 100 \ \mu\text{m}^2$$

Berechnung der Kapazitäten unter Vernachlässigung der Randfelder:
Kapazität zum Substrat:

$$C_{bulk} = \frac{\varepsilon_0 \varepsilon_{ox} F}{t_{ox}} = 4,9 \, fF \tag{15.19}$$

Kapazität zur Leiterbahn:

$$C_{met} = \frac{\varepsilon_0 \varepsilon_{ox} A}{d_L} = 6,9 \, fF \tag{15.20}$$

Gesamtkapazität: $C_{ges,Al} = C_{bulk} + C_{met} = 11,8$ fF.
Widerstand der Al-Leiterbahn:

$$R_{Al} = \frac{\rho_{Al} l}{A} = 2,7 \ \Omega \tag{15.21}$$

Verzögerungszeit der Aluminiumleiterbahn mit Oxiddielektrikum:
$\tau_{Al} = R_{Al} \cdot C_{ges} = 31,9$ fs.
Daten für die **Kupferleiterbahn** mit Xerogel-Dielektrikum:
$\rho_{Cu} = 1,7 \ \mu\Omega\text{cm}, \varepsilon_{Xe} = 2,2$
Kapazität zum Substrat:

$$C_{bulk} = \frac{\varepsilon_0 \varepsilon_{Xe} F}{t_{Xe}} = 2,8 \, fF \tag{15.22}$$

Kapazität zur Leiterbahn:

$$C_{met} = \frac{\varepsilon_0 \varepsilon_{Xe} A}{d_L} = 3,9 \, fF \tag{15.23}$$

Gesamtkapazität: $C_{ges,Cu} = C_{bulk} + C_{met} = 6,7$ fF.
Widerstand der Kupfer-Leiterbahn:

$$R_{Cu} = \frac{\rho_{Cu} l}{A} = 1,7 \tag{15.24}$$

Verzögerungszeit der Kupferleiterbahn mit Xerogel-Dielektrikum:

$$T_{Cu} = R_{Cu} \cdot C_{ges,Cu} = 11,4 \text{ fs}$$

Die Verzögerungszeit der Leiterbahn lässt sich durch den Übergang von Aluminium auf Kupfer bei gleichzeitigem Ersatz des Siliziumdioxids durch Xerogel um einen Faktor von ca. 2,8 senken.

Aufgabe 9.1

Mit den Daten aus Aufgabe 6.2 folgt der Diffusionskoeffizient für Bor bei 960 °C zu $3,82 \cdot 10^{-15} \, cm^2/s$. Die Anzahl der Boratome beträgt insgesamt $9,7 \cdot 10^8$ Teilchen, die Oberflächenbelegung beträgt damit $Q_s = 4,86 \cdot 10^{16}/cm^2$. Damit folgt für die Oberflächenkonzentration im Kristall $C(x=0, t=1 \, h) = 2,95 \cdot 10^{21} \, cm^{-3}$ und für die pn-Übergangstiefe unter der Kristalloberfläche $x_j = 0,3 \, \mu m$.

Aufgabe 9.2

Die Ausbeute an funktionsfähigen Chips Y_C lässt sich mit der Elementausbeute Y_E bei n Elementen nach

$$Y_C = Y_E^n \tag{15.25}$$

berechnen. Bei einer hohen Einzelelementausbeute, d. h. kleiner mittlerer Fehlerzahl je Chip x gilt
  und damit

$$Y_E = 1 - \frac{x}{n} \tag{15.26}$$

Für den Grenzwert folgt

$$\lim_{n \to \infty} \left(1 - \frac{x}{n}\right)^n = e^{-x} \tag{15.27}$$

Statt der mittleren Fehlerzahl je Chip lassen sich die Defektdichte D und die Chipfläche A_C einsetzen, sodass für x gilt:

$$x = D \cdot A_C \tag{15.28}$$

Daraus resultiert die Chipausbeute zu

$$Y_C = e^{-DA_C} \tag{15.29}$$

Bei 10 Masken gilt

$$Y_C = e^{-10DA_C} \tag{15.30}$$

bzw. für die gesuchte Defektdichte D je Maskeneben:

$$D = \frac{-\ln(Y_C)}{10A_C} = 0,12 \, cm^{-2} \tag{15.31}$$

Je Maskenebene sind 0,12 Defekte/cm^2 vorhanden.

Aufgabe 10.1

Dotierschritt	Dotierstoff	Verfahren
Wannendotierung	Phosphor	Implantation/Diffusion
Schwellenspannung	Bor	Implantation
Polysilizium	Phosphor	Belegung/Diffusion
Drain-Source PMOS	Bor	Implantation
Drain-Source NMOS	Arsen	Implantation
Reflow BPSG	Bor, Phosphor	Belegung/Diffusion

Aufgabe 10.2

Für die Drainspannung des MOS-Transistors gilt $U_{DS} = U_B - RI_D$. Damit ist bei vollständig ausgesteuertem Eingang der Schaltung für den Transistor $U_{GS} - U_t > U_{DS}$.

Mit den Angaben aus der Aufgabenstellung folgt:

$$\beta_n = 2,59 \cdot 10^{-4} \mathrm{A}/V^2$$
$$\beta_p = 1,73 \cdot 10^{-4} \mathrm{A}/V^2$$

Aus der Transistorgleichung für $U_{GS} - U_t > U_{DS}$ ergibt sich bei vollständiger Eingangsaussteuerung ein maximaler Querstrom von 453,5 µA für einen NMOS-Transistor und von 431,8 µA für einen PMOS-Transistor.

Aufgabe 10.3

Es handelt sich um einen Polysilizium-Gate NMOS-Prozess mit einer Aluminium-Verdrahtungsebene. Der Widerstand besteht aus 115 Squares, er weist damit einen Wert von 4600 Ω auf. Die Designgrößen des Transistors sind $W = 40$ µm und $L = 10$ µm. Analog zur Aufgabe 10.2 lässt sich der maximale Querstrom zu 385 µA berechnen. Die Restspannung folgt zu 3,23 V am Ausgang. Die Kapazitätsoxiddicke berechnet sich aus der Elektrodenfläche und der gegebenen Kapazität zu 86,3 nm. Aus ß lässt sich die Gateoxiddicke zu 165,7 nm berechnen.

Die Schaltzeit wird durch das Laden der Kapazität beschränkt; diese Zeit wird durch die RC-Konstante bestimmt. Es resultiert eine Zeitkonstante von 4,6 ns.

Der Technologiequerschnitt und das Schaltbild sind in der folgenden Abbildung dargestellt (Abb. 15.1):

Aufgabe 10.4

Die geforderten Werte können sowohl aus den Eingangskennlinien als auch aus den Ausgangskennlinienfeldern berechnet werden. Jedoch ändert sich die Oberflächenbeweglichkeit der Ladungsträger mit zunehmender Feldstärke im Kanalbereich des Transistors, sodass eine genaue Bestimmung nur bei geringen anliegenden Spannungen möglich ist. Aus diesem Grund wird die Eingangskennlinie betrachtet. Es gilt:

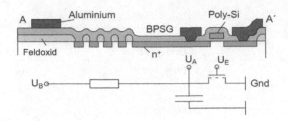

Abb. 15.1 Technologiequerschnitt zum Layout in Aufgabe 10.3

$$I_D = \beta \left[(U_{GS} - U_t)U_{DS} - \frac{1}{2}U_{DS}^2 \right] \tag{15.32}$$

Daraus folgt durch Differenzieren für die maximale Steilheit g_m:

$$g_m = \frac{\partial I_d}{\partial U_{gs}} = \frac{\mu \varepsilon_0 \varepsilon_r}{t_{ox}} \frac{W}{L} U_{DS} \tag{15.33}$$

bzw. für die Ladungsträgerbeweglichkeit μ:

$$\mu = \frac{g_m t_{ox} L}{\varepsilon_0 \varepsilon_r W U_{GS}} \tag{15.34}$$

Für die Schwellenspannung U_t folgt aus dem Drainstrom im Punkt maximaler Steilheit

$$U_t = U_{GS} - \frac{U_{DS}}{2} - \frac{I_D}{\beta U_{DS}} \tag{15.35}$$

Aus Abb. 10.11 folgt mit $g_m = 520\,\mu S$ für die Beweglichkeit der Elektronen $\mu_n = 565\,cm^2/Vs$. Im Punkt maximaler Steilheit beträgt der Drainstrom $I_D(U_{GS} = 1{,}4\,V) = 0{,}2\,mA$. Damit lässt sich die Schwellenspannung des NMOS-Transistors zu $U_t = 0{,}97\,V$ berechnen. Entsprechend folgt aus Abb. 10.12 für den PMOS-Transistor eine Ladungsträgerbeweglichkeit von $167\,cm^2/Vs$ und eine Schwellenspannung von $U_t = -0{,}92\,V$.

Aufgabe 10.5
In der Abbildung sind die erkennbaren Einzelheiten gekennzeichnet (Abb. 15.2):

Aufgabe 11.1
Aus Abb. 11.1 lässt sich für eine feuchte Oxidation von 1 μm Dicke bei 1100 °C eine Oxidationszeit von ca. 2,5 h bestimmen. Die erforderliche Nitridschichtdicke beträgt danach zumindest 50 nm, wobei noch die Gleichmäßigkeit der Abscheidung und eine Sicherheit von wenigstens 10 % berücksichtigt werden müssen. Damit ist eine abzuscheidende Schichtdicke von etwa 60 nm zur sicheren Maskierung erforderlich.

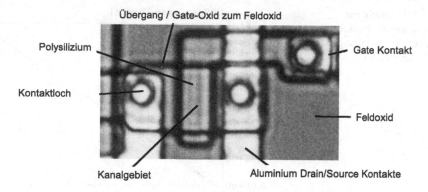

Abb. 15.2 Foto eines Transistors mit Beschriftung der einzelnen Bereiche

Mit 20 nm Nitrid lässt sich die Siliziumoberfläche nur für ca. 40 min vor der Oxidation maskieren. In dieser Zeit wachsen ca. 250 nm Oxid bei 1100 °C auf.

Aufgabe 11.2
Aus den angegebenen Daten folgt für die spezifische Leitfähigkeit σ der Drain/Source-Gebiete zu

$$\sigma = q(\mu_n n + \mu_p p) \approx q \mu_n N_D \tag{15.36}$$

Der Square-Widerstand der Drain/Source-Gebiete beträgt somit 4,24 $\Omega/\square$. Unter Vernachlässigung des Widerstandes der LDD-Gebiete beträgt der parasitäre Drain/Source-Widerstand

$$R_{ges} = 2R \; \frac{1,8 \, \mu m}{10 \, \mu m} = 1,66 \, \Omega \tag{15.37}$$

Für die selbstjustierenden Silizidkontakte folgt ein um den Faktor 5 geringerer Wert von $R_{ges} = 0{,}288 \, \Omega$.

Aufgabe 11.3
Die Steilheit g_m ist durch die Änderung des Drainstroms bei einer Gatespannungsänderung für eine konstante Drain/Source-Spannung gegeben. Unter der Annahme einer für alle Transistoren konstanten Ladungsträgerbeweglichkeit sowie identischer Gateoxiddicken und Transistorweiten ergibt sich ein linearer Zusammenhang zwischen der Kanallänge L der Transistoren und dem Reziprokwert der Steilheit.

$$g_m = \frac{\partial I_d}{\partial U_{gs}} = \frac{\mu \varepsilon_0 \varepsilon_r}{t_{ox}} \frac{W}{L} U_{DS} \tag{15.38}$$

Abb. 15.3 Grafik zur Bestimmung der effektiven elektrischen Kannallänge von MOS-Transistoren

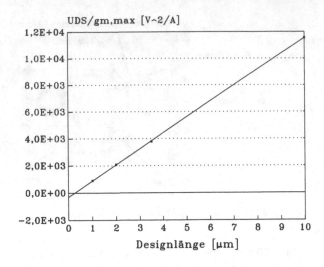

Tab. 15.5 Daten zur Bestimmung der effektiven elektrischen Kanallänge

L [μm]	$g_{m,max}$ [μS]	$U_{DS}/g_{m,max}$ [V²/A]
1,0	111,1	900
2,0	48,0	2083
3,5	26,4	3788
10,0	8,65	11.561

Aus der Eingangskennlinie lassen sich die Steilheiten durch Anlegen einer Tangenten im Punkt maximaler Steigung der Kurve bestimmen (Abb. 15.3 und Tab. 15.5).

Aus dem Diagramm der Kanallänge L aufgetragen gegen U_{DS}/g_m lässt sich die Abweichung der Designlänge von der effektiven elektrischen Kanallänge bestimmen:

Da der Schnittpunkt der Geraden mit der Designlängenachse bei ca. 0,3 μm verläuft, ist die effektive elektrische Transistorkanallänge bei allen Transistoren um 0,3 μm geringer als die Designlänge.

Die Ursache kann in einer Unterätzung der Lackmaske zur Gatedefinition begründet sein. Auch eine starke Unterdiffusion der Dotierstoffe während der Aktivierungstemperung der implantierten Ionen bewirkt diese Abweichung von etwa 0,15 μm je Gatekante.

Aufgabe 12.1

$$N = 10^{18} \text{cm}^{-3}, \text{ d. h. } 10^6 \text{ μm}^{-3} \text{ bzw. 1 Atom je 1000 nm}^3$$

Der Fehler des statistischen Dotierungsprozesses beträgt damit 10^3 Atome, d. h. $\pm 0{,}01$ % als Standardabweichung für ein Volumen von 1 μm³. Für 1000 nm³ beträgt der Fehler ± 1 Dotieratom, d. h. 100 %.

$$N = 5 \cdot 10^{20}\, \text{cm}^{-3}, \text{ d. h. } 5 \cdot 10^8\, \mu\text{m}^3 \text{ bzw. } 500 \text{ Atome je } 1000\, \text{nm}^3$$

In diesem Fall ist die Standardabweichung im Volumen von $1\, \mu\text{m}^3$ mit $\pm 2{,}2 \cdot 10^4$ Atomen vernachlässigbar klein. Dagegen beträgt die Standardabweichung für $1000\, \text{nm}^3$ mit ± 22 Atome rund $4{,}5\,\%$.

Aufgabe 12.2

Die Transistorschwellenspannung lässt sich nach Gl. 12.1 berechnen. Im vollständig verarmten Silizium sind keine Dotierstoffe vorhanden, sodass $N_{A,D} = 0$ zu setzen ist. Damit entfallen sowohl das Oberflächenpotenzial als auch der Term zur Berücksichtigung der Raumladungszonenweite:

$$V_{th} = \phi_{MS} - \frac{Q_{ox}}{C_{ox}} \tag{15.39}$$

bzw.

$$\phi_{MS} = V_{th} + \frac{Q_{ox}}{C_{ox}} \tag{15.40}$$

Für undotiertes Silizium ist ein Fermi-Niveau von $4{,}6\, \text{eV}$ anzusetzen, die Oxidladungsdichte kann mit ca. $0{,}003\, \text{eV}$ vernachlässigt werden. Damit muss die Energiedifferenz zwischen der Gate-Elektrode und dem undotierten Halbleitermaterial $0{,}3\, \text{eV}$ betragen. Folglich ist eine Austrittsarbeit von $4{,}9\, \text{eV}$ erforderlich.

Aufgabe 12.3

Nach den Gl. 11.3 und 11.4 wächst die Schaltgeschwindigkeit eines Transistors in erster Näherung linear mit der Ladungsträgerbeweglichkeit. Folglich wächst die Grenzfrequenz des Transistors ebenfalls um einen Faktor 100.

Komplexere Schaltungen mit diesen Transistoren werden aber infolge der Verzögerungszeiten resultierend aus den Verdrahtungsebenen nur unwesentlich schneller arbeiten. Unterhalb des 120 nm Technologieknotens bestimmt die RC-Konstante der Verdrahtung die Grenzfrequenz integrierter Schaltungen.

Aufgabe 13.1

Siehe Abb. 15.4.

Aufgabe 13.2

Mit den Angaben aus Aufgabe 6.2 beträgt der Diffusionskoeffizient für Bor bei $1100\,°\text{C}$ $D = 3{,}78 \cdot 10^{-13}\, \text{cm}^2/\text{s}$. Bei einer Substratdotierung von $2 \cdot 10^{14}\, \text{cm}^{-3}$ liegt der pn-Übergang der Basis zum Kollektor in einer Tiefe von $6{,}4\, \mu\text{m}$. Für Phosphor ergibt sich bei $1024\,°\text{C}$ ein Diffusionskoeffizient von $2{,}15 \cdot 10^{-14}\, \text{cm}^2/\text{s}$. Die Lage des pn-Überganges Emitter/Basis ist durch die Konzentrationsgleichheit des Borprofils und der Phosphorverteilung bestimmt, d. h. $C_B(x_j, t_B) = C_P(x_j, t_P)$.

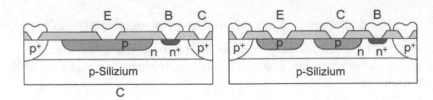

Abb. 15.4 Querschnitt eines vertikalen und eines lateralen pnp-Transistors

Es resultiert eine pn-Übergangstiefe von 232 nm, sodass die Basisweite dieses Bipolartransistors etwa 6,17 µm beträgt.Die Phosphordiffusion unterstützt die Bordiffusion, sodass die Basis im Bereich des Emitters tiefer in den Kristall eindiffundiert. Folglich ist die Basisweite des Transistors erhöht, die Verstärkung dagegen geringer als erwartet.

Aufgabe 13.3

Der spezifische Leitwert der Epitaxieschicht ist durch $\sigma = q\mu_n N_D = 2,16\,(\Omega\text{cm})^{-1}$ gegeben. Damit folgt für die Dimensionierung der Länge l und Breite b eines Widerstandes bei gegebener Schichtdicke d

$$\frac{l}{b} = \sigma\, dR = 0,065 \tag{15.41}$$

Ein Widerstand von 10 µm Breite darf nur 0,65 µm lang sein. Da diese Länge nicht reproduzierbar zu fertigen ist, sollte für einen so niederohmigen Widerstand die Emitter- oder die Basisdiffusion genutzt werden. Größere Breiten für den Transistor sind aufgrund des Flächenbedarfs nicht sinnvoll.

Aufgabe 14.1

Das Volumen der Goldkugel beträgt $1,13 \cdot 10^{-7}\,\text{cm}^3$ mit einer Masse von $2,24 \cdot 10^{-6}$ g. Zum Aufschmelzen ist bei Raumtemperatur eine Temperaturdifferenz von 1044 K zu überwinden, d. h. es muss unter Vernachlässigung der Wärmeleitung eine Energie

$$E = c_p \cdot m_{Au} \cdot \Delta T = 2,9 \cdot 10^{-4}\,\text{J} \tag{15.42}$$

zugeführt werden. Die elektrische Energie berechnet sich aus

$$E = U \cdot I \cdot t = 1/2 \cdot U^2 \cdot C \tag{15.43}$$

d. h. für die Kapazität folgt bei 60 V Spannung

$$C = 2E/U^2 = 160\,\text{nF} \tag{15.44}$$

Aufgabe 14.2

Der spezifische thermische Leitwert k lässt sich in den thermischen Widerstand nach

$$\theta = \frac{d}{Ak} \tag{15.45}$$

umrechnen. Für Epoxygehäuse folgt $\Theta_{epoxy} = 14{,}286\ °C/W$ für die Wärmeabfuhr von beiden Chipseiten, für Al_2O_3-Gehäuse beträgt der Wert $\Theta_{Al2O3} = 0{,}588\ °C/W$. Bei einem Übergangswiderstand vom Gehäuse zur Luft von $\Theta_{ca} = 2\ °C/W$ folgt für die Leistung bei $T_a = 20\ °C$

$$P = \frac{T_j - T_a}{\theta_{ca} + \theta_{jc}} \tag{15.46}$$

Für Epoxygehäuse ergibt sich eine Verlustleistung von 6,4 W, für die Al_2O_3-Keramik ein Wert von 40,6 W.

15.2 Anhang B: Farbtabelle Oxiddicken

Farbtabelle zur Bestimmung der Schichtdicke thermischer Oxide auf Silizium (Blickrichtung senkrecht zur Oberfläche) /18/. Die Schichtdicke anderer transparenter Filme x lässt sich aus dem Verhältnis der Brechungsindizee bestimmen: $t_x = t_{ox} \cdot n_{ox}/n_x$

Dicke [µm]	Farbe
0–0,04	Farblos
0,050	Leicht bräunlich
0,075	Braun
0,100	Dunkel- bis rotviolett
0,125	Königsblau
0,150	Hellblau bis metallisch blau
0,175	Metallisch, leicht gelblich
0,200	Gelb bis golden
0,225	Golden mit leichtem gelb-orange
0,250	Orange bis Melonenfarbe
0,275	Rot-violett
0,300	Blau bis violett
0,310	Blau
0,325	Blau bis blaugrün
0,345	Hellgrün
0,365	Gelbgrün
0,390	Gelb
0,412	Hell orange

Dicke [µm]	Farbe
0,426	Blassrot bis pink
0,443	Violett-rot
0,476	Violett
0,480	Blau-violett
0,493	Blau
0,502	Blaugrün
0,520	Grün
0,540	Gelbgrün
0,574	Gelb
0,585	Hell orange
0,60	Blassrot bis pink
0,63	Violett-rot
0,68	Bläulich
0,72	Blaugrün
0,80	Sehr hell orange
0,85	Mattes helles rot-violett
0,86	Violett
0,87	Blau-violett
0,89	Blau
0,92	Blaugrün
0,95	Mattgelb
0,97	Gelblich
0,99	Orange
1,00	Blassrot bis pink
1,02	Violett-rot
1,06	Violett
1,07	Blau-violett
1,10	Grün
1,18	Rot-violett
1,25	Orange

15.3 Anhang C: Chemische Verbindungen und Abkürzungen

Aceton	C_3H_6O	Reinigung, Lack ablösen
Aluminium	Al	Dotierstoff, p-Dotierung
Ammoniak	NH_3	CVD
Antimon	Sb	Dotierstoff, n-Dotierung
Argon	Ar	Edelgas, Plasmaätzen, Sputtern
Arsen	As	Dotierstoff, n-Dotierung
Arsin	AsH_3	Dotierstoffquelle
Bor	B	Dotierstoff, p-Dotierung
Bortrichlorid	BCl_3	Trockenätzen
Bortrifluorid	BF_3	Dotiergas für Implantation
Chlor	Cl_2	Trockenätzen
DES(Dieethylsilan)	SiC_4H_{12}	Flüssigquelle Siliziumoxid
Dichlorsilan	SiH_2Cl_2	CVD/Gasphasenepitaxie
Diboran	B_2H_6	Dotierstoffquelle
Distickstoffoxid (Lachgas)	N_2O	PECVD/LPCVD
DTBS (Ditertiarbutylsilan)	$SiH_2C_8H_{18}$	Flüssigquelle Siliziumoxid
Fluormethan	CH_3F	selektive Nitridätzung
Flusssäure	HF	ätzt SiO_2, hochgefährlich
Gallium	Ga	Dotierstoff, p-Dotierung
HMDS (Hexamethyldisilazan)	$Si_2C_6H_{18}$	Haftvermittler – Lithografie
Indium	In	Dotierstoff, p-Dotierung
Kaliumhydroxid	KOH	anisotropes Ätzmittel für Si
Lithiumhydroxid	LiOH	anisotropes Ätzmittel für Si
Natriumhydroxid	NaOH	Entwickler, anis. Ätzlösung
Phosphin	PH_3	Dotierstoffquelle
Phosphor	P	Dotierstoff, n-Dotierung
Phosphorsäure	H_3PO_4	ätzt Siliziumnitrid
Salpetersäure	HNO_3	Teil der Al-Ätzlösung
Salzsäure	HCl	Reinigung
Sauerstoff	O_2	Oxidation, RIE
Schwefelhexaflourid	SF_6	Trockenätzgas
Schwefelsäure	H_2SO_4	Reinigung
Silan	SiH_4	Silan-Pyrolyse
Siliziumnitrid	Si_3N_4	Maskierung, mögliches Isoliermaterial

Aceton	C_3H_6O	Reinigung, Lack ablösen
Siliziumoxid	SiO_2	gutes Isoliermaterial
Siliziumoxinitrid	SiON	mögliches Isoliermaterial
Siliziumtetrachlorid	$SiCl_4$	Gasphasenepitaxie
Stickstoff	N_2	Trägergas, fluten v. Anlagen
TEOS (Tetraetyhlorthosilikat)	$SiO_4C_8H_{20}$	schnellwachsendes SiO_2
Titansilizid	TiSi	selbstjustierende Kontakte
TMAH (Tetramethyl-ammoniumhydroxid)	$C_4H_{13}NO$	Entwickler, ani. Ätzlösung
TMB(Trimethylborat)	BC_3H_9	Dotierstoffquelle für B
TMP(Trimethylphosphat)	PC_3H_9	Dotierstoffquelle für P
TOMCATS(Tetramethyl-cylotetrasiloxan)	$SiO_4C_4H_{16}$	Flüssigquelle Siliziumoxid
Trichlorsilan	$SiHCl_3$	Reinigung von Silizium
Trifluormethan	CHF_3	Trockenätzgas
Wasserstoff	H_2	Oxidation, Temperung
Wasserstoffperoxid	H_2O_2	Reinigungs- /Ätzlösung
Wolframhexafluorid	WF_6	Wolframdeposition

Abkürzungen

ALD	atomic layer deposition
APCVD	atmospheric pressure chemical vapor deposition
ASIC	application specific integrated circuit
BPSG	Bor-Phosphor-Silikatglas
BSG	Bor-Silikatglas
CAIBE	chemically assisted ion beam etching
CARL	chemically amplified resist lithography
CMOS	complementary metal oxid semiconductor
CMP	chemical mechanical polishing
CVD	chemical vapor deposition
DC	Gleichstrom
DES	Dieethylsilan
DIBL	drain induced barriere lowering
DTBS	Ditertiarbutylsilan
DUV	deep ultra violet
ECR	electron cyclotron resonance
EUV	extreme ultra violet
FET	field effect transistor

FIB	focused ion beam
FIPOS	full isolation by porous oxidized silicon
GAA	gate all around
GSI	giant scale integration
HF	Hochfrequenz
HMDS	Hexamethyldisilazan
HTO	high temperature oxide
IBE	ion beam etching
ICP	inductive coupled plasma
IGBT	insulated gate bipolar transistor
IMD	inter metal dielectric
LDD	lightly doped drain
LOCOS	local oxidation of silicon
LPCVD	low pressure chemical vapor deposition
LPD	liquid phase deposition
LSI	large scale integration
LTO	low temperature oxide
MERIE	magnetically enhanced reactive ion etching
MGS	metallurgical grade silcon
MOS	metal oxide semiconductor
MS-GAA	multi sheet gate all around
NA	numerical aperture
NMOS	n-channel metal oxide semiconductor
PE	plasma etching
PECVD	plasma enhanced chemical vapor deposition
PMOS	p-channel metal oxide semiconductor
REM	Rasterelektronenmikroskop
RF	radio frequency
RIE	reactive ion etching
SBC	standard buried collector
SCALPEL	scattering with angular limitation projection electron- beam lithography
SEM	scanning electron microscope
SILO	sealed interface local oxidation
SiMOX	silicon implantated oxide
SOG	spin-on glass
SOI	silicon on insulator
SPOT	super planar oxidation technology
STI	shallow trench isolation

SWAMI	side wall masked isolation
TAB	tape automated bonding
TEOS	Tetraetyhlorthosilikat
TMAH	Tetramethylammoniumhydroxid)
TMB	Trimethylborat
TMP	Trimethylphosphat
TOMCATS	Tetramethylcylotetrasiloxan
TSV	through silicon vias
US	ultra sonic
VGAA	vertical gate all around
VLSI	very large scale integration

Literatur

1. Pliskin, W.A., Conrad, E.E.: IBM J. Res. Dev. **8**, 43 (1964)

Stichwortverzeichnis

© Springer Fachmedien Wiesbaden GmbH, ein Teil von Springer Nature 2023
U. Hilleringmann, *Silizium-Halbleitertechnologie*,
https://doi.org/10.1007/978-3-658-42378-0

Printed in the United States
by Baker & Taylor Publisher Services